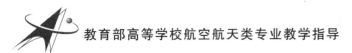教育部高等学校航空航天类专业教学指导

U0158025

现代飞行器制造工艺

（第 2 版）

贾玉红　何景武　编著

北京航空航天大学出版社

内 容 简 介

本书介绍了飞行器制造技术的基本原理和基本方法,并对飞行器制造过程中钣金零件的成形、先进复合材料零件的制造、飞行器零部件的数字化制造技术和并行工程、飞行器装配工艺、飞行器部件的装配及总装技术进行了系统的介绍。书中将传统的飞行器制造工艺和现代先进的飞行器制造技术相结合,将基本原理和基本方法与具体制造工艺相结合,体现了内容的系统性、完整性、先进性、易读性和综合性。

本书可以作为航空航天院校制造工程专业的基础教材,也可作为从事相关专业人员的参考用书。

图书在版编目(CIP)数据

现代飞行器制造工艺 / 贾玉红,何景武编著. -- 2版. -- 北京:北京航空航天大学出版社,2020.9
ISBN 978 - 7 - 5124 - 3359 - 5

Ⅰ.①现… Ⅱ.①贾… ②何… Ⅲ.①飞行器－制造
Ⅳ.①V47

中国版本图书馆 CIP 数据核字(2020)第 174930 号

现代飞行器制造工艺(第 2 版)

贾玉红　何景武　编著

责任编辑　蔡喆　周世婷

*

北京航空航天大学出版社出版发行

北京市海淀区学院路 37 号(邮编 100191)　http://www.buaapress.com.cn
发行部电话:(010)82317024　传真:(010)82328026
读者信箱:goodtextbook@126.com　邮购电话:(010)82316936
涿州市新华印刷有限公司印装　各地书店经销

*

开本:787×1 092　1/16　印张:14　字数:358 千字
2020 年 9 月第 2 版　2024 年 1 月第 4 次印刷　印数:5 001～6 000 册
ISBN 978 - 7 - 5124 - 3359 - 5　定价:45.00 元

前　言

　　飞行器制造技术和制造模式是随着国家科学与技术的进步而不断发展的,是一个国家航空航天技术发展水平的重要标志。先进的航空航天制造技术是飞行器加速发展的基础,是降低制造成本,提高经济效益的重要手段,是飞行器制造质量和可靠性的有力保障。

　　本书结合航空航天产品和技术的发展,对飞行器的制造特点、制造技术和制造模式进行了阐述,并结合传统的制造工艺,对现代飞行器制造工业中先进的制造工艺和加工方法、复合材料结构件的成形与制造技术、飞行器零部件的数字化制造技术和并行工程、飞行器装配工艺、飞行器部件的装配及总装技术等内容进行了介绍。本书以传统的飞行器制造工艺为基础,紧扣世界航空航天技术发展脉络,将世界先进航空航天制造技术与传统制造加工工艺相结合,使本书内容的系统性、完整性、先进性和易读性有机统一。

　　作者在原《现代飞行器制造工艺学》一书的基础上,推陈出新,对内容精心编排,对大部分章节内容进行了更新,并将近年来航空航天制造业中出现的先进制造技术和先进工艺补充进来,使教材内容尽量与世界先进制造技术接轨。例如,在第2章中新增了激光快速成形技术和3D打印技术,在第3章中新增了比强度和比刚度更高、导电性和耐热性更好的非聚合物基复合材料的制造成形工艺,在第4章中对设计制造一体化技术和先进的钣金零件的数字化制造过程进行了介绍,在第5章和第6章中结合传统的装配工艺对数字化标准工装和数字化装配过程进行了进一步介绍,并在各章后面增加了思考题。

　　本书编写过程中参考了徐冰清、刘玉芳主编的《飞机制造工艺学》,范玉青编著的《现代飞机制造技术》和《大型飞机研制技术文集》等资料以及其他相关教材和文献。所参阅和借鉴的资料均已列入书后的参考文献中,在此谨向所有提供资料的老师和同行表示最衷心的感谢!

　　由于编写人员知识和经验有限,书中的不当和错误之处,敬请各位同行和广大读者批评指正。

编　者

2020 年 3 月

于北京航空航天大学

目　录

第1章 绪 论

飞行器制造技术和制造模式是随着一个国家科学与技术的进步而不断发展的,是国家经济实力和综合国力的重要体现,是国家航空航天技术水平的标志。世界各国经济上的竞争主要是制造技术的竞争,据统计,在各个国家企业生产力的构成中,制造技术的作用占60%左右。目前一些发达国家已将制造科学、信息科学、材料科学与生物科学一起列为当今时代的四大支柱科学。半个多世纪以来,特别是20世纪50年代以后,工业发达国家航空航天技术之所以能持续高速发展,飞行器不断更新换代,除了这些国家拥有较高的科学技术水平和雄厚的工业基础外,最根本的原因是他们高度重视现代航空航天制造技术的发展,并以此作为在国际市场中保持竞争优势的手段。先进制造技术是降低成本、提高经济效益的重要手段,是飞行器质量和可靠性的保证。

1.1 飞行器制造的一般过程

飞行器是指在大气层内或大气层外空间飞行的器械,包括航空器、航天器、火箭和导弹。各类飞行器由于飞行环境和功能的不同,其结构也有很大差异。在各类飞行器中,飞机结构设计及其制造过程最具代表性,因此,下面就以飞机为例介绍飞行器制造的一般过程。

通常飞机制造仅指飞机机体零构件制造、部件装配和整机总装等。飞机的其他部分,如航空发动机、仪表、机载设备、液压系统和附件等均由专门的工厂制造,不列入飞机制造范围。但是它们作为成品或半成品在飞机上的安装和整个系统的联结、电缆和导管的敷设,以及各系统的功能调试都是总装的工作,是飞机制造的一个组成部分。

飞机的制造过程通常包括工艺准备、毛坯制备、零件加工、装配总装、试验和试飞几个阶段。

1. 工艺准备

在传统的飞机制造过程中,工艺准备工作包括制造过程中的协调方法和协调路线的确定,以及工艺装备的设计等。由于飞机零部件具有尺寸大、形状复杂、刚度小等特点,其制造过程常采用不同于一般机械制造的协调技术(如模线-样板工作法)并需要大量的工艺装备(如各种工夹具、模胎和型架等),以保证所制造的飞机具有准确的外形和装配准确度。随着飞机数字化制造技术的发展,工艺准备工作也大大简化。

2. 毛坯的制备

20世纪90年代以前,飞机结构常用的材料主要是铝合金、钛合金、镁合金等,并多以板材、型材和管材的形式由冶金工厂提供。此外,飞机上还大量采用锻件和铸件,如机身加强框、机翼翼梁和加强肋等多用高强度铝合金和合金钢锻造毛坯,这些大型锻件需要在300~700 MN(3~7万吨力)的巨型水压机上锻压成形。目前,现代先进飞机已开始大量采用复合材料,以进一步减轻飞机的结构重量,提高飞机的飞行性能。

3. 零件加工

零件加工主要有钣金零件成形、机械加工和非金属材料加工。金属零件在加工中和加工后一般还要进行热处理和表面处理,其加工技术和加工方法已相当成熟。随着科学技术的发展,近年来飞机制造技术也发生了巨大的变化,主要体现在传统技术不断精化,新材料、新结构、新成形技术不断涌现,集成的整体结构和数字化制造技术构筑了新一代飞机制造技术的主体框架。从现代飞机结构来看,金属材料与复合材料将在长时间内继续担当飞机结构材料的主角,而新兴先进复合材料的成形和加工技术将是未来发展的重点。

4. 飞机装配和总装

飞机零件加工完成后,装配成为飞机制造成败的关键。在传统的飞机装配过程中,按飞机的构造特点分段进行装配。首先将零件在型架中装配成翼梁、框、肋和壁板等构件,再将构件组合成段件(如机身前段、中段和尾段)和部件,最后完成一架飞机的对接。装配中各部件外形靠型架保证,对接后的全机各部件相对位置、气动外形参数(如机翼安装角、后掠角、上反角等)和飞机的对称性等,要通过水平测量和先进的数字测量方法来检测。

飞机的总装工作还包括发动机、起落架的安装调整,各系统电缆、导管的敷设,天线和附件的安装及各系统的功能试验等。

5. 试验和试飞

总装完成后,飞机即可进行外场试飞,新机试飞应按试飞大纲要求逐项进行。经过设计定型后,新机可能还会有一定改进,特别是工艺性改进,改进后的飞机可以进入批量生产。

成批生产的飞机的飞行试验有两种:一种是移交试飞,针对每架飞机必须进行,试飞时检查的项目不多,只对飞机的主要性能进行鉴定。另一种是成批试飞,对一批飞机,抽出少数几架飞机试飞,检查的项目比移交试飞时多,以便更全面地检查这批飞机的制造质量。成批生产的飞机,在试飞合格后移交给订货方。移交时除飞机本身外,还包括备件和随机工具,以及飞机、发动机、仪表和设备的合格证和履历书等。

1.2　飞行器产品的特点

由于飞行器产品在结构及使用方面的固有特征,使其制造工艺与其他机械产品有着重大的差别,并且随着科技的进步不断发展变化着。以飞机产品为例,飞行器产品有以下特点。

1. 零件数量大、品种多

飞机不但结构复杂,而且其内部空间十分紧凑,各类系统布置密集(如飞机上载有各种设备、仪表和附件等 20 多个系统),因此,一架飞机的零件不仅数量很大,而且品种很多。一般来说,一架普通飞机的零件数量可达数十万,一架大型飞机的零件数量可达数百万,如 B777 的零部件约有 300 万个,A380 飞机上除了上百万个零部件以外还有约 450 多千米的电缆和 4 万余个接头,可见零件数量之巨大。

2. 外形复杂,精度要求高

飞机各部件大多具有不规则的、复杂的曲面外形。作为飞机产品,其战术技术特性和使用可靠性等指标又决定了其精度要求很高,尤其是接触气流的飞机表面,不仅对表面光洁度有很高的要求,而且对外形准确度也有很高的要求。

3．零件尺寸大,刚度小

飞机外形尺寸很大,有的飞机机翼长达几十米,而机翼本身又是薄壁结构,刚度小,易变形,因此飞机结构的精确度不易保证。在飞机装配过程中,由于钣金件刚性小,须采用大量复杂的型架等工艺装备来保证飞机结构的形状和尺寸。因此,在飞机生产中,零部件的装配和部件对接装配一直是最费时、费力的一个重要环节。

4．材料品种多,新材料应用比例大

飞机中大多数零件是用有色金属制造的,其他则选用黑色金属及非金属材料。例如MD82飞机的结构材料中,铝合金占 74.5％,钢占 14.5％,钛合金占 1.2％,非金属占 9.8％。随着飞机飞行速度、飞行高度的不断增加,以及材料技术的发展,复合材料在飞机结构中所占比例越来越高,如 A380 上仅碳纤维复合材料的用量就达 32 t 左右,约占结构总质量的 15％,再加上其他种类的复合材料,复合材料总用量达 25％左右。再如世界先进的民用客机 B787机体主要结构大规模地采用复合材料,复合材料用量由 B777 飞机的 12％一步跨越到 50％(见图 1-1)。这种由复合材料组成机身的 B787 客机,维修成本可节省 30％,燃油可节省 20％,飞行的舒适性也得到很大提高。

图 1-1　B787 机体结构复合材料用量示意图

5．结构不断改进,产量变化范围大

为保持国防军事实力,掌握制空权、制天权,以及在激烈的市场竞争中保持竞争优势,需要加快飞机的型号更新,因而其结构需要经常修改、变动。例如某型号战斗机,为了提高性能和满足各种特殊用途的需要,往往要在原型机的基础上设计多种型号,如空军型、海军型、侦察型和教练型等。如美国的 F-4 飞机,在十几年的生产中共改型 13 次(图 1-2 所示为用于轰炸的 F-4F 型飞机和用于攻击的 F-4E 型飞机)。同时,由于市场需求的变化,飞机的产量变化范围较大,尤其是军用飞机,在战时要求迅速扩大产量,以满足战争不断消耗的需要。

上述飞机产品的特点都直接对产品的设计、工艺及组织生产产生影响,因此必须加以充分考虑。

(a) F-4F型飞机   (b) F-4E型飞机

图 1-2 F-4 飞机的改型

1.3 飞行器制造技术的特点

飞行器制造是以一般机械制造工程为基础,广泛吸收各种先进制造技术和加工工艺的研究成果,专门针对飞行器的特点发展起来的各种制造方法及其应用。现代航空航天制造业是集机械、电子、光学、信息科学、材料科学、生物科学、激光学、管理学等最新成就为一体的新技术的综合体,其要求远远高于一般机械制造技术。飞行器制造技术和一般的机械制造技术相比,其特点主要体现在以下几个方面:

1. 航空航天产品具有特殊性

① 从航空航天产品的特点可以看出,航空航天产品普遍存在结构复杂、工作环境恶劣、质量轻、可靠性高的特点。

② 从设计要求看,多采用新结构、新材料,零件的几何形状复杂,零件加工精度、表面光洁度要求高。

③ 从生产要求上看,研制、准备周期长,工艺装备品种多、数量大,更新换代快,批量不是很大,制造工艺技术要适应多品种、小批量和柔性制造的特点。

2. 加工方法具有多样性和先进性

现代飞行器所用的航空航天材料最大的特点是强度高、刚度高而质量轻,要求具有好的耐高温和抗低温性能及良好的耐老化和抗腐蚀能力,有足够的断裂韧性和良好的抗疲劳性能,因此大量采用高温合金、钛合金、高强度钢、复合材料和工程陶瓷等材料。这些材料加工性能差,需要使用特殊设备以及特种加工工艺。一般机械制造的基本加工技术在飞行器制造中大多都得到了应用,但对于飞行器制造中大量使用的高强度钢、钛合金和高温合金等难切削材料的加工、微米级以上的精密加工和超精加工,是一般机械制造技术所难达到的。为此发展了各种靠模机床、多坐标联动大型数控机床和各种测量仪器及其他特种加工方法。对于整体薄壁结构、复杂形面的零件,需要采用大量的工艺装备和高精度的多坐标数控机床加工;对于轻型焊接结构件,需要采用真空电子束焊、搅拌摩擦焊及真空焊等先进焊接技术;对于动力装置,由于其上各种小孔多,形状、尺寸精度以及表面质量要求高,须采用激光、电子束、电火花和电解等特种加工技术;对于盘类零件的辐板、轴的深孔,由于形状复杂,须采用其他先进机械加工技术和新的工艺方法。图 1-3 所示为利用激光切割技术加工的复合材料机身壁板零件。

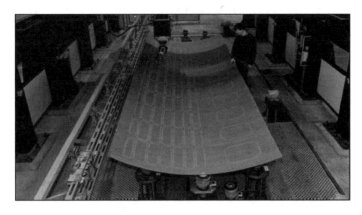

图 1 - 3　激光切割壁板

3. 生产上具有适应性和灵活性

一般来说,由于飞机结构经常修改,生产批量不大,生产方法需要有较大的机动性,既能满足小批量生产的要求,又能适应成批生产。为此,必须尽量提高设备及工装的通用化程度,这就必然会降低装配和安装工作的机械化和自动化程度,大大增加了手工劳动量,使劳动生产率下降。现代飞行器制造技术必须在生产上简化工装,发展适应多品种、小批量生产的加工技术,以降低单件成本、缩短研制和生产周期。因此,飞行器制造工艺要有高度的柔性和应变能力,并且有必要在计算机技术和数控技术基础上建立柔性制造系统,以灵活地适应生产任务和条件的变化。

4. 具有严格的质量监控体系

飞行器质量的优劣直接影响产品的使用安全和乘员的生命。一架大型客机关系到数百名乘客的生命,航天飞机中一个小零件的失灵可能会造成无可挽回的巨大损失。因此,制造过程中应该完全杜绝由于质量问题造成的事故。飞行器零件的加工技术要求高,须采用精密、超精密加工和检测技术。由于飞行器对质量有较严格的要求,设计中选择的安全系数比一般机器高得多,工作条件又很严酷,加上构造复杂,要求飞行器制造具有更为严格的工艺规程和质量监控体系,以确保制造质量的稳定性。现代飞行器的生产必须从设计开始到原材料入库、零部件加工、装配、产品的检验和试验、保管和运输实行全过程质量控制,才能保证飞行器使用的可靠性和安全性。

5. 具有高度、广泛的生产协作性

由于飞机机体内的设备、仪表、附件及很多特种材料、半成品、毛坯等不可能全部由飞机制造工厂生产,而由其他专业化企业制造,因此,需要各工厂及企业之间的广泛合作。随着飞机制造工业的发展,这种生产协作必然会不断扩大,国内、国际的协作也将不断增强。例如,1985年上海飞机制造厂与美国麦道公司合作组装生产 MD82 客机,1992 年起双方又启动了新型号MD90 的组装;2006 年天津保税区、中国航空工业第一集团公司和中国航空工业第二集团公司组成的中方联合体与空中客车公司签署共同组建 A320 系列飞机总装生产线的框架协议;2009 年空中客车公司与中国航空工业集团公司西安飞机工业(集团)有限责任公司签署 A320系列飞机机翼总装项目合作协议。

20 世纪 90 年代后,随着世界政治格局的变化以及经济全球化,世界航空工业正在全球范

围内形成设计、生产与市场的全球化,降低飞机全生命周期内的成本以及提高飞机质量已成为现代飞机研制的重要指标。飞机制造业的这种广泛深入的合作,不但会使飞机制造公司获得最大的经济效益,还将进一步促进世界航空航天制造技术的发展。图1-4所示为B787飞机全球化生产示意图。

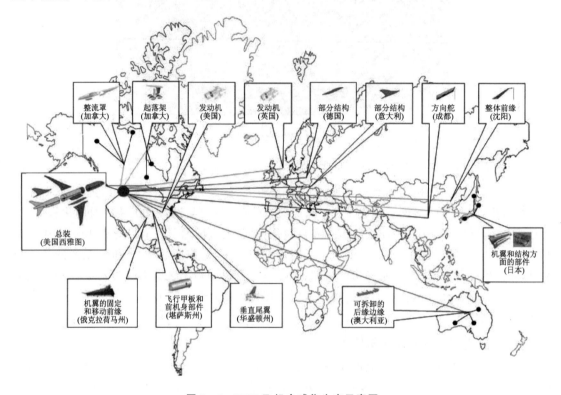

图 1-4 B787 飞机全球化生产示意图

1.4 飞行器制造的先进技术及关键技术

除了常用加工技术外,世界各国还投入巨资研究和发展现代飞机制造技术,以满足政治、经济和国防发展的需要。随着航空航天技术的发展,现代飞行器制造的先进技术主要体现在以下几个方面。

1. 数控加工技术和高速加工技术

数控设备是以数控系统为代表的新技术向传统机械制造业渗透而形成的机电一体化产品,已成为现代航空航天制造业的主流制造设备,一般占设备总数的40%以上。数控技术覆盖了机械制造技术、信息处理、加工、传输技术、自动控制技术、伺服驱动技术、传感器技术、软件技术等领域。数控技术的发展趋势是向智能化、网络化、集成化、数字化的方向发展。

制造业不仅需要产品零件的高质量,同时还需要提高生产率、降低生产成本。高速加工技术这一最有发展前途和极具革命性的技术,已成为机械加工技术发展的主流方向。如采用框中框(Box in Box)结构和对称结构设计的大型龙门五坐标高速铣床,在航空航天制造业中得到了广泛的应用,已成为航空航天器整体结构件的关键加工设备。由高速加工中心构成的柔性加工单元取代了以往的专用生产线,实现了对航空航天器整体构件的高速、高效加工。采用五坐标联动高速加工中心进行整体结构件加工,可凸显高速切削和空间曲面控制的综合优势。

2. 复合材料及其成形技术

在 20 世纪 90 年代的战斗机上,复合材料的用量已达到机体结构质量的 25%～30%。对于具体部件,复合材料所占结构质量百分比更高。如 EF2000 飞机机体结构质量的 30% 为复合材料,其中机翼中 65% 的材料是碳纤维复合材料,前机身结构中 40% 的材料为碳纤维复合材料,机翼、前中机身和垂尾蒙皮均由碳纤维复合材料制造,占机体表面的 70%。雷达罩中玻璃纤维占 12%,金属只占 15%,其他材料占 3%。欧美在新型军机的机翼上都大量采用了复合材料,如美国的第四代战斗机 F - 22、欧洲的"台风"战斗机和空客 A400M 等。图 1 - 5 所示为空客大型军用运输机 A400M 的复合材料机翼壁板。

图 1 - 5　A400M 的复合材料机翼壁板

除了大量使用于军用飞机,

图 1 - 6　A380 的复合材料机身后段

复合材料在民用飞机上的用量也越来越大,如 A380 的机身后段(见图 1 - 6),B787 飞机的机翼和各机身段等都采用了复合材料及整体成形技术,它们不但可以大幅度减少零件、紧固件和模具的数量,简化工装,减轻结构质量,同时也可以大大降低制造成本。因此,复合材料及其成形技术已成为现代飞机制造中的关键技术之一。

由于复合材料结构制造方法和工艺过程与金属结构件截然不同,构件的性能设计与部件设计须一次完成,因此,大型飞行器复合材料构件的 CAD/CAM 技术、新型固化模具、大型计算机控制的固化设备、固化工艺、固化监控技术及计算机实时控制固化工序是复合材料构件制造中的关键技术。

3. 整体结构件的加工成形技术

随着飞机飞行速度的提高,现代很多飞机都采用半硬壳式或硬壳式结构,这些结构的主要零部件大多采用整体结构件。例如,EF2000 的中机身蒙皮就是一个结构高度一体化、高承力的复合材料整体硬壳式结构。B737 - 700 的水平尾翼、梁、框、肋和壁板等也大量采用了整体结构。飞机机体大量采用整体结构后,对飞机的整个制造技术和制造过程产生了重大影响。整体结构的制造有利于全面采用先进的数字化技术进行结构件和工装的三维实体数字建模,进行数字预装配、数控加工编程、加工过程模拟、工件的数字测量和检验，以及装配型架的计算机辅助定位安装等工作。从而使飞机的互换协调工作、工装夹具的设计与安装以及飞机的装配等工作进一步简化。飞机外形的协调和零部件的互换将由原来主要依靠成形模具和装配夹具来保证，逐步过渡到主要依靠零部件自身的形状和尺寸的加工准确度和计算机辅助定位安装来实现。因此，整体结构件的加工成形技术是现代飞机制造技术中的重要课题。

大型整体构件制造技术需要制造巨大的锻坯和厚板坯，需要大吨位的锻压机和拉伸机；整体构件的机械加工，需要采用多坐标、多主轴、多工位数控铣床加工，由数十台甚至百余台数控机床组成生产线，并向集成自动化生产过渡。

4. 数字化制造及装配技术

最早起源于飞机制造业的计算机辅助设计/制造（CAD/CAM）技术，正以前所未有的势头改变着传统的飞机制造模式，并已成为现代飞行器制造的主要趋势。

在飞行器的制造过程中，产品的制造实质上是一个产品数据采集、建模、传递和加工处理的过程，整个过程离不开数据的传递。传统的飞行器制造从设计文件、图纸开始，到模线样板、标准样件和模具、装配夹具的制造，再到最后制造出飞行器产品，其制造模式是把飞行器设计数据和信息，通过数十万件的标准工艺装备和生产工艺装备，最终以模拟量的形式传递到飞行器产品上。这种制造模式不仅造成了数据传递过程中的积累误差，还造成了飞行器工艺装备数量巨大、生产准备周期和制造周期长、互换协调困难、质量难以保证和成本高等一系列问题。

随着数字化装配技术的发展，现代飞行器装配技术也发生了重大变革。在数字化装配过程中，应用产品的三维数字化定义技术，利用大尺度空间精确测量系统（如激光自动跟踪系统）测量和定位各种工艺装备，测得的数据经计算机系统处理后，实时驱动机械随动定位装置，再辅以相应的自动化夹紧装置和自动化连接技术，最终实现装配件的精确定位和产品的自动化装配，达到大幅度缩短飞机装配周期和提高装配质量的目的。

5. 其他先进的制造模式

近几十年来，随着数字化技术的迅速发展，CAD/CAM/CAPP（计算机辅助工艺规划）技术日趋完善，并行工程和PDM（产品数据管理）技术的应用和网络技术的发展，使以建立虚拟产品为开发环境的无图纸异地设计制造技术得以实现。世界各大航空公司和汽车制造业的巨头，如波音、空中客车飞机制造公司和通用汽车公司都纷纷投巨资来开发这一高新技术。波音飞机公司在研制B777新机和改型B737-700时就取得了比较理想的效果。

飞行器虚拟制造技术使飞行器设计与制造、技术与管理以及过程和质量，在并行工程和数据管理的平台下很好地集成，可大大加速飞行器的研制过程，大幅度降低制造成本，进一步提高飞行器的性能和质量，并从整体上提高企业的经济效益，增强企业的竞争力。

随着航空航天制造业经济全球化、消费多样化和个性化的发展，产品生命周期日益缩短，传统的低效率、低柔性、大产量制造模式已不能适应这种多变市场的实际需求。工业化国家在航空航天工业中纷纷采用各种先进生产模式，如计算机集成制造系统（CIMS）、敏捷制造（AM）、精益生产（LP）、虚拟制造（VM）、绿色制造（GM）等。它们具有并行性、集成性、柔性、智能性、快速反应性、动态适应性、人机一体性的特点，体现了现代飞行器制造技术的先进生产模式,这种先进的制造模式,必将对飞行器制造业带来巨大的效益和影响。

思考题

1. 飞机制造过程通常包括哪几个阶段?
2. 飞机制造工艺准备工作包含哪些内容?
3. 简述飞行器产品的特点和制造技术的特点。
4. 飞行器制造过程中采用了哪些先进技术?

第 2 章　飞行器零件制造

在航空工业中,钣金零件是组成现代飞机机体的主要部分,占飞机零件总数量的 50%～60%,制造工作量约占整架飞机工作量的 15%,并具有结构复杂、外廓尺寸大、刚性小等特点,其生产制造过程直接影响到飞机整机质量和生产周期。图 2-1 所示为飞机上的一些典型的钣金零件。

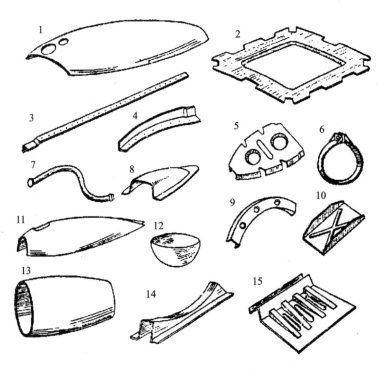

1—蒙皮;2—口框;3—长桁;4—肋缘;5—翼肋;6—卡箍;7—导管;8—整流罩;9—框缘;
10—隔板;11—翼尖;12—半球;13—副油箱壳体;14—支架;15—加强板

图 2-1　飞机钣金零件

2.1　基本原理

2.1.1　钣金零件变形的基本原理及特点

钣金零件种类繁多,形状各异,成形方法也多种多样,如根据成形工序的不同可分为弯曲、拉伸、翻边、旋压、胀形等,但从变形性质来看,不外乎是材料的"收"和"放"两种形式。

➤ "收"依靠板料的收缩变形来成形零件。表现为板料长度缩短,厚度增加。
➤ "放"依靠板料的拉伸变形来成形零件。表现为板料长度变长,厚度变薄。

板料在塑性变形过程中遵循体积不变的原理,因此板料被拉长时厚度将变薄,板料长度收缩时厚度将增加。

为了了解金属材料的塑性变形过程,可采取最基本、最简单的拉伸试验加以说明。用一标准试件进行拉伸,测量每个变形瞬间的拉力和相应的延伸量,以应力 σ 和应变 δ 为坐标,画出应力应变曲线,如图 2-2 所示。

当应力低于 σ_e 时,为弹性变形阶段,应力与应变成正比;应力去除,变形消失,此时卸载变形会恢复到原来的状态。

当应力超过 σ_e 后,应力与应变之间的直线关系被破坏,并出现屈服平台,如果此时卸载,试样的变形只能部分恢复,而保留一部分残余变形,即塑性变形,这时变形进入弹塑性变形阶段,规定以产生 0.2% 残余变形的应力值为其屈服极限 $\sigma_{0.2}$。

从图 2-2 可以看出,当材料变形至屈服极限 $\sigma_{0.2}$ 后,欲使变形继续增加,必须继续增加外力,即金属的塑性变形抗力随塑性变形量的增加而增加,这种现象称为形变强化或加工硬化。金属的形变强化存在于从屈服极限开始直至断裂为止的过程中。到了强度极限 σ_b 时,变形集中在试件的某一局部发展,使试件出现细颈,并很快被拉断。

由此可知,若要达到零件成形的目的,就必须将材料加载到屈服极限以上,使材料产生塑性变形。若在塑性变形时卸载,将保留永久变形 ε_s,而弹性变形 ε_r 则消失,此现象称为回弹,如图 2-3 所示。回弹问题是钣金零件成形过程中必须解决的一个问题。

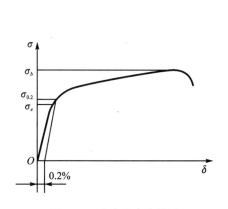

图 2-2　应力应变曲线图

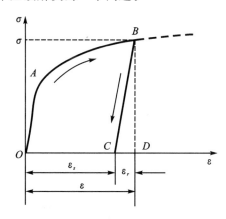

图 2-3　塑性变形的回弹与永久变形

2.1.2　钣金零件的热处理

1. 钣金零件常用材料

飞机钣金零件广泛采用铝合金、镁合金、合金钢及钛合金等。其中以硬铝合金 LY12、超硬铝 LC4 应用最广,镁合金和钛合金的应用领域也在不断扩大。常用的材料牌号如表 2-1 所列。

表 2-1　飞机钣金零件常用材料牌号

材　料	牌　号	材　料	牌　号
硬　铝	LY12	超硬铝	LC4
镁合金	MB	钛合金	TC4
合金钢	30CrMnSi	不锈钢	1Cr18Ni9Ti

2. 钣金零件的热处理

从零件的使用角度看，要求材料具有良好的机械性能；从制造角度看，又要求材料具有良好的工艺性能，即成形性能要好。而这两方面有时是矛盾的，解决这个矛盾的方法就是利用材料的热处理工艺。

热处理是零件制造过程中的重要工艺之一，与其他加工工艺相比，热处理一般不改变工件的形状和整体的化学成分，而是通过改变工件内部的显微组织，或改变工件表面的化学成分，来改善工件的使用性能。其特点是改善工件的内在质量，这一般不是肉眼所能看到的。

金属的热处理大致有退火、正火、淬火和回火4种基本工艺。退火是将工件加热到适当温度，根据材料和工件尺寸采用不同的保温时间，然后进行缓慢冷却，目的是使金属内部组织达到或接近平衡状态，获得良好的工艺性能和使用性能，或者为进一步淬火作组织准备。正火是将工件加热到适宜的温度后在空气中冷却，正火的效果同退火相似，只是得到的组织更细，常用于改善材料的切削性能，有时也用于对一些要求不高的零件的最终热处理。淬火是将工件加热保温后，在水、油或其他无机盐、有机水溶液等淬冷介质中快速冷却。淬火后钢件变硬，但同时变脆。为了降低钢件的脆性，将淬火后的材料在某一适当温度进行长时间的保温，再进行冷却，这种工艺称为回火。退火、正火、淬火、回火是热处理中的"四把火"，其中淬火与回火关系密切，常常配合使用。

热处理工艺一般都包括加热、保温、冷却3个过程。加热温度是热处理工艺的重要工艺参数之一，选择和控制加热温度是保证热处理质量的重要工作。加热温度随被处理的材料和热处理的目的不同而异，但一般都是加热到相变温度以上，以获得高温组织。另外显微组织的转变需要一定的时间，因此当金属工件表面达到要求的加热温度后，还须在此温度保持一定时间，使内外温度一致，使显微组织转变完全，这段时间称为保温时间。冷却也是热处理工艺过程中不可缺少的步骤，冷却方法因工艺不同而不同，主要是控制冷却速度。一般退火的冷却速度最慢，正火的冷却速度较快，淬火的冷却速度更快。

为使金属工件达到所需要的力学性能、物理性能和化学性能，除合理选用材料和各种成形工艺外，热处理工艺往往是必不可少的。飞机钣金零件中常用的铝、镁、钛等金属及其合金都可以通过热处理改变其力学、物理和化学性能，以获得不同的使用性能。

例如，硬铝合金常在退火状态下成形，在淬火后使用，原因是硬铝合金在退火状态下强度指标较低，成形性能好；而淬火时效状态下强度指标高。因此硬铝合金的零件制造过程是：对于形状简单、变形量不大的零件，直接采用淬火时效后的硬料作为毛料成形，不再进行热处理；但对于变形量较大的零件应选用退火状态的毛料成形，再淬火强化，最后再进行校形。

硬铝和超硬铝的热处理过程是：将材料加热到一定温度（LC4 约为 475～490 ℃），保持一段时间，使合金组织发生恢复与再结晶，然后进行缓冷，使材料获得最软的稳定状态，即退火处理阶段。淬火时将材料加热到特定温度（LC4 为 (470 ± 5) ℃），保温一定时间，使合金中可溶的强化相向固溶体中充分溶解，然后进行骤冷，使材料强化。要达到强化需要一定时间，这个过程如在室温下进行称为自然时效，如在一定温度下进行称为人工时效。

淬火后在较短的时间内，材料仍具有接近甚至优于退火状态的良好塑性，这种状态叫新淬火状态。但该状态在室温下能保持的时间很短，约 0.5～1.5 h；而在低温下能持续很久，约 2～4 天。实验证明，新淬火后在 -15 ℃下存放四昼夜，从冷箱中取出来，其性能参数仍很接近新淬火时的参数,时效后能达到的性能参数与未经冷藏时的一样。因而,近年来,产生了新淬火成形的工艺方法,即先淬火、冷藏,用时取出马上成形即可,从而大大减小了校形工作量。表 2－2 所列为 LC4 在各种热处理状态下的性能比较。

表 2－2 LC4 热处理状态下的性能

性能参数 热处理状态	$\sigma_b/(\text{kg}\cdot\text{mm}^{-2})$	$\sigma_{0.2}/(\text{kg}\cdot\text{mm}^{-2})$	$\delta/\%$
退火	20.3	9.8	16.7
淬火,人工时效	55	46.9	12.9
新淬火	33.7	12.9	20.2
淬火,冷藏,人工时效	55.2	48.5	11.5

对于一些变形量很大的零件,如合金钢零件,往往需要进行多次热处理才能成形。为了消除冷作硬化和内应力,提高塑性,以利于继续成形,应安排中间退火。对可淬火强化的钢,淬火工序一般都安排在成形工序之后。为了校修合金钢零件的淬火变形,可以采用应力松弛成形(或校形)的办法,即将已经预成形的新淬火零件在弹性变形范围内强迫装入成形夹具,送入炉中,在回火温度下保持数小时,再按退火要求缓慢冷却,把回火和校修淬火合二为一,以免除手工校修工作。

钛合金在再结晶温度以上进行高温(一般为 650～850 ℃)退火,能使钛合金的组织稳定,获得良好的综合机械性能。退火状态的钛合金在冷成形或在再结晶温度以下的热成形后,都存在较大的内应力。为了防止零件在存放中开裂或变形,恢复材料原有的机械性能,在成形后都应安排退火工序。在再结晶温度以上成形时,可将成形与退火工序合并进行。

铝合金淬火加热温度为(950±10)℃,并在水中冷却,然后在 538 ℃保温 4～5 h,进行人工时效。为了避免校修淬火变形,生产中一般不采用零件成形后再进行淬火强化处理的方法,而常采用将新淬火状态的毛料(或已经预成形的零件)在弹性变形范围内强迫装入成形夹具的应力松弛成形法,并在时效温度下保持几个小时。材料在时效过程中,弹性变形变成了塑性变形,内应力消失,同时完成了成形后消除内应力的退火处理。钛在 427 ℃以上会迅速氧化,因此,需要在金属表面覆盖防氧化涂层,或在惰性气体中加热。

2.1.3 钣金零件的表面处理

由于硬铝和超硬铝的抗腐蚀性能较差,为提高其抗腐蚀性能,需要在板材表面包覆一层纯铝,纯铝和氧作用会生成一层细密的 Al_2O_3 氧化薄膜,可防止进一步氧化。为了确保零件的抗腐蚀能力,硬铝钣金零件一般都要进行阳极化处理,即通过电化学作用使铝合金表面生成一定厚度的致密的 Al_2O_3 氧化膜,这种氧化膜具有很好的抗腐蚀性能和附着力。

由于对零件的要求不同,阳极化可分为无色阳极化和黄色阳极化。无色阳极化是将清洗干净的零件放于稀硫酸中起电解作用,生成氧化膜。此氧化膜具有细微气孔,须在 90～95 ℃热水中煮 20～25 min,进行填充处理,使氧化膜产生水化作用,体积膨胀,将气孔堵塞。这种零件通常用作飞机的外表零件(如蒙皮等),最后再喷一层罩光漆。而黄色阳极化是在重铬酸钾($K_2Cr_2O_7$)溶液中浸煮 20～25 min,除了水化作用外还有重铬酸钾与氧化膜的化学作用,使零件表面呈黄绿色,该零件常用于飞机内部零件(如翼肋等)。

黑色金属一般涂油保护,其零件表面处理方法可采用电镀。一般零件采用镀锌处理,要求耐磨的零件和装饰件采用镀铬,要求抗湿和抗海水腐蚀的零件则需要镀镉。

2.2 钣金零件的下料

飞机上钣金零件生产的第一道工序是使所需要的板料或毛料从整块板料分离开,即下料。由于飞机钣金零件形状复杂,且不规则,因此材料的利用率一般只有 60%～75%。绝大多数钣金零件均先下料再成形,因此,提高材料利用率具有重要意义。

钣金零件下料是飞机钣金制造中常用的加工工艺之一。下料的方法很多,生产中常根据毛料的几何形状、尺寸大小、材料种类、精度要求、产量和设备条件选择。目前常用的下料方法主要有剪切下料、铣切下料、冲裁下料和激光切割下料、等离子切割下料、高压水切割下料等数控下料方法。

1. 剪切下料

剪切下料是利用剪切设备将板料或型材等原材料分离出来的加工方法。主要用来切割简单的条带材料,其操作简单,但精度相对较低。

图 2-4(a)所示为直线轮廓的零件常用龙门剪床下料。其工作原理为:板料由可调整的后挡板定位,压板压紧料后,上剪刃下行与下剪刃交错完成剪切工作(见图 2-4(b))。直边组成的条料还可用直滚剪床下料,如图 2-4(c)所示。

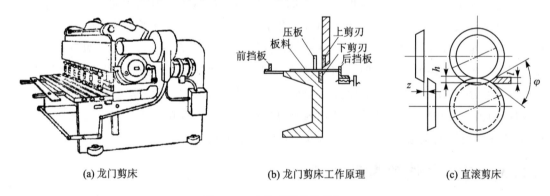

(a) 龙门剪床　　　　　　　(b) 龙门剪床工作原理　　　　　　　(c) 直滚剪床

图 2-4 直线边零件的剪切

2. 铣切下料

铣切下料是利用高速旋转的铣刀沿一定曲线对成叠的毛料按样板进行铣切的加工方法,一般适用于数量较大、外形为曲线的展开料。

图 2-5 所示为龙门靠模铣床。其中,铣头可上、下移动,同时也可在龙门架上横向移动,龙门架沿机床可纵向运动,协调纵、横方向的送进,可保证铣头跟随靠模运动来完成各种复杂形状的铣切。

图 2-5　龙门靠模铣床

3. 冲裁下料

冲裁实质是一种封闭的剪切。由相当于上剪刃的凸模下行,并通过相当于下剪刃的凹模而完成冲裁。冲裁分为冲孔和落料,多用于中、小平面形状复杂外形的零件下料,其工作原理图如图 2-6 所示。

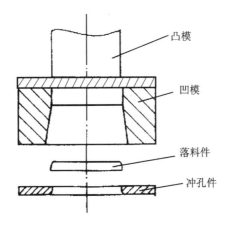

图 2-6　冲裁工作原理

凸模尺寸比凹模尺寸小,因此有间隙。而凸、凹模的间隙对冲裁件的断面质量、尺寸精度和冲裁力的大小都有影响,因此在设计冲裁模时确定合理间隙很重要。冲裁时,若间隙过小,上、下裂纹中间部分被二次剪切,在断面上产生撕裂面,并形成两个光亮带(见图 2-7(a)),在断面出现挤长毛刺。间隙合适,可使上下裂纹与最大切应力方向重合,此时产生的冲裁断面比较平直、光洁、毛刺较小,制件的断面质量较好(见图 2-7(b))。若间隙过大,板料所受弯曲与拉伸均变大,断面容易撕裂,使光亮带所占比例减小,产生较大塌角,粗糙的断裂带斜度增大,毛刺大而厚,难以去除,使冲裁断面质量下降(见图 2-7(c))。合理的间隙值与被冲切材料厚度、软硬等因素有关,一般合理的单边间隙为板厚的 2%～20%,也可查有关手册确定。

一般冲裁得到的工件,剪切面上有塌角毛刺,还带有明显的锥度,表面粗糙度高,工件尺寸精度较差,一般情况下能满足工件的技术要求。但当要求冲裁件的剪切面作为工作表面或配合表面时,采用普通冲裁工艺已不能满足零件的技术要求,这时,必须采用提高冲裁件质量和

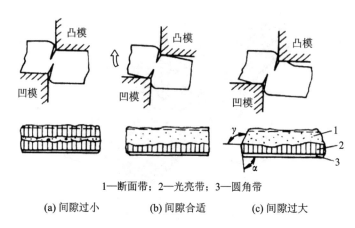

1—断面带；2—光亮带；3—圆角带

(a) 间隙过小　　　　(b) 间隙合适　　　　(c) 间隙过大

图 2－7　间隙对冲裁质量的影响

精度的精密冲裁方法。

　　齿圈压板精冲是目前使用较多的精密冲裁方法,图 2－8 为齿圈压板精冲示意图。在冲裁过程中,由于齿圈压板强力压边力、顶出器反压力和冲裁力的共同作用,在间隙很小而凹模刃口带圆角的情况下,可使坯料的变形区处于强烈的三向压应力状态,从而提高了材料的塑性,抑制了剪切过程中裂纹的产生,使得冲裁件断面垂直、表面平整,断面质量和尺寸精度都较高。

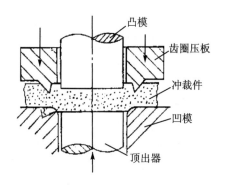

图 2－8　精密冲裁原理图

4. 数控下料

　　数控技术是用数字信息对机械运动和工作过程进行控制的技术。数控下料前需先进行数控编程,将绘制的毛料或展开料外形图编写成数控设备可识别的加工程序,然后按数控装置的指令进行自动下料。当加工对象改变时,只需要改变数控程序,不必采用靠模、样板等专用工艺装备,因此有利于缩短生产准备周期,实现下料过程的柔性化和自动化。

　　先进的数控下料设备可通过专家管理软件,管理加工工件的图形数据库,并自动排料,能实现高速走刀、叠层铣。铣床带真空吸附功能,上料不用装夹,可以自动换刀,优化加工轨迹。数控下料不仅能有效提高了下料精度和下料效率,使板材利用率大幅度提高,改善了工人的劳动环境,尤其适合形状复杂外形的毛坯下料。

5．数控激光切割下料

激光切割是热切割的一种,切割过程中利用高功率密度的激光束扫描材料表面,在极短时间内将材料加热到几千至上万摄氏度,使材料熔化或气化。切割加工时,激光束与材料沿一定轨迹作相对运动,从而形成一定形状的切缝;同时通过与光束同轴的喷嘴喷吹非氧化性气体,依靠气体的强大压力将熔化或气化物质从切缝中吹走,达到切割材料的目的。如图 2-9 所示。通过数控编程,可以对各种复杂形状的平板和尺寸很大的整板进行切割料。激光切割技术中目前以 CO_2 激光切割技术应用最为广泛。

激光切割有以下特点:

① 由于采用了不可见的光束代替了传统的机械刀,激光刀头的机械部分与工作无接触,在工作中不会对工作表面造成划伤,精度高,重复性好。

② 激光切割速度快,切口无机械应力,光滑平整,一般无需后续加工。

③ 切割热影响区小,板材变形小,切缝窄(0.1~0.3 mm)。

④ 仅适用于切割薄板。

6．数控等离子切割下料

等离子切割是利用高温等离子电弧的热量使工件切口处的金属局部熔化(和蒸发),并借高速等离子的动量排除熔融金属以形成切口的一种加工方法,等离子切割也属于热切割。如图 2-10 所示。通过数控编程,可以对各种复杂形状的平板进行切割。

等离子切割有以下特点:

① 等离子切割电弧能量集中、切割速度快;在切割较薄的金属的时,切割面光滑、热变形小、热影响区小。

② 切割范畴宽,可切割所有金属板材,尤其是对于有色金属(铝、钛、镍等)切割效果更佳。

③ 等离子切割由于弧光强、噪声大、灰尘多,对环境有一定的污染,切割厚度也有一定的限制。

图 2-9　激光切割下料

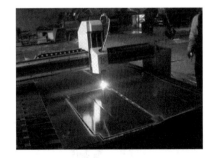

图 2-10　等离子切割下料

7．数控高压水切割下料

高压水切割属于冷切割,是一种利用高压水流切割的技术。高压水切割通过超高压发生

器产生 380 MPa 以上的高能水射流,再通过一个直径很小的喷嘴(Φ0.1－0.35 mm),以 3～4
倍于声速的速度进行喷射切割,从而形成切口。通过数控加工可以切割各种复杂形状外形,自
动化程度显著提高。

高压水切割有以下特点:

① 高压水切割是非热源的高能量射流束切割,切割过程无热影响区,无烧蚀,不产生热变
形或热效应。

② 切缝窄(<1 mm),表面光滑,切口平整。

③ 切割厚度大,切割能力强。

④ 环保无污染、不产生有毒气体及粉尘。

⑤ 高压水装置对密封要求严格,喷嘴需要定期更换,成本较高。

2.3　钣金零件制造

2.3.1　冲压零件的制造

冲压主要是利用冲压设备和模具实现对金属材料(板材)进行加工的方法。根据通用的分
类方法,可将冲压的基本工序分为材料的分离和成形两大类。

分离工序是指坯料在冲压力作用下,变形部分的应力达到强度极限的以后,使坯料发生断
裂而产生分离,如前面讲的剪裁就属于此类。

成形工序是指坯料在冲压力作用下,变形部分的应力达到屈服极限 σ_s,但未达到强度极
限 σ_b 时,坯料产生塑性变形,成为具有一定形状、尺寸与精度制件的加工工序。成形工序主要
有弯曲、拉深、翻边、旋压、胀形等。冲压的典型成形工序如表 2-3 所列。

表 2-3　冲压的典型成形工序

工　序	图　例	特点及应用范围
弯　曲		用模具使材料弯曲成一定形状
拉　深		通过改变空心件的尺寸,得到要求的底厚、壁薄的工件

工　序		图　例	特点及应用范围
旋　压			利用旋压棒或滚轮将板料毛坯压成一定形状(分变薄与不变两种)
胀　形			使空心件(或管料)的一部分沿径向扩张,呈凸肚形
翻边	孔的翻边		将板料或工件上有孔的边缘翻边成竖立边缘
	外缘翻边		将工件的外缘翻边起圆弧或曲线状的竖立边缘

1. 弯　曲

弯曲是将平直板材或管材等型材的毛坯或半成品,用模具或其他工具弯成具有一定曲率和一定角度的零件的加工成形方法。弯曲是冲压的基本工序之一。图 2－11 所示为常见弯曲零件。

通常情况下,在压力机上压弯工具作直线运动的弯曲称为压弯;在一些专用设备上弯曲成形工具作旋转运动的弯曲,称为卷弯或滚弯。弯曲变形时板料外层表面材料受拉,内层表面材料受压,中性层不变。根据变形程度的不同,弯曲过程可分为弹性弯曲、弹塑性弯曲和纯塑性弯曲 3 个阶段,其变形区应力分布如图 2－12 所示。

弯曲的主要问题是回弹。弯曲过程是弹性和塑性变形兼有的变形过程,由于外层表面受拉,内层表面受压,卸载后,产生角度和曲率的回弹,如图 2－13(a)所示。回弹会影响制件精度,设计弯曲模具工作部分尺寸时,必须考虑材料的回弹。生产中必须消除回弹的影响,采用的主要方法有补偿法、加压法、加热校形法及拉弯法等。图 2－13(b)所示为通过在凸模上做出等于回弹角的斜度进行补偿,使零件回弹后恰好等于所要求的角度。图 2－13(c)所示为通过对零件两端施加压力来减小回弹。有关弯曲成形的过程将在后面内容中阐述。

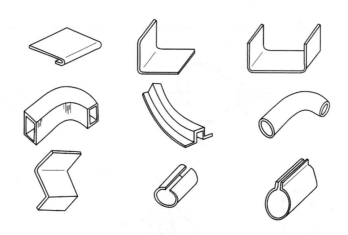

图 2-11 常见弯曲零件

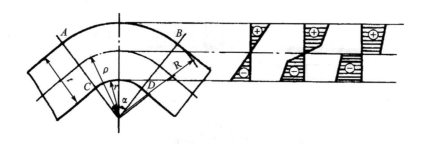

图 2-12 弯曲零件变形区切向应力分布

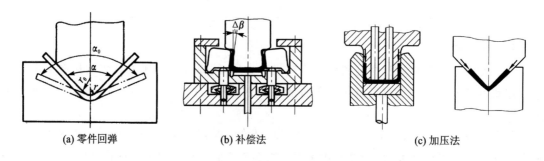

(a) 零件回弹　　　　　　　(b) 补偿法　　　　　　　(c) 加压法

图 2-13 弯曲件的回弹

2. 拉 深

拉深是在凸模作用下将平板毛坯变成开口空心零件的过程。用拉深工艺可以制成圆筒形、阶梯形、球形、锥形、抛物线形、盒形和其他不规则形状的薄壁零件,如图 2-14 所示。

图 2-15 所示为平板的拉深原理图,其变形特点是突缘切向收缩为筒壁,筒壁为传力区。拉深变形程度用拉深系数 $m = \dfrac{d}{D_0}$ 表示,m 愈小,拉深变形程度愈大。当 m 小到筒壁要拉断时,为极限拉深系数 $m_{\min}$。极限拉深系数取决于板材内部组织与机械性能、毛坯的相对厚度

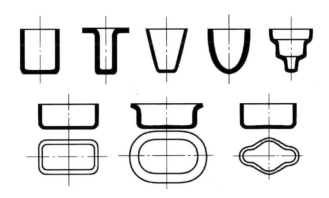

图 2 - 14 典型的拉深零件

t/D_0、冲模的圆角半径、间隙及润滑等。当零件的拉深系数小于该材料的极限拉深系数 $m_{\min}$ 时,零件将被拉裂。若零件深度太大,一次不能成形,则必须采取多次拉深。图 2 - 16 所示为平板毛坯逐渐拉深成筒形件的过程,图 2 - 17 所示为深度较大的筒形件的拉深工序。

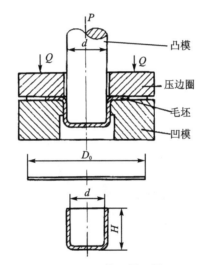

图 2 - 15 拉深原理图

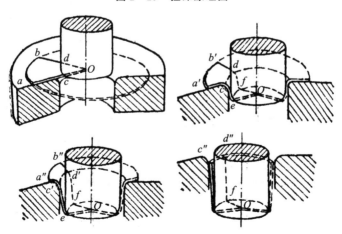

图 2 - 16 拉深过程

影响拉深顺利进行的主要问题是突缘起皱与筒壁拉裂。起皱有两种形式,图 2-18(a)所示为外皱。外皱是在拉深过程中凸缘受切向压应力失稳而产生的。生产中主要采用压边圈防止外皱见图 2-18(b),压边力可由液压、气压、弹簧或橡皮产生。

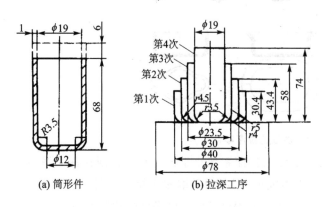

（a）筒形件　　　　（b）拉深工序

图 2-17　深度较大的筒形件的拉深工序

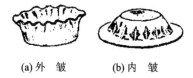

（a）外　皱　　（b）内　皱

图 2-18　拉深起皱

拉深锥形件或半球形件时,由于凸模与凹模之间有一悬空段,缺乏夹持,易起内皱,如图 2-18(b)所示。防止内皱产生的方法主要是增加径向拉应力,以减小切向压应力。如可采用带拉深筋的凹模,反向拉深法和正、反向联合拉深法等,如图 2-19 所示。

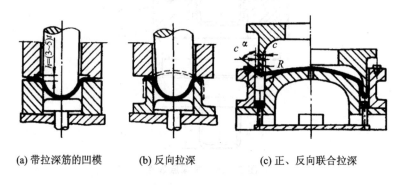

（a）带拉深筋的凹模　　（b）反向拉深　　（c）正、反向联合拉深

图 2-19　半球零件拉深的防皱方法

抛物线形零件和锥形件一般较难成形,其成形方法可采用液压机械拉深法。液压机械拉深时毛坯在液压作用下在凸、凹模的间隙之间形成反凸的液体"凸坎",如图 2-20 中的 A 部分,它起着拉深筋的作用,同时,凸模下压时造成的油压力使毛坯反拉,为紧贴凸模成形创造了良好的成形条件。这种方法与普通拉深相比可大大增加一道工序的变形程度,且零件壁厚均匀,表面光滑美观,特别适合于深拉零件。图 2-21 所示的抛物线形零件,采用液压机械拉深一次即可拉出,而用普通机械拉深则需要 7~8 道工序。

尺寸小、产量大的空心件多采用带料连续拉深,即在带料上依次进行多次拉深,最后用落料或切断使工件与带料分离,图 2-22 所示为带料连续拉深的工作过程。

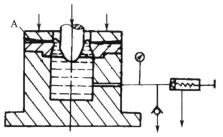

图 2-20　液压机械拉深示意图　　　　图 2-21　抛物线形零件

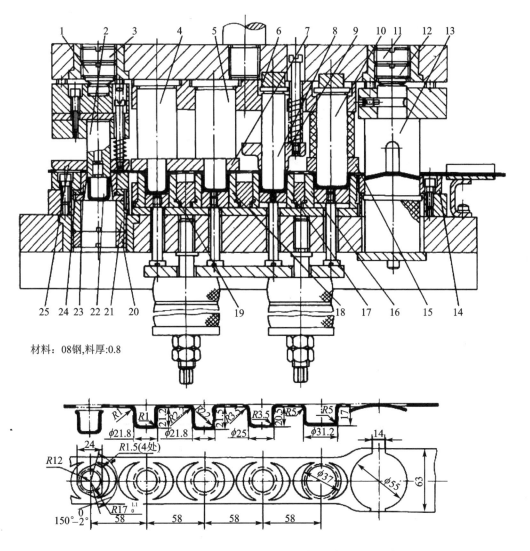

材料:08钢,料厚:0.8

1、3、11、12、20、21—螺塞;2、4、5、8、10、13—凸模;6—斜楔;7、25—卸料板;

9、15—压边圈;14、16、17、18、19、23—凹模;22—导正销;24—垫块

图 2-22　带料连续拉深

3. 翻 边

翻边是使平面或曲面的板坯料沿一定的曲线翻成竖立边缘的成形方法。根据翻转曲线封闭与否可分为内孔翻边和外缘翻边两类,内孔翻边和外缘翻边的模具分别如图 2-23 和图 2-24 所示。按变形的性质,翻边又可以分为伸长类翻边和压缩类翻边。

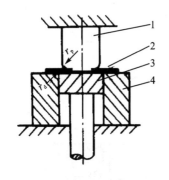

1—凸模;2—坯料;3—顶料板;4—凹模

图 2-23 内孔翻边模具结构示意图

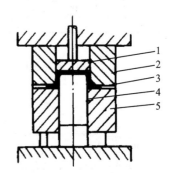

1—压料板;2—凹模;3—坯料;4—凸模;5—侧压边

图 2-24 外缘翻边模具结构示意图

图 2-25 所示为圆孔翻边。设坯料预冲孔直径为 d_0,翻边时,坯料在凸模作用下,孔径 d_0 不断扩大,最后变为直径为 d_1 的竖边。翻边变形区是内径为 d_0、外径为 d_1 的环形部分,为双向拉应力状态。孔边缘仅受切向拉应力作用,为单向应力状态。翻边过程中变形坯料厚度变薄,孔边缘切向伸长变形最大,厚度变薄最严重。

翻边的变形程度用翻边系数 K_f 表示,$K_f = \dfrac{d_0}{d_1}$。K_f 愈小,翻边变形程度愈大。当 K_f 小到孔边缘濒于拉裂时,称 K_f 为极限翻边系数,用 K_{fmin} 表示。极限翻边系数与材料、孔边状态、相对厚度、凸模形状有关。

当翻边高度较小时,可先在坯料上预制孔,然后直接翻边,如图 2-26 所示。当翻边高度过大,翻边系数小于极限翻边系数时,可采用拉深—冲底孔—翻边的方法,如图 2-27 所示。

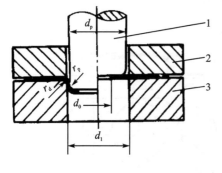

图 2-25 圆孔翻边

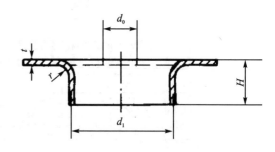

图 2-26 预制孔翻边

对于非圆孔翻边零件,其变形与孔的形状有关。如图 2-28 所示的孔边缘由内凹曲线、外凸曲线及直线构成。对内凹曲线部分,可看作是圆孔的一部分,属于伸长类翻边,此时应按圆孔翻边的极限系数判断其变形的可能性;外凸曲线部分类似于浅拉深,属于压缩类翻边,此时的翻边系数实质上就是拉深系数；直边部分可近似按弯曲变形考虑。此外，由于圆弧与直线部分连接成一整体，曲线部分的翻边必然要扩展到直边部分，使直边部分也产生一定的变形。因此，非圆孔翻边可以减轻曲线部分的变形。

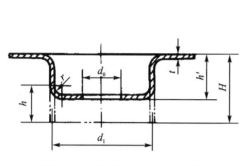

图 2 - 27　拉深—冲底孔—翻边

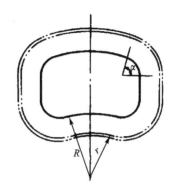

图 2 - 28　非圆孔翻边

外缘翻边分内凹曲线和外凸曲线翻边，如图 2 - 29 所示，当翻转轮廓曲线变为直线时，就成为弯曲变形。内凹曲线的翻边与孔的翻边相似，凸缘内产生拉应力而易于破裂，属伸长类翻边。其翻边系数由 $\frac{r}{R}$ 确定，其值可查手册。外凸曲线的翻边变形类似于不用压边圈的浅拉深，在翻边的凸缘内产生压应力，易于起皱，属压缩类翻边。其应变分布及大小主要取决于工件的形状。其翻边系数 $\frac{r}{R}$ 可参考拉深系数选取。

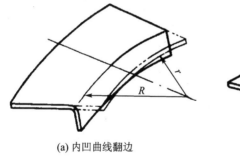

(a) 内凹曲线翻边

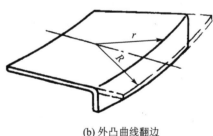

(b) 外凸曲线翻边

图 2 - 29　外缘翻边

4. 旋　压

旋压是借助旋压棒或旋轮、压头对随旋压模转动的板料或空心毛坯作进给运动并旋压，使其直径尺寸改变，逐渐成形为薄壁空心回转零件的特殊成形工艺。飞机导弹上的鼻锥、封头、喷管等各种旋转体零件常用旋压成形的方法制造。

旋压主要分为普通旋压和变薄旋压两种。前者在旋压过程中材料厚度不变或只有少许变化，后者在旋压过程中壁厚变薄明显，所以又叫强力旋压。

普通旋压简称旋压，工作原理如图 2 - 30 所示。将平板毛料用机床的顶杆压紧于旋压模上，使其与模具一起旋转。工人用手操纵旋压棒，由点到线，由线及面将毛料顺次压向模具而成形。与拉深相反，旋压过程中，锥形件易旋，半球形稍难旋，而筒形件最难成形。

旋压棒的滚轮圆角半径 R 根据工件的尺寸、形状和厚度等因素选择。R 愈大,滚轮与毛料间的接触面积愈大,旋出的工件表面愈光滑,但操作费力。相反,R 愈小,接触面积愈小,省力,但表面易出现沟槽。

如果零件不能在一道工序中旋压完成,可在不同的胎模上进行连续旋压,但胎模的最小直径应该是相同的,如图 2-31 所示。旋压过程材料的硬化程度比在压床上拉深要大得多,故经几道工序后须中间退火。

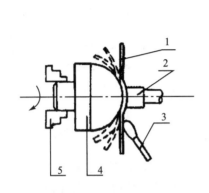

1—毛料;2—顶杆;3—旋压棒;4—旋压模;5—卡盘

图 2-30 旋压工作原理图

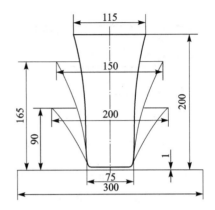

图 2-31 连续旋压工序图

普通旋压机动性好,生产周期短,能用简单的设备和模具制造出形状复杂的零件,适用于小批生产及制造有凸起及凹进形状的空心零件。图 2-32 所示为几种常见的普通旋压方法。

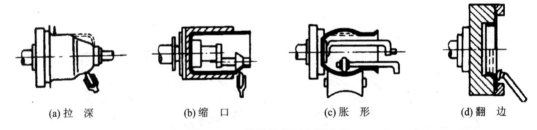

(a)拉深　　　　　(b)缩口　　　　　(c)胀形　　　　　(d)翻边

图 2-32 常见的普通旋压方法

强力旋压又称旋薄,其工作原理如图 2-33(a)所示。滚轮在液压作动筒作用下强力旋压毛坯,使毛坯变薄而成形。毛坯的外径在成形过程中始终保持不变,这是旋薄与旋压的根本区别。旋薄的工件厚度 t 与锥角 α 的关系如图 2-33(b)所示,毛料厚度为 t_0,零件锥角为 2α,旋薄的工件的厚度 $t = t_0 \sin\alpha$。

零件的锥角愈小,材料的变形量愈大。当变形量过大时,零件会产生剪切破坏。因此各种材料都有一定的极限锥角值。如航空用铝合金,一次旋薄的 α_{min} 为 $12°\sim15°$,不锈钢的约为 $15°\sim18°$,当一次旋薄角度超过上述极限值后,必须分次旋薄,中间退火。如图 2-34 所示零件,需要两道工序才能成形,且在旋薄过程中满足 $\dfrac{t_1}{\sin\beta} = \dfrac{t}{\sin\alpha}$。

强力旋压最适合成形锥形件、筒形件。而对于球形或抛物线形的零件则须采用靠模装置。筒形件不能用平板毛料成形,而要用壁厚较大、长度较短、内径相同的圆筒形毛坯成形。

按照旋压时金属流动方向,旋压可分为正旋和反旋,如图 2-35 所示。正旋常用于筒形件,优点是:旋压力小,工件贴模性好,产生扩径和金属堆积较小。反旋常用于管形件,优点是:工件长度不受芯模长度和旋轮纵向行程的限制,固定坯料的夹具较简单。正旋的优点正好可弥补反旋的不足,而反旋的优点又正好可弥补正旋的不足。不过,在相同条件下,正旋的极限变薄率较反旋的高,因而正旋时旋轮接触角和进给比的选择范围比较大。

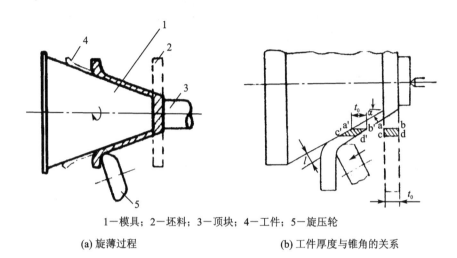

1—模具；2—坯料；3—顶块；4—工件；5—旋压轮

(a) 旋薄过程　　　　　　　　　　　(b) 工件厚度与锥角的关系

图 2-33　强力旋压工作原理

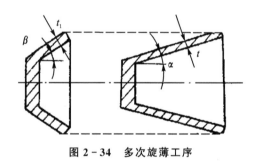

图 2-34　多次旋薄工序

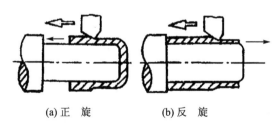

(a) 正　旋　　　　　　　　　(b) 反　旋

图 2-35　筒形件的旋薄

对壁部特薄的旋转体空心件,可利用图 2-36 所示的钢球旋压法生产。

旋薄的零件材料利用率高,模具简单,准确度高,成形后的材料强度、硬度和疲劳强度均有提高。旋薄过程会产生大量热,必须进行冷却。旋薄的模具和旋轮要承受很大的接触压力和摩擦力,因此要求模具的表面坚硬、耐磨,要用高强度金属材料。

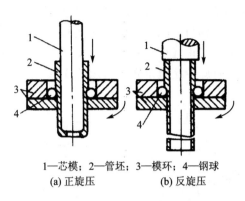

1—芯模；2—管坯；3—模环；4—钢球

(a) 正旋压　　　　(b) 反旋压

图 2 - 36　钢球旋压

5. 胀　形

在外力作用下使板料的局部材料厚度变薄而表面积增大，或将直径较小的筒形或锥形毛坯，利用由内向外膨胀的方法，使之成为直径较大或曲母线的旋转体零件的加工方法称为胀形。飞机上的整流包皮、高压气瓶和发动机上的零件常用胀形方法成形。

常见的胀形方式有：在圆筒形坯件或管坯上成形凸肚或起伏波纹、起伏成形（在平板毛坯压鼓包）以及与拉深结合的拉胀复合成形。

圆筒形空心坯料的胀形可以用于生产高压气瓶、波纹管、三通接头以及其他一些异形空心件。其变形程度用胀形系数 $\dfrac{D_{max}}{D_0}$ 表示，其中 D_{max} 为零件变形最大处的直径；D_0 为零件变形最大处的原始直径，如图 2 - 37 所示。

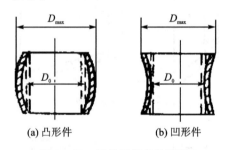

(a) 凸形件　　　　(b) 凹形件

图 2 - 37　圆柱形零件的胀形

胀形时材料一般处于双拉应力状态，因此，成形可能出现的问题是毛料拉伸破裂，而不是压缩失稳。由于材料塑性的限制，胀形存在一个变形极限，胀形的极限变形程度主要取决于变形的均匀性和材料的塑性。模具工作表面粗糙度值小、圆滑以及润滑良好，则可使材料变形趋于均匀，因此可以提高胀形的变形程度。反之，毛坯上的擦伤、划痕、皱纹等缺陷，则易导致毛坯的拉裂。

如果在对毛坯径向施加压力胀形的同时，再施以轴向压力，可增大胀形的变形程度。因此，为了得到较大的变形程度，在胀形时常常施加轴向推力使管坯压缩。此外，对毛坯进行局部加热（变形区加热）也可以增大变形程度。图 2 - 38 所示是波纹管的制造过程，将管坯安装在弹性夹头及夹紧型胎和夹紧芯棒之间，夹紧管坯使成形时液体不会由夹头处流出。成形时可将栅片式凹模按一定距离均匀排列，当管内通入液体并使管坯稍微鼓起后，沿轴向推压管端,直到栅片式凹模靠紧,这时管内多余液体通过溢流阀排出。成形完毕,卸去液压,松开弹性夹头,打开栅片式凹模,取出波纹管并进行清洗,完成胀形过程。

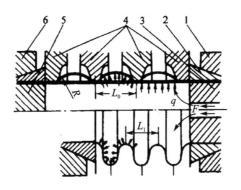

1—固定端;2—弹性夹头;3—夹紧型胎;
4—栅片式凹模;5—夹紧芯棒;6—可移动端
图 2-38　波纹管液压胀形

胀形常用的方法有两种:刚性分块式凸模胀形和软模胀形。刚性分块式胀形原理如图 2-39 所示。凸模由扇形块拼成,套在锥形中轴 2 上,当凸模向下滑动时,各个模块向外胀开,扩张毛料而成形。这种方法生产率高。由于凸模分瓣的特点,零件的直径与长度之比不能太小。

凸模胀形,凸模和毛料间有较大摩擦力,材料的切向应力和应变分布很不均匀,降低了胀形系数的极限值。为使应力分布均匀,实际生产中多采用 8~12 块模块,模块的边缘应做成圆角。这样成形后的零件上不会有明显的直线段和棱角,锥形中轴的锥角不能太大,一般选用 $8°,10°,12°$ 和 $15°$。

软模胀形是利用弹性或流体代替凸模或凹模压制金属板料、管料的一种工艺方法。对胀形而言,软模胀形制件上无痕迹,变形比较均匀,便于加工复杂的形状,所以应用较多。软模胀形有两种方式,一种是橡皮凸模胀形,一种是液压凸模胀形,凹模都做成与零件一致的形状。

图 2-40 所示为橡皮凸模的胀形方法。橡皮通常用天然橡胶或聚氨酯橡胶,后者耐油、耐磨和耐温性较好,因此使用较多。由于橡皮寿命较短,而且传递压力不如液压均匀,一般只用于制造小尺寸的零件。

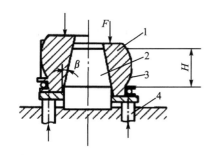

1—分瓣凸模;2—锥形中轴;3—毛料;4—顶杆
图 2-39　刚性分块式胀形

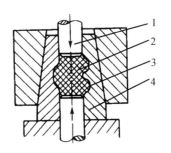

1—凸模体;2—橡皮凸模;3—零件;4—分块式凹模
图 2-40　聚氨酯橡胶胀形

液压胀形有两种方法,一种是将液体通入橡皮囊内加压,如图 2-41 所示。每次成形时压入和排出的液体量较小,密封问题易解决。这种方法生产率高,但橡皮囊制造困难,使用寿命短。另一种是直接向工件内加压,成形时要求两端严格密封,如图 2-38 中的波纹管液压胀形。

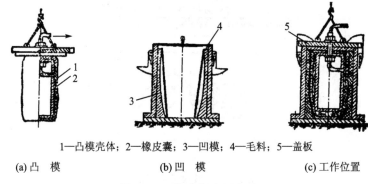

1—凸模壳体;2—橡皮囊;3—凹模;4—毛料;5—盖板

(a)凸 模　　　　　　(b)凹 模　　　　　　(c)工作位置

图 2-41　橡皮囊液压胀形

液压胀形可得到较高压力,且作用均匀,容易控制,可以成形形状复杂、表面质量和精度要求高的零件。缺点是设备复杂,成本高。

起伏成形是在模具作用下,板料表面积增大,形成局部的凹进或凸起的加工方法。起伏成形主要用于加强筋和凸形压制等,如图 2-42 所示的零件即为局部凸起的胀形。

图 2-43 所示的零件中间形状凸肚较深,可用同时含有拉深和胀形的拉胀复合成形法成形较深的腔体,即先拉胀成形,加工里面的凸肚部位,以期从周围获得少量材料,然后再进行外缘翻边。

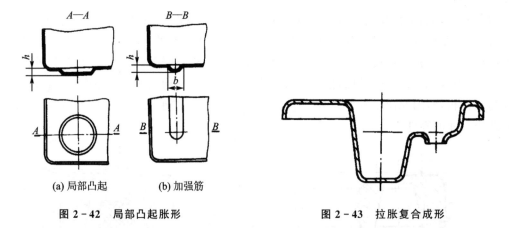

(a)局部凸起　　　　　(b)加强筋

图 2-42　局部凸起胀形　　　　　图 2-43　拉胀复合成形

零件板坯局部胀形与拉深或拉胀成形等工艺的区别主要在于成形部分尺寸与坯料尺寸之比 $\dfrac{d}{D_0}$ 的不同,如图 2-44 所示。图中曲线以上为破裂区,以下为安全区。胀形与拉深的分界点一般在 $\dfrac{d}{D_0}=0.35\sim0.38$ 范围内。

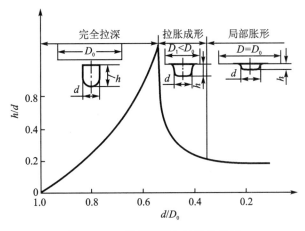

图 2 - 44　局部胀形与拉深的分界

6. 成形极限图

大型复杂薄板冲压件成形时,凹模内毛坯产生破裂的情况较多,这主要是在拉伸失稳的情况下形成的。拉伸失稳是指在拉应力作用下,材料在板平面方向内失去了塑性变形稳定性而产生缩颈,并随之发生破裂。在进行冲压零件的制造中,只要保证材料变形在成形极限内,就能防止破裂的发生。

图 2 - 45 是板材的成形极限图,它是对板材成形性能的一种定量描述,同时也是判断冲压工艺成败与否的曲线。它比用总体成形极限参数,如胀形系数、翻边系数等来判断是否能成形更为方便、准确。成形极限图是板材在不同应变路径下的局部失稳极限应变 δ_1 和 δ_2(相对应变)或 ε_1 和 ε_2(真实应变)构成的条带形区域或曲线。它全面反映了板材在单向和双向拉应力作用下的局部成形极限。在板材成形中,板平面内的两主应变的任意组合,只要落在成形极限图中的成形极限曲线上,板材变形时就会产生破裂;反之则安全。图中的条带形区域称为临界区,变形如位于临界区,表明此处板材有濒临破裂的危险。因此,成形极限图是判断和评定板材成形性能的最为简便和直观的方法,是解决板材冲压成形问题的一个非常有效的工具。

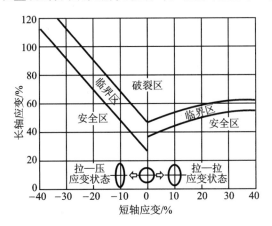

图 2 - 45　成形极限图

2.3.2 蒙皮零件的成形

1. 蒙皮零件的特点

蒙皮是飞机的重要组成部分,属于飞机外形零件,直接形成了飞机的气动外形。飞机结构上使用最广泛的是铝合金蒙皮,对于高超声速飞行器可采用钢或钛合金蒙皮。

蒙皮零件占有色金属钣金件的5%左右。由于表面直接与气流接触,要求表面光滑、无划伤。大多数蒙皮结构尺寸大,相对厚度小,刚性差,外形要求准确。随着飞行速度与载重量的增长,蒙皮的尺寸与厚度也不断加大。

按照外形特点,蒙皮可分为单曲度蒙皮、双曲度蒙皮和复杂形状蒙皮3种类型。

① 单曲度蒙皮:这类零件只在一个方向有曲度,形状较简单,在飞机的机翼、机身等剖面段上应用较多。变形属于单纯的弯曲,一般采用压弯和滚弯方法成形。

② 双曲度蒙皮:这类零件在两个方向上都有曲度。机身的大部分零件、进气道等都属于双曲度蒙皮。双曲度蒙皮主要成形方法是拉形。

③ 复杂形状蒙皮:形状不规则,如翼尖、整流包皮、机头罩、油箱等。这类零件多采用落压方法成形。

2. 工艺方法

(1) 蒙皮压弯成形

压弯成形是在闸压机床上对板材进行弯曲的一种方法。机床附有通用或专用的模具,利用凸凹模将板材逐段弯曲,适合于成形单曲度蒙皮和尾翼前缘蒙皮。

压弯成形由上、下模组成,上模下行与下模相互作用即可成形。图2-46所示为蒙皮压弯的几种方法。图2-46(a)所示为专用的凸、凹模;图2-46(b)所示为通用凹模,零件的曲率由上模的行程控制;图2-46(c)所示为橡皮容框通用凹模,其加工简单,安装方便,易修回弹;图2-46(d)所示为聚氨酯橡皮通用凹模,可通过调整下面的滚棒直径调节成形曲度。

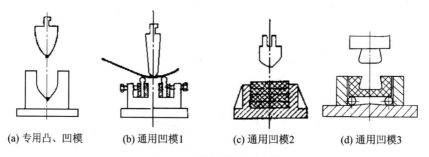

(a) 专用凸、凹模　　(b) 通用凹模1　　(c) 通用凹模2　　(d) 通用凹模3

图2-46　蒙皮的压弯成形

在蒙皮压弯中,主要问题是弯曲回弹。回弹量可根据相关书中公式估算,但还要进行试压。

(2) 蒙皮滚弯成形

滚弯成形是板料从2~4根同步旋转的辊轴间通过,并连续产生塑性弯曲的成形方法。通过改变辊轴间的相互位置,便可获得零件所需的曲率。可用于成形飞机上直母线的机身、机翼、尾翼蒙皮和副油箱外蒙皮等单曲度零件。

蒙皮滚弯方式根据辊轴的数量和布局可分为三轴滚弯、四轴滚弯和二轴滚弯 3 种形式。

图 2-47(a)所示为 3 个辊轴对称布置的三轴滚弯。这种滚弯通过改变辊轴之间的距离 a 和 b 来改变零件的曲率。其缺点是滚出的零件前、后段仍保留一段直线段。这种滚弯通用性强，工厂中蒙皮滚弯专用设备多采用此种方法。图 2-47(b)所示为四轴滚弯，其特点是夹持可靠，送进力强，可消除端头的直线段。图 2-47(c)所示为二轴滚弯，两个辊轴中一个是钢轴，一个是硬橡皮式的软轴，利用软轴表面的挤压作用可成形零件，目前应用较少。

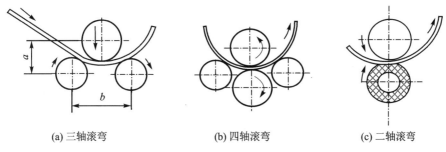

(a) 三轴滚弯　　　　　　　(b) 四轴滚弯　　　　　　　(c) 二轴滚弯

图 2-47　滚弯成形

等曲率圆筒形零件滚弯时，图(2-51(a))中 3 个辊轴的位置为平行状态，根据零件的曲率并考虑回弹算出上、下辊轴的距离(a)。飞机的后机身零件属于锥形零件，这类零件滚弯时须将滚弯机的上滚轴倾斜一定角度。

飞机上的机翼、尾翼的上、下蒙皮绝大多数为变曲率形状。滚弯时不仅须将上辊轴倾斜成一定角度，而且在滚弯过程中上滚轴须根据曲率的大小做上下移动，才能保证直母线 aa' 和 bb' 的变曲率滚弯，如图 2-48 所示。

滚弯蒙皮设备主要是蒙皮滚弯机，如图 2-49 所示。由于机翼蒙皮尺寸大，母线直线度要求高，上、下辊轴 1 必须支持在刚度很大的上梁和台面上。上梁由两个液压作动筒控制升降，在滚弯过程中上梁的升降靠模机构连续控制，可滚出变曲率的蒙皮。

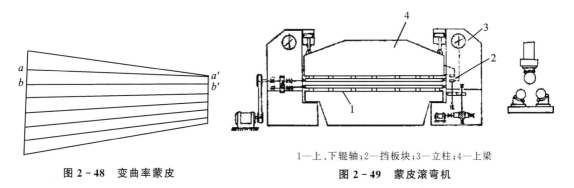

1—上、下辊轴；2—挡板块；3—立柱；4—上梁

图 2-48　变曲率蒙皮　　　　　　　图 2-49　蒙皮滚弯机

（3）拉　形

拉形是板料两端在拉形机夹钳夹紧的情况下，随着拉形模的上升，板材与拉形模接触产生不均匀的双向拉伸变形，使板料与拉形模逐渐贴合的成形方法。常用于双曲度蒙皮的成形。

拉形一般分 3 个阶段，如图 2-50 所示。首先两端夹紧，板料产生弯曲变形，随着拉形模上升，板料逐渐与模具贴合，如图 2-50(a)所示；拉形模继续上升，板料开始产生不均匀拉伸，如图 2-50(b)所示；板料边缘与模具贴合，此时，整个毛料完全与拉形模形状相同，如

图 2-50(c)所示。为减少回弹，提高零件成形准确度，再继续增加拉力，使毛料少量拉伸，最边缘的材料所受拉应力应超过屈服点。

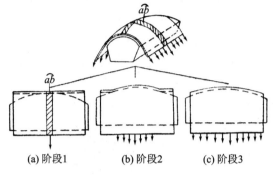

(a) 阶段1　　(b) 阶段2　　(c) 阶段3

图 2-50　拉形过程

蒙皮的拉形方式有两种：横拉和纵拉。横拉是板料沿横向两端头夹紧，在拉形模上升顶力和拉伸夹钳横向拉力的双重作用下，使板料与拉形模贴合，一般用于横向曲度大的蒙皮零件成形，如图 2-51(a)所示。纵拉一般用于纵向曲度大的狭长形蒙皮零件成形，如图 2-51(b)所示。

拉形的工艺参数包括拉形系数、极限拉形系数、毛料尺寸和拉形力与拉形速度。

① 拉形系数：指板料拉形后，变形最大的剖面处长度 l_{max} 与其原长度 l_0 之比，用 $\dfrac{l_{max}}{l_0}$ 表示。图 2-52 中零件的最小拉伸长度为 l_{min}，此处材料拉形时必须超过屈服点，拉伸应变约为 1%，即 $l_{min}=1.01l_0$。

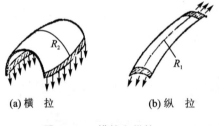

(a) 横　拉　　　(b) 纵　拉

图 2-51　横拉和纵拉

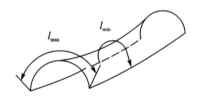

图 2-52　拉形后长度

② 极限拉形系数：指在拉形时，当板料濒于出现不允许的缺陷（如破裂、滑移、起皱、粗晶、橘皮等）时的拉形系数。材料的极限拉形系数与材料种类、厚度、蒙皮形状及摩擦等多种因素有关，通常由实验决定。一般铝合金的极限拉形系数为 1.04～1.08。拉形时如果工件的拉形系数大于极限拉形系数，则不能一次成形。

③ 毛料尺寸：确定毛料尺寸除成形需要外，还要从工艺性方面考虑，四周应留有足够余量，一般每边余量为 15～20 mm。

④ 拉形力与拉形速度：拉形力及拉形速度均匀，不间断，有利于提高质量。

由于双曲度蒙皮成形时所处应力应变状态复杂，因此各部位变形不均匀，易产生拉裂和起皱现象。防止拉裂的主要方法是控制一次拉形变形量。纵向拉形时，为了防止起皱可使夹头钳口曲线尽量符合模具两端对应曲面的剖面形状，在操作中正确配合夹头拉伸和台面上顶的动作。对马鞍形蒙皮拉形,可增加毛料宽度,用两边余量包容模具圆角,阻止材料下滑和在凹处产生皱折,如图 2-53 所示。此外,为了使低凹部分空气易排出,在模具适当部位应开通气孔或排气槽。为在拉形中使毛料充分变形制成符合要求的蒙皮零件,同时又不拉裂、起皱,须正确掌握拉形工艺中的各种工艺参数。

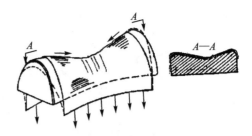

图 2-53　马鞍形蒙皮拉形

图 2-54 所示为蒙皮拉形设备,拉形设备分为横拉设备(见图 2-54(a))和纵拉设备(见图 2-54(b))。零件由两排小夹钳夹紧固定不动,依靠台面的升降产生拉力。由于零件形状各有差异,夹钳可根据台面上模具的位置和形状加以调节,使拉力的作用方向和拉形模边缘相切,如图 2-54(c)所示。

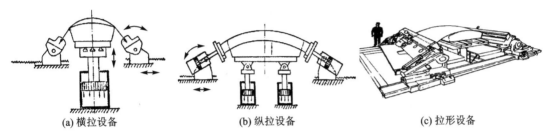

(a) 横拉设备　　　　　(b) 纵拉设备　　　　　(c) 拉形设备

图 2-54　拉形设备

拉形模的设计如图 2-55 所示。工作面两侧为防止拉形时擦伤零件,减少阻力,应倒成圆角。工作面四周应留有比零件大 30~50 mm 的空间。横拉机上用的模具,为使拉力与模具边缘相切,保证最上边的毛料也能与模贴合,两侧应制出 25°~30°的斜角。拉形模的工作面应尽量水平安放,以利于材料的变形,防止侧滑。

某些蒙皮的形状具有局部鼓包或凹陷,单用一个拉形模无法拉出该局部的外形。可在拉形设备上安装第二个工作台,由液压作动筒推动向下,利用局部小凸模与拉形模的耦合作用使蒙皮成形,如图 2-56 所示。

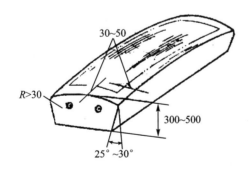

图 2-55　拉形模的设计

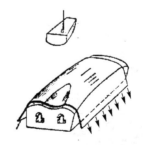

图 2-56　局部凹陷的压制

(4) 落压成形

现代飞机中有很多复杂形状的零件,外形极不规则,如飞机整流包皮、座舱整流罩、各种口框等零件(见图 2-57),由于尺寸和形状的关系,这类零件不能进行冲压成形,往往采取落压成形。

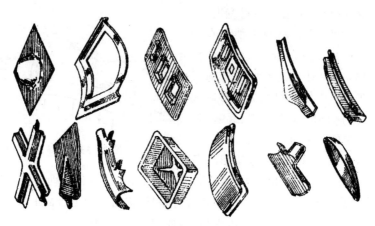

图 2-57　各种落压零件

落压成形利用质量很大的锤头或上模从高处落下时所产生的巨大冲击力使毛料沿着成形模成形,如图 2-58 所示。由于成形的零件多是形状不规则零件,毛料的变形情况比较复杂,有的部位受拉易裂,有的部位受压易皱。因此,由平板毛料一次直接落压成形的可能性不大,必须在成形过程中穿插大量的手工工作,控制材料流动使零件逐渐地变形,或安排必要的辅助设备进行预成形或过渡成形。

落压成形设备除了图 2-58 所示的落锤机外,其辅助设备主要有蒙皮收边机、碾滚机和点击锤等。

蒙皮收边机用于收缩毛料的边缘,对拱曲零件预成形,如图 2-59(a)所示。毛料放在固定钳口 1 和可动钳口 2 之间。可动钳口下降时,使舌头 3 在板料上压出浅波纹。可动钳口继续下降的同时,舌头后退,压紧毛料两边,此时滚轮 4 后退将波纹压平,完成一个循环过程。横向移动毛料,重复上述工作,即可使毛料边缘逐渐缩短,形成拱曲,如图 2-59(b)所示。

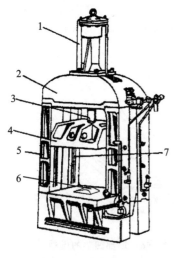

1—汽缸;2—上横梁;3—活塞杆;
4—锤头;5—支柱;6—成形模;7—导轨

图 2-58　落压成形

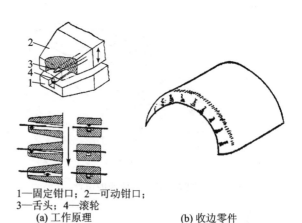

1—固定钳口;2—可动钳口;
3—舌头;4—滚轮

(a) 工作原理　　　　　(b) 收边零件

图 2-59　蒙皮收边机

辗滚机由上、下滚轮组成。板料置于上、下滚轮之间,辗滚时材料变薄,并产生拱曲。上、下滚轮的间隙可根据不同板厚调整,如图 2-60 所示。

落压成形和拉深等工艺不同,落锤时不使用压边圈,为了防止材料起皱、破裂和尽量减少手工工作,必须根据不同零件的外形特点,控制每一阶段的变形量,为此可采取如下措施:

① 预成形:有些复杂形状的零件,无法在下模上放稳板料,成形时易裂或形成死皱。针对具体情况应采用蒙皮收边机或点击锤预成形。如图 2-61 所示机头罩零件,材料边缘延伸较大,落压前先用点击锤放料,使平板毛料延伸并形成拱曲,这样不但可以辅助成形,还可避免锤裂,降低废品率。

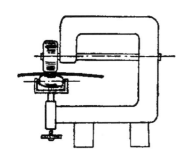

图 2-60　辗滚机

图 2-61　机头罩

② 采用展开料成形:落压时,由于毛料的材料互相牵制,会引起拉裂,如图 2-62(a)所示的风挡骨架零件,若在落压前将毛料的多余材料去掉,切边仅留少量余量,制成展开料(见图 2-62(b)),一次落压即可成形。这是因为将中间材料去掉的展开料,在成形时避免了材料的相互牵制,不但提高了工效,同时还节约了原材料,简化了零件的切割修整工作。

(a) 风挡骨架零件

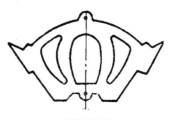

(b) 零件展开图

图 2-62　风挡骨架

③ 分区依次成形:有些零件的槽、埂、窝较多,大多属局部成形,以"放"料为主,容易拉裂。若对零件各部分由内向外依次成形,即可避免抢料现象,图 2-63 所示的阻力板零件可采用依次成形的方法成形。

④ 采用储料过渡:有些深度较大的零件,在过渡模成形时制出反向的鼓包,将毛料预先拉入储存;下道工序落压时,储存的材料便可顺利地补充,减轻了材料拉进深模腔的困难,避免了拉裂现象。图 2-64 所示的翼尖即采用储料方式过渡成形的。

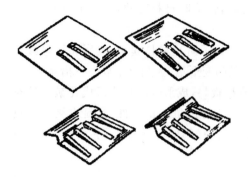

图 2-63 阻力板的落压过程

图 2-64 储料过渡

落锤模的结构比较简单,但工作形面复杂,必须选择易加工、价格低、易回收的材料,如铅锌模、锌合金锌合金模等。设计落锤模首先要合理确定分模面位置,保证毛料可靠定位,成形时不产生较大的侧压力而引起下模偏移和锤杆的损坏,如图 2-65(a)所示。对变形较大,成形较难的部位尽可能水平放置,便于机床有效加压,有利于手工校修及垫局部橡皮与展皱工作,如图 2-65(b)所示。

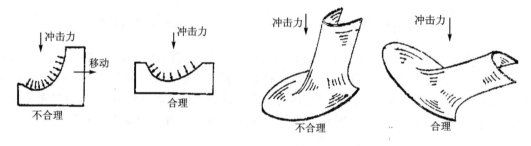

(a) 选择合理位置1

(b) 选择合理位置2

图 2-65 分模面位置

凸凹模的上下位置须合理确定。下凹上凸的模具通常称为拉深(压延)模(见图 2-66(a)),定位方便,垫橡皮层板同样方便。下凸上凹模通常称为压缩模(见图 2-66(b)),便于手工校修。除深度较大的空心零件外,一般多采用上凹下凸的方案。

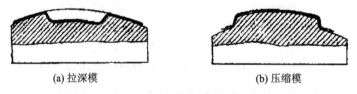

(a) 拉深模

(b) 压缩模

图 2-66 凸凹模上下位置

由于蒙皮外形要求精确,制造时一种工艺方法往往很难满足要求,因此常将几种方法组合起来用,常见的组合方式有以下几种:

① 滚弯和闸压成形:如机翼前缘蒙皮,前缘弯曲半径较小,上下翼面弯曲半径大。可先滚弯成形上下翼面弧度,再用闸压方法制出前缘弯曲部分。

② 滚弯与拉形成形:如材料较厚的零件拉形时,钳口夹持比较困难,纵拉板料要有夹钳弧

度,可滚弯毛料预制一定弧度。

③ 拉形与落压成形:如座舱整流罩零件,如采用落压成形,成形困难且贴模度差,外形精度低,可先用拉形方法成形双曲度形面,然后再进行落压。

随着航空制造技术的发展和飞机飞行速度的提高,飞机整体壁板蒙皮应用越来越广,整体壁板的加工除了沿用普通蒙皮加工的制造工艺外,还有特殊的成形方法,具体工艺见 2.3.2 小节。

2.3.3　液压零件的制造

飞机结构中典型的零件是薄壁结构件,其形状复杂,外形斜角变化大,且外形多为双曲面。如飞机上的框、肋等许多骨架零件大都有平的或略带曲面的腹板,周围有浅的弯边或下陷,这类零件常采用液压成形方法进行成形,成形时一次压出零件曲弯边、减轻孔、加强窝或下陷,如图 2-67 所示。

液压成形是指采用液态的水或油作为传力介质,用软凸模或凹模代替刚性的凸模或凹模,使坯料在传力介质的压力作用下与凹模或凸模贴合的过程。液压成形是一种柔性成形技术,它克服了传统板材冲压成形中存在的成形极限低、模具型腔复杂以及零件表面品质差等缺点,可以同时完成弯曲、拉深、翻边和胀形等多种工序,大大提高了成形极限,特别适用于在一道工序内成形复杂形状的薄壳结构零件。

液压成形制模简单,周期短,成本低,成形产品质量好,形状和尺寸精度高。近年来,随着成形设备及相关控制技术的发展,以流体为传力介质的液压成形技术在国内外发展迅速,在航空航天及汽车领域得到广泛应用。

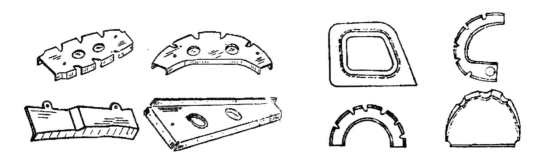

图 2-67　常见的液压成形零件

1. 软凸模液压成形

软凸模液压成形是以液体介质代替凸模传递载荷,液压作为主驱动力使毛坯变形,毛坯逐渐流入凹模,最终在高压作用下使毛坯贴靠凹模型腔,零件形状尺寸靠凹模来保证。

图 2-68 所示为用液体代替凸模成形筒形件的成形过程。在液体凸模的压力作用下,毛坯中部产生胀形,当压力继续增大时毛坯凸缘产生拉深变形,凸缘材料逐渐被拉入凹模而形成筒壁。用液体凸模成形时,由于零件底部产生胀形变薄,所以该工艺方法的应用受到一定的限制。但此法模具简单,一般用于大零件的小批量生产。锥形件、半球形件和抛物面件等用液体凸模进行成形,可得到尺寸精度高、表面质量好的零件。

图 2-69 所示的液压成对成形技术也是一种软凸模成形技术,液压成对成形是德国 20 世

纪90年代后期提出的一种板料成形新工艺。板件成对液压成形时,首先将叠放的两块平板毛坯放置在上下凹模中间,压边后充液预成形,边缘切割后,对边缘采用激光焊接。然后,在两板间充入高压液体,使其贴模成形。这种成形是靠板料变薄来成形的,属于内高压成形,适用于成形腔体零件。

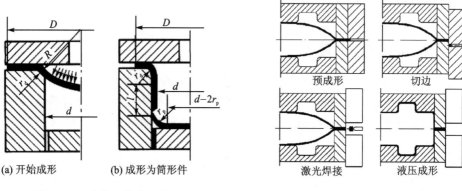

(a) 开始成形　　(b) 成形为筒形件

图2-68　液体凸模成形过程　　　　　图2-69　液压成对成形

液压成对成形技术与一般的成形工艺相比可减少模具数量,因采用液压加载,模具不易损坏,寿命延长;产品与模具贴合程度好,零件定形性好,残余应力通过高压塑性变形基本完全消除,回弹小;板材成形极限可明显超过拉深工艺和纯液压胀形工艺。这种工艺技术尤其适用于形状复杂、尺寸多变的大型板料零件的生产。

2. 液体凹模液压成形

软凹模液压成形用液体介质代替凹模传递载荷,液压作为辅助成形的手段,使坯料在压力作用下紧贴凸模成形,零件形状尺寸最终靠凸模来保证。

图2-70所示为液体凹模成形筒形件的过程,成形时高压液体使毛坯紧贴凸模成形,增加了凸模与材料间的摩擦力,从而防止了毛坯的局部变薄,提高了筒壁传力区的承载能力;同时高压液在凹模与毛坯表面之间挤出,产生强制润滑,减少了毛坯与凹模之间的滑动和摩擦,降低了径向拉应力,显著提高了成形极限,所成形的零件壁厚均匀,尺寸精确,表面光洁。

液体凹模液压成形主要依靠液室压力作用来增大板材与拉深凸模之间的有益摩擦并建立坯料与凹模之间的流体润滑,从而缓解凸模圆角处坯料径向拉应力来提高板材零件的成形极限,适合制造普通拉深无法一次拉深成形的复杂板材零件。而对于铝合金等大高径比、低塑性材料曲面(锥面、球面、抛物线剖面等)零件和锥盒形零件,过大的液室压力会导致曲面零件成形初期悬空区的破裂和锥盒形零件棱边角部起皱。为了防止这些现象的产生,出现了可控径向加压充液拉深技术。

可控径向加压充液成形的原理如图2-71所示,该技术在现有液压成形技术的基础上,在主液室压力 p_0 之外,辅以独立的可控径向液压力 p_r。可控径向加压充液成形可根据材料性能、零件形状和成形极限,通过增大径向液压使变形区材料产生合理流动,所产生的径向力推动板料向凹模内流动,同时在坯料与压边圈、凹模之间形成双面流体润滑,进一步降低了接触面上的摩擦力,从而可使凸模拉力降低,避免大高径比、曲面零件成形初期因液室压力过大而导致的悬空区破裂,从而进一步提高了零件的成形极限。此外,凸缘区的应力状态也由单纯的径向拉力区变为径向拉力区和压力区，避免在这一部位产生拉裂。

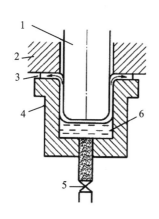

1—凸模；2—模座；3—毛坯；4—凹模；5—溢流阀；6—油液

图 2-70　液体凹模成形

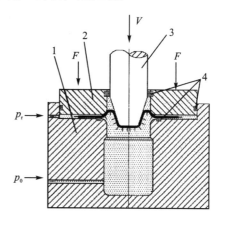

1—凹模；2—压边圈；3—凸模；4—密封圈

图 2-71　可控径向加压充液成形原理图

3. 橡皮囊凹模液压成形

　　橡皮囊液压成形即在成形过程中用一个橡皮隔膜将液体介质与板坯隔开，充有高压液体的橡皮囊充当凹模，同时采用刚性凸模和压边圈，在高压液体的作用下，橡皮囊向下膨胀，充满工作台和凸模形成的所有空间，将毛料紧紧包贴在成形凸模上，如图 2-72(a)所示。工件成形后，卸去高压油液，压边圈上升，顶出工件，完成零件成形，如图 2-72(b)所示。橡皮囊的液体压力可以根据工件形状、材料性质和变形程度进行调节，以达到最好的成形效果。图 2-72(c)所示为橡皮囊液压机结构示意图。

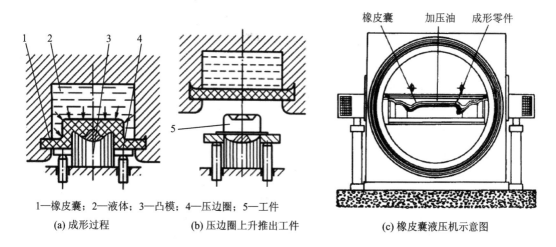

1—橡皮囊；2—液体；3—凸模；4—压边圈；5—工件

(a) 成形过程　　　　(b) 压边圈上升推出工件　　　　(c) 橡皮囊液压机示意图

图 2-72　橡皮囊凹模液压成形原理图

　　橡皮囊成形技术的优点是设备成本低，并能避免板料的污染；其缺点是橡皮囊易损坏须经常更换，不能进行热成形，能量损耗较大，不易控制板材的流动，所以在实际应用中受到了限制。

4．液压成形的工艺参数

液压成形要一次压制出合格零件,操作中影响因素较多。主要限制因素是:材料的起皱、开裂和零件不贴模。影响贴模程度的主要参数有:单位成形压力、橡皮硬度、被成形材料的性能、零件的几何参数等。液压成形工艺的主要研究内容就是寻求零件几何参数与成形压力、橡皮硬度、材料性能之间的内在联系,以便正确利用这些内在联系来获得高质量的零件。

橡皮硬度在实际生产中是固定的,很难改变,因此,通常通过调节成形压力 p 来改善成形质量。随着成形压力 p 的提高,零件的贴模度亦提高。图 2-73 所示为 p 与相对弯曲半径 $\dfrac{R}{t}$ 的关系曲线。对于同一材料,$\dfrac{R}{t}$ 值随 p 的增大而减小,且材料的贴模度也会提高。提高成形压力 p,还能有效地减少回弹量。同一材料在相同的相对弯曲半径 $\dfrac{R}{t}$ 下,p 愈高回弹量愈小。

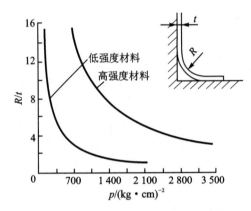

图 2-73　成形压力与相对弯曲半径的关系

由于液压零件形状比较复杂,因此,应尽量采用新淬火料进行成形,同时应尽可能采用展开料成形,以免除修边工作。

5．液压成形的优缺点

(1) 液压成形的优点

与传统板材冲压加工相比,液压成形具有以下优点:

① 成形极限高。由于液压成形中液体压力的作用,坯料与成形模紧密贴合,坯料和成形膜之间产生“摩擦保持效果”,提高了传力区的承载能力和零件的成形极限。

② 尺寸精度高、表面品质好。液体从毛料与凹模表面间溢出形成流体润滑,有利于毛料进入凹模,减少零件表面划伤,所成形零件外表面得以保持原始板材的表面品质,尤其适合镀锌板等带涂层的板材成形。

③ 成形工序少,成本低。可成形复杂薄壳零件和复杂曲面零件,减少了退火等中间工序,使复杂零件在一道工序内完成,减少了多任务工序成形所需的模具数量,降低了生产成本。

(2) 液压成形的缺点

液压成形有着明显的优势,也有缺点:

① 凹模型腔内的液压压力会对凸模下行产生阻抗作用,因此所需成形设备的吨位要比传统成形设备的吨位高。

② 由于液体的应用,密封问题必须考虑。

③ 因工件成形后还需要液体补充等工序,因此生产效率不如传统工艺高。

2.3.4　型材零件的制造

在飞机制造中,型材可用来制造机体结构的隔框、长桁、横梁等构件。飞机结构上的型材零件大部分采用挤压型材作毛坯,少部分用板材弯曲。

1. 板弯型材的成形

直的板弯型材断面形状有 V 形、凵 形、Ω 形和 Z 形等多种,如图 2-74 所示。这类型材窄而长,必须在专用的闸压床上进行压弯。

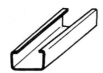

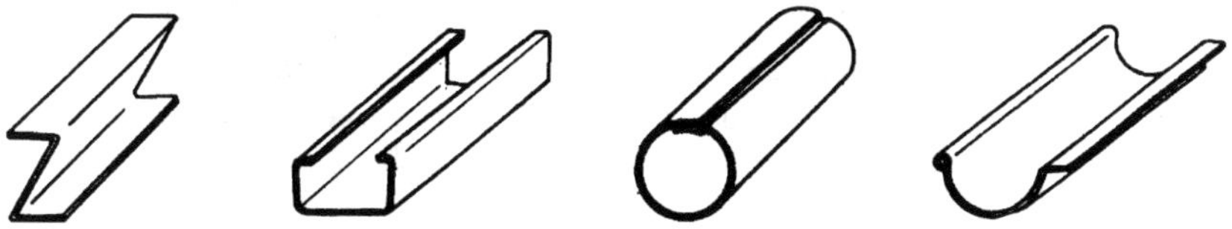

图 2-74　各种形状的板弯零件

弯曲所使用的模具叫弯曲模,它是弯曲过程必不可少的工艺装备。弯曲模的结构与零件形状、精度、生产批量等有关,最典型的弯曲模有 V 形模和 U 形模。图 2-75 所示为 V 形件弯曲模,压弯时将平板毛料放在凹模上,凸模下降将毛料压入凹模使之成形。压弯所用的凸模和凹模多数是通用的,通用凹模开有 V 形槽和 凵 形槽,V 形槽的角度为 75°~90°,开口宽度为 5~30 mm。凸模一般设计成楔形,锥度为 15°~45°,有不同的圆角半径,如图 2-76 所示,压弯时根据凹模的形状或凸模的行程可弯成不同形状或不同角度的零件。

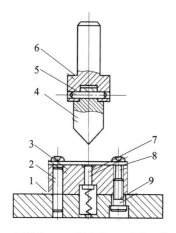

1—下模板;2、5—圆柱销;3—弯曲凹模;
4—弯曲凸模;6—模柄;7—顶杆;8、9—螺钉

图 2-75　V 形件弯曲模

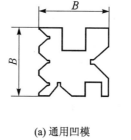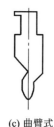

(a) 通用凹模　　(b) 直臂式凸模　　(c) 曲臂式凸模

图 2-76　通用弯曲模

为了防止毛坯滑动,得到底部较平的工件,在模具设计时可采用压料装置,使毛坯在压紧的状态下逐渐弯曲成形。图 2-77 所示即为具有压料顶板的弯曲模。

对于其他形状的板弯件,须根据零件的形状设计专用的压弯模。如图 2-78 所示为一次

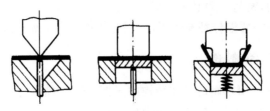

图 2 - 77　具有压料顶板的弯曲模

成形的 Ω 形复合弯曲模,凸凹模 1 在由上向下的运动过程中,通过凹模 2 和活动凸模 3 的作用,将板料依次弯出图 2 - 78(a)和(b)所示的形状,并一次成形。

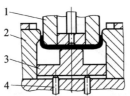

1—凸凹模;2—凹模;3—活动凸模;4—顶杆

(a) 凸凹模1和凹模2相互作用　　　　　(b) 凸凹模1和凸模3相互作用

图 2 - 78　Ω 形件复合弯曲模

对于开口小于 90°的板弯件,弯曲模须采用特殊的运动机构,以便弯出特定的零件形状。如图 2 - 79 所示的 凵 形弯曲模和图 2 - 80 所示的 Ω 形弯曲模,分别采用了转动凹模和摆动凸模来完成成形。

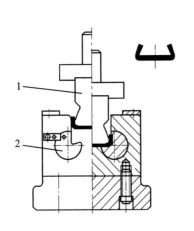

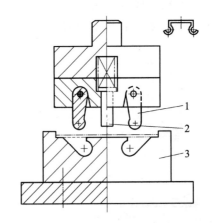

1—凸模;2—转动凹模　　　　　　1—摆动凸模;2—压料装置;3—凹模

图 2 - 79　弯曲角小于 90°的弯曲模　　**图 2 - 80　带摆动凸模弯曲模**

对于一些较复杂形状的板弯件,压弯时根据不同零件要求采用不同工序,图 2 - 81 所示为 3 种不同形状零件的成形工序。在多工序弯曲中,必须正确选择弯曲的先后次序,否则可能会造成压不成或模具取不出的后果。

2. 型材零件的弯曲成形

飞机上用的型材零件大部分均需要经过弯曲成形(见图 2 - 82)。弯曲方法主要有滚弯、绕弯、拉弯等。

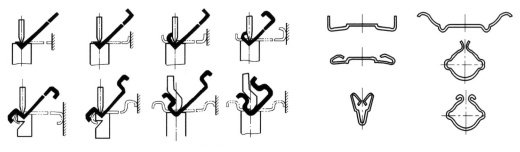

(a) 零件成形工序(1)　　　　(b) 零件成形工序(2)　　(c) 零件成形工序(3)

图 2 - 81　多次弯曲制造复杂零件

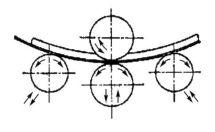

图 2 - 82　型材零件的成形

（1）型材的滚弯

滚弯是历史悠久的弯曲方法之一。最初用于制造各种圆筒和圆框形零件,后来进一步发展为制造变曲率的零件,在飞机制造中常用来制造机身、进气道隔框、加强缘条等骨架零件。滚弯方法最大的优点是通用性强,不用专门制造模具,只须制作适合不同型材剖面形状和尺寸的滚轮,因此生产准备周期短,常用于小批量生产。滚弯的原理如图 2 - 82 所示。型材由中间一对导轮夹持送进,由两侧弯曲轮控制曲率。两侧弯曲轮可以通过人工液压随动活门控制,也可以通过靠模控制,以滚制变曲率外形的零件,还可以补偿回弹。

滚弯的缺点是生产效率低,须经过反复辗试才能获得准确的几何形状,同时需要熟练工种操作,对型材厚度、剖面形状均有限制。由于在滚弯过程中型材无可靠支撑,且由于型材的剖面形状大部分为非对称,在成形过程中外力作用点很难通过形心,弯曲时弯曲力不通过剖面的弯心,因此常出现型材剖面内壁失稳起皱、剖面畸变和弯扭等现象,如图 2 - 83 所示。

(a) 失稳起皱　　(b) 剖面畸变　(c) 弯　扭

图 2 - 82　型材滚弯　　　　　**图 2 - 83　滚弯型材的缺陷**

为滚弯出正确尺寸与形状的零件,通常将非对称剖面型材组合成对称剖面,成形后再切开。如图 2 - 84(a)所示的非对称剖面零件,将两件组合为一体,滚弯后再切开,即可有效避免上述缺陷,如图 2 - 84(b)所示。

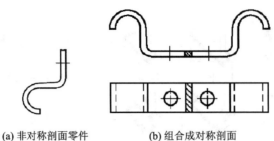

（a）非对称剖面零件　　　（b）组合成对称剖面

图 2-85　非对称剖面零件的成形

（2）型材的绕弯

图 2-86 所示是一种典型的绕弯方法。工作时，工作台 1 带动模具 2 旋转，加压轮 3 将型材逐渐压入模具的空槽内，使型材边缘得到刚性支持，减少零件内壁起皱以及剖面畸变、扭翘等现象。用这种方法制出的零件曲率半径有很大回弹，模具必须作出相应的修正。

（3）型材的拉弯

拉弯是将毛料在弯曲的同时加以轴向拉力的方法。该方法能改变毛料剖面内的应力分布情况，使之趋于均匀一致，以达到减少回弹，提高零件成形准确度的目的。

弯曲时，毛料的外区受拉，内区受压，中性层不变。此时加以轴向拉力，使原受拉的外区继续受拉，使原受压的内区受压卸载至零再继续反向加载受拉。若采用直线式的应力应变关系来分析上述加载状况，则拉弯时的应力应变关系可用图 2-87 表示。

毛料弯曲时外层表面拉应力为 A 点，内层表面受压应力为 B 点。此时若施加轴向拉力，则 A 点继续加载沿原应力曲线移至 C 点，而 B 点首先卸载至 D 点后受拉反向加载至 F 点屈服，受压区完全进入拉伸塑性变形。若继续增加拉力，内外两区的应力应变沿同一直线上升。

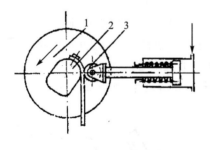

1—工作台；2—模具；3—加压轮

图 2-86　型材绕弯

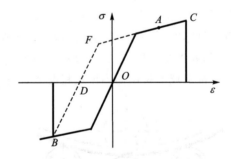

图 2-87　拉弯时的应力应变曲线

拉弯时，为使整个毛料剖面内应力均匀一致，最内层表面材料的应力至少应达到由受压转为受拉的屈服点，即 F 点。图 2-92 为拉弯时断面内切向应变分布图，图 2-88（a）所示为单纯受拉的情况，图 2-88（b）所示为单纯弯曲的情况，图 2-88（c）所示为拉弯共同作用时的应变，图 2-88（d）所示为拉弯卸载后的回弹，图 2-88（e）所示为最终的永久变形。从图中可以看出，弯曲加拉后，应力的拉、压异号状态变为内外均受拉，卸载后回弹显著减少。

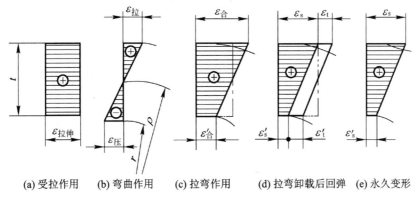

(a) 受拉作用　(b) 弯曲作用　(c) 拉弯作用　(d) 拉弯卸载后回弹　(e) 永久变形

图 2-88　拉弯时剖面内切向应变的情况

拉弯型材常采用以下两种方案,即先拉后弯和先弯后拉。先拉后弯,拉力的作用过于超前,毛料虽然可以获得均匀的塑性拉伸,但是不能有效防止弯曲后出现的异号应力分布。先弯后拉,拉力作用过于滞后,拉伸时拉力不能沿着毛料纵向均匀传递。因此生产实践中较多采用先拉后弯再补拉的复合工艺方案,以获得较准确的弯曲曲度。这种方案是先将毛料拉至屈服,保持拉力,然后弯曲使之贴模,最后增大拉力,进行补拉,使型材最小半径处剖面内层表面材料达到拉伸屈服极限。为了进一步减少回弹,有时需要进行二次拉弯,即首先用退火料预拉和弯曲,贴模后热处理淬火,在新淬火状态下再弯曲、拉伸。经过两次拉弯后回弹量显著减少。

在拉弯过程中,为了获得理想的应力分布,零件的相对弯曲半径 R/h 不能小于一定限度,如图 2-89 所示。因为随着零件弯曲角的增大,零件与模具间的摩擦力对拉力的传递阻滞作用愈显著,补拉的效果逐渐降低,为此,必须增大零件相对弯曲半径的下限。根据实验总结,硬铝合金型材可以一次拉弯成形的最小相对弯曲半径如表 2-5 所列。

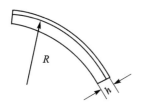

图 2-89　相对弯曲半径

表 2-5　硬铝合金型材拉弯成形的最小相对弯曲半径

弯曲角 $\alpha/(°)$	90	120	150	180~220
相对弯曲半径 R/h	23	27	34	38

拉弯后补拉的目的在于消除弯曲中所产生的型材内边的压应力。压应力愈大,补拉量也愈大。如图 2-90(a)所示的角型材,在水平壁面受压时,由于内层表面离中性层较远,压应力较大,因此补拉量必须大于水平壁面受拉的弯曲方式的补拉量(见图 2-90(b))。

弯制复杂剖面型材时,为了防止剖面畸变和失稳,可以用铸锌、易熔合金、硬铝、塑料等加工成垫块,用细钢丝或橡皮绳串联,垫在型材剖面内,以形成对型材壁面的有利支撑,如图 2-91 所示。

拉弯用的设备为拉弯机,图 2-92 所示为转臂式拉弯机结构示意图。模具对称装在工作台面上,拉弯时台面固定不动,两侧支臂由拉杆带动旋转,每个支臂上分别装有拉伸作动筒。毛料夹紧后拉伸,转动支臂弯曲成形,最后进行补拉。

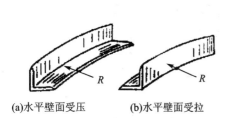

(a)水平壁面受压　　(b)水平壁面受拉

图 2-90　角型材的补拉

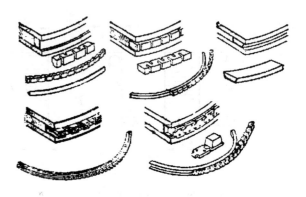

图 2-91　各种型材垫块

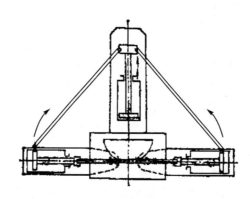

图 2-92　转臂式拉弯机

拉弯的毛料两端夹持量大,浪费材料。可以将曲率相近的短型材组合在一起成形后再切开。拉弯零件一般应是等剖面,以保证传递拉力均匀。

3. 型材零件的其他加工工序

除了成形工序外,型材零件还有校直、铣切、制孔、压下陷等加工工序。

① 校直:挤压型材一般用拉伸校直法校直,也可用多轮滚校直。

② 铣切:梁缘、长桁与蒙皮装配时,需要将型材铣薄或铣成各种缺口,型材的铣切可以用靠模铣来完成。

③ 制孔:型材零件上有大量导孔,这些导孔可以用光电控制多排电磁冲孔机完成,也可以用自动钻铆设备完成。

④ 压下陷:型材上的各种下陷,一般采用通用下陷模压制而成。

2.4　整体壁板的制造

飞行器的壁板通常是把蒙皮和纵向、横向加强零件用铆接、胶接或点焊的方法装配而成的。这种装配式壁板的刚度、强度和密封性都较差,因此逐渐改用整体壁板代替装配壁板。整体壁板集蒙皮、长桁、横向加强筋于一体,形成了新型的飞机机翼整体壁板结构。整体壁板结构可以大幅度减少零件数量,从而减轻零件之间连接所增加的质量,避免由于连接带来的应力集中,提高结构寿命和结构可靠性;通过减少零件数量,还可以大量减少工装的数量和加工工装的工时,从而大幅度降低制造成本。图 2-93 所示为具有不同筋条的整体壁板结构。

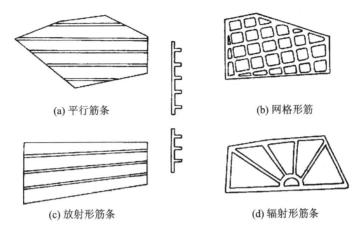

(a) 平行筋条　　　　　　　(b) 网格形筋

(c) 放射形筋条　　　　　　(d) 辐射形筋条

图 2-93　各种整体壁板

整体壁板的优点是:材料分配合理,强度质量比高,稳定性好,疲劳寿命长,外形准确,表面光滑,密封性好,适合于高速飞行等。但整体壁板的制造比较困难,大尺寸的整体壁板需要大吨位的压力机,高精度的壁板要有高精度多坐标数控机床,以保证尺寸大而形状又复杂的整体壁板加工后变形不超过规定要求。整体壁板一般用于高速飞行器的机翼、机身、尾部的表面,特别是具有整体油箱的部位。

航天器结构和火箭结构多采用整体壁板结构,如载人航天器舱体为了充分利用空间和使结构轻量化,通常会采用网状筋分布在外表面,蒙皮厚度采用等强度设计,不同载荷区域采用不同厚度的整体壁板。图 2-94 所示为国际空间站生活舱和实验舱结构示意图,舱体分别由前锥段、圆柱段和后锥段组成。其中圆柱段又由三段整体壁板圆柱焊接而成,每一段整体壁板圆柱分别由四块或四块以上的整体壁板零件焊接而成。我国的空间实验室主结构与此类似。

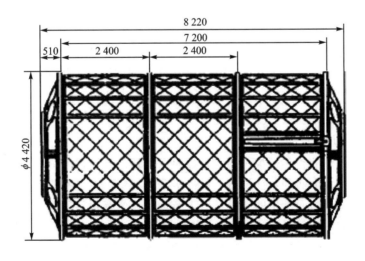

图 2-94　国际空间站壁板结构舱体

2.4.1 整体壁板的加工

整体壁板的结构尺寸较大,长度可达几十米,因此首先要求有足够大的毛坯供应。整体壁板的毛坯制造方案很多,主要有热模锻、挤压、异型轧制、铸造、热轧平板加工等。铝合金整体壁板的毛坯以热轧厚板和挤压型板为主,其中热轧平板的加工方法应用最普遍、最成熟,由于其筋条可采用高效率的专用铣切设备和数控机床进行加工,生产率较高,因此应用最为广泛,而挤压型板只能用于有平行筋条的壁板。

1. 热轧平板的内应力

热轧厚板在轧制和淬火过程中由于内外层材料的变形和冷却速度不均匀,会产生内应力,如图 2-95(a)所示。在碾压过程中外层材料的温度低于内层材料的温度,且外层表面材料的流动受轧辊摩擦阻滞,流动较慢,由此,外层材料受到强制延伸,内层受到强制压缩,内外材料变形互相牵制而被迫拉齐,致使外层材料受拉、内层受压,如图 2-95(b)所示。厚板淬火后产生的应力分布与上述相反,外层冷却收缩牵制还未冷却的内层材料,内层材料冷却收缩时被迫压缩已冷却而又不能收缩的外层材料,使外层材料受压,内层受拉,如图 2-95(c)所示。

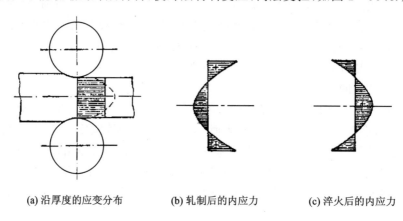

(a) 沿厚度的应变分布　　　(b) 轧制后的内应力　　　(c) 淬火后的内应力

图 2-95　热轧平板的内应力分布

带有内应力的毛坯,如果铣去一部分材料,其残留内应力平衡状态被破坏,会产生变形,即翘曲(见图 2-96),给加工和成形带来困难。解决变形的方法是采用拉校,即将新淬火的板料夹住两端,在大吨位机床上进行塑性拉伸,既消除了内应力,同时又将板纵向校直,拉校时拉伸量一般控制在 2% 左右。

2. 整体壁板的加工

以挤压型板为毛坯的整体壁板仅须对外表面进行精加工。以热轧厚板为毛坯的壁板,筋条较深的须在多坐标大台面的数控铣床上铣去多余的材料。毛坯靠真空平台吸附力固定,防止并校正毛坯因残余应力而产生的变形。对于筋条较浅的壁板,可用化学铣切的方法去掉多余金属。热轧厚板的加工材料利用率极低,有时只有 10% 左右,但由于较厚的热轧平板供应方便,加工机动性好,可以任意布置筋条和凸台,因此仍是当前应用最普遍、最成熟的方法。

(1) 数控铣切加工

最初整体壁板的加工采用通用铣床依靠人工按划线加工,通用性强,加工范围广,但曲面部分加工困难,且精度不高。采用仿形铣床后,利用靠模跟踪模板的外形,可加工形状复杂的

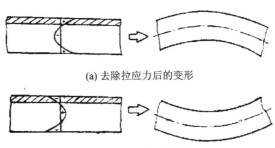

(a) 去除拉应力后的变形

(b) 去除压应力后的变形

图 2 - 96　板料加工后翘曲

工件,但靠模的制造要十分精确,目前的仿形铣床在加工精度上难以满足钣金件±0.2 mm 的误差,因此,整体壁板的加工已逐渐向数控铣切加工过渡。

数控铣切加工是通过数控机床进行机械加工的方法加工出筋条网格,筋条与蒙皮之间的圆角半径为加工刀具的圆角,圆角值可以选择得很小,因而可以获得较高的结构效率。壁板加工主要工艺方案有 3 种:

① 直接采用厚板毛坯数控加工壁板结构并成形。由于受毛坯原材料尺寸限制,只适用于包容尺寸较小的壁板零件。

② 先成形,然后再加工壁板网格。由于先成形,需要先扫描成形的实际曲面(成形精度与理论轮廓会存在误差),根据实际曲面编制多轴联动的数控加工程序,以保证蒙皮的厚度尺寸。数控加工需要采用大型具有多轴联动功能的数控加工中心。为保证减轻槽根部圆角,控制加工变形,必须采用小直径球头铣刀,但加工效率低。另外,铣切加工还会引起应力不均,造成变形。因此,该工艺方案一般不被采用。

③ 先在平板展开状态加工壁板网格,然后再成形。该工艺方案可以大大降低机械加工的难度,且加工效率高。因此,整体壁板结构零件制造工艺多采用此工艺方案。图 2 - 97 所示为采用数控铣切加工的壁板,由于飞机质量方面的要求,使得飞机结构零件大量采用多槽腔结构,零件从毛坯到成品金属去除率高达 90% 以上,加工量非常大,因此,目前经常采用高速加工技术来提高加工效率。

图 2 - 97　数控铣切加工的壁板

(2) 化学铣切

航空航天工业中广泛应用的大型薄壁零件(如飞机机翼前缘、机身壁板、变厚度蒙皮、液体火箭推进剂箱体、箱底瓜瓣、截锥形裙部、过渡段壁板、液体火箭发动机推力室等),多以厚板为坯料,然后加工成具有复杂曲面,表面具有凹坑、网格、筋条的薄壁件。对于这类零件,如果首先采用机械加工方法去除废重、铣出加强筋,则下一步曲面成形非常困难;如果首先成形,由于曲面复杂,则下一步机械加工比较困难。化学铣切工艺最适于加工这类零件。只要腐蚀槽足够大,可以容纳工件,不论曲面形状如何复杂,材料硬度多么大都能进行化学铣切加工。

化学铣切是将金属坯料浸没在化学腐蚀溶液中,利用溶液的腐蚀作用去除表面金属的工艺方法。化学铣切已经成为现代航空航天工业中广泛应用的一种特种加工工艺。化学铣切工艺过程是:将金属零件清洗除油,在表面上涂覆能够抵抗腐蚀溶液作用的可剥性保护涂料,经室温或高温固化后进行刻形。将涂覆于需要铣切加工部位的保护涂料剥去,然后把零件浸入腐蚀溶液中,对裸露的表面进行腐蚀加工。加工深度、速率和表面质量靠调整腐蚀溶液的成分、浓度、工作温度和零件浸没的时间来控制。化学铣切的铣切原理如图2-98所示。

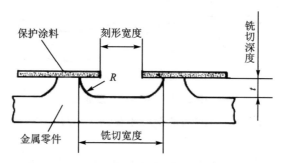

图2-98 化学铣切的铣切原理

化学铣切的缺点是:化学铣切出来的筋条根部总有一个半径与腐蚀加工深度大体相当的圆角,腐蚀深度愈大,圆角也愈大,因而增加了壁板的质量。为此,化学铣切的深度一般限制在10 mm以下。化学铣切凹凸槽零件时,溶液要不断搅动,以避免气泡堆积在零件凹槽的边缘,造成边缘不平整或形状发生改变。由于化学浸蚀作用向各个方向蔓延,腐蚀溶液在向深度腐蚀的同时还要向侧面腐蚀,因此只能加工宽度大于两倍深度的沟槽,而不适用于圆孔状的加工。此外,化学铣切往往会在腐蚀加工面上再现或扩大坯料表面原有的划痕、凹坑等缺陷。化学铣切的产品尺寸精度较低,一般不适合用于加工配合尺寸的产品或部件。

化学铣切是飞机制造和宇航工业上一种重要的、不可缺少的加工方法,特别是对成形零件的加工既可靠又有效。如美国洛克希德公司制造的大型远程军用运输机C-5A"银河",由于飞机尺寸非常大,因而采用了许多大型零件,该飞机有8 500多个零件采用化铣加工,其中最长的达15 m。

运载火箭是最早采用整体壁板结构的航天器之一,运载火箭的贮箱均采用整体壁板结构。我国现有运载火箭贮箱壁板均是小厚度化学铣切结构,网状筋分布在内表面,加强筋厚度较大。图2-99所示为火箭贮箱壁板为减重而采用化学化铣切的加强筋网格形状。

图2-99 火箭贮箱壁板的化学铣切

应用化学铣切工艺可以加工铝、镁、钛、镍、铜、钢铁等多种金属和合金。对于不同的金属需要使用不同的腐蚀溶液和保护涂料。对铝合金多采用以氢氧化钠为主要成分的碱性腐蚀溶液,对于钢、钛合金等多采用含有硫酸、硝酸、盐酸、氢氟酸、磷酸等多种混合酸组成的酸性腐蚀溶液。可剥性保护涂料多用氯丁橡胶、丁基橡胶、丁苯橡胶、聚丙烯腈、聚氯乙烯等材料配制。

2.4.2 整体壁板的成形

大型整体壁板的成形技术主要有压弯、滚弯成形和喷丸成形。

1. 压弯、滚弯成形

单曲度整体壁板在加工出筋条后（见图 2-100（a））通常用三轴滚床滚弯成形（见图 2-100（b）），或增量压弯成形（见图 2-100（c））。一般成形前在筋条间填入塑料垫块，防止成形后整体壁板表面产生波纹和折痕。

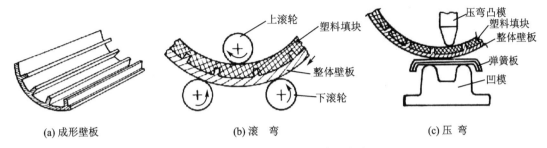

(a) 成形壁板　　　　　(b) 滚弯　　　　　(c) 压弯

图 2-100　单曲度整体壁板成形方法

壁厚小、易于成形的圆柱面和圆锥面壁板可采用滚弯成形方法。厚壁板、部分变截面壁板、变形复杂的壁板，则可以采用增量压弯成形方法。

增量压弯成形由专用压力机构驱动压头在整体壁板表面上按一定的轨迹分段逐点进行局部三点弯曲变形，通过逐次的变形累积使整个壁板表面成形为所需的曲率。若压头部分采用多点柔性组合，则可以大大扩大增量压弯成形的适用范围。图 2-101 所示为增量压弯成形的壁板结构零件。

采用增量压弯工艺成形具有如下优点：

① 变形力大，适用范围广，可成形各种壁板结构；

② 模具的通用性强，对产品外形尺寸的适应性强；

③ 由于是局部增量成形，所需设备吨位小。

2. 喷丸成形

双曲度整体壁板大多采用喷丸成形，有时也可用拉形方法成形。

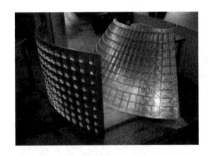

图 2-101　压弯成形后的壁板产品

喷丸成形技术在欧美等工业发达国家被广泛用于成形变厚度整体壁板，并且已经能够实现对这类零件喷丸成形工艺过程的智能化、无纸化设计和制造。

喷丸成形技术是利用高速弹丸流撞击金属板的表面，使受喷表面及其下层金属材料受挤压产生塑性变形而向四周延伸，表面面积扩大，从而逐步使板材发生向受喷面凸起的弯曲变形，并达到所需外形的一种成形方法，如图 2-102（a）所示。经过喷丸成形以后的壁板，表面积变大，同时带动内层材料产生弹性拉伸。卸载后内外层材料的相互牵制作用使表面产生残余压应力，从而提高了疲劳强度和抗应力腐蚀能力，如图 2-102（b）所示。

喷丸有成形和强化两个目的。如果喷丸的目的是强化，应在得到压应力表层的同时尽量避免产生变形。如果喷丸的目的是变形，则可以有选择地进行喷丸。凡需要变形大的部位可以多喷，其他部位可以少喷或不喷，也可两者兼而有之。

通常情况下，喷丸成形前的零件完全处于自由状态，喷丸成形所引起的零件变形量与喷丸

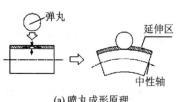

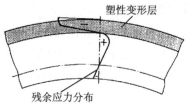

| (a) 喷丸成形原理 | (b) 喷丸后残余应力分布 |

图 2 - 102　喷丸成形

强度、弹丸覆盖率和零件厚度有关。影响喷丸强度的因素主要有弹丸材料、弹丸热处理状态和弹丸直径,以及弹丸速度和喷射角度等。影响弹丸覆盖率的因素主要有喷丸时间和受喷零件的材料性能。因此,针对一定的喷丸设备和弹丸,采用最大覆盖率喷丸成形特定材料和厚度的零件时,所获得的变形量是一定的,该变形量反映了相应条件下的喷丸成形极限。喷丸成形从单曲度机翼壁板发展到各种复杂的双曲度零件。不仅用于整体壁板,也用于大尺寸等厚度的钣金件成形。喷丸成形效果与被喷零件的纵横向刚度比、外廓尺寸、送进方向有关。

　　控制喷丸变形的方法有两种。一种方法是对零件施加弹性预变形,即在对零件喷丸之前,通过特定的工装夹具对零件施加预定的载荷,从而使零件预先产生一定的弹性变形,然后再对受拉表面进行喷丸成形,在喷丸过程中,零件内的弹性预应力和喷丸产生的压应力相叠加,促使变形向需要的方向发展。图 2 - 103 所示为我国自主设计并制造的支线客机 ARJ21 飞机机翼下中壁板。ARJ21 飞机机翼下中壁板外形以马鞍形为主,并附加双凸形和扭转外形,其外形复杂,曲率半径小,外形尺寸大(壁板长度达 13 m,最宽处达 2.1 m,是目前国内成形尺寸最大的壁板),内形结构要素多,加强区所占比例高,筋条变形抗力大,壁板厚度差大。由于壁板所具有的外形和结构特点,我国现有喷丸设备采用自由喷丸的方法难以成形,因此需要采用预应力喷丸成形技术以提高喷丸变形能力。施加预应力不但可以提高喷丸成形极限,还可以控制壁板材料喷丸变形的材料流动方向。在成形时需要对所施加的预变形量的大小进行控制,以确保零件在所施加的预应力条件下处于弹性变形状态。

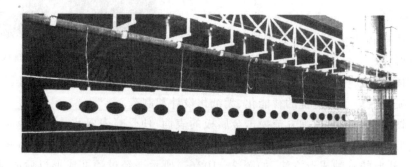

图 2 - 103　ARJ21 飞机机翼下中壁板

　　喷丸成形的另一种方法是控制喷丸部位,如图 2 - 104(a)所示的机翼蒙皮具有一定的上反角,喷丸时第一步先喷出单曲度的翼型,如图 2 - 104(b)所示,然后翻面再局部喷图中涂黑的小块面积,放出材料,使之产生弯曲,如图 2 - 104(c)所示。图 2 - 105 所示为喷制马鞍形壁板的过程。喷丸时先喷外表面,形成单曲度(见图 2 - 105(a)),再在剖面中性层以下涂橡皮屏蔽层,单喷筋条上面部分,于是产生马鞍形,如图 2 - 105(b)所示。

(a) 具有一定上反角的机翼蒙皮

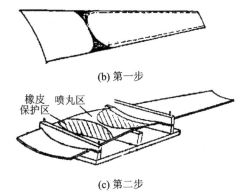

(b) 第一步

(c) 第二步

图 2 - 104　机翼蒙皮上反角喷丸成形过程

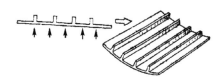

(a) 先喷外表面

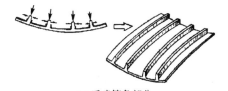

(b) 后喷筋条部分

图 2 - 105　鞍形壁板喷丸成形过程

现代飞机的机翼、水平尾翼和垂直尾翼等大型翼面蒙皮壁板,一般由大型铝合金板材数控加工后,再进行数控喷丸达到最后的形状和强化效果。

喷丸工艺由喷丸机完成,图 2 - 106 所示为叶轮式喷丸机,工作时利用叶轮转动的离心力将弹丸甩出。特点是生产率高,动力消耗少,功率大,工艺参数比较稳定,但操作不灵活。图 2 - 107 所示为一自动清理喷丸机结构示意图,喷丸室内装有喷嘴 5,装有工件的工作台 13 可在滚棒 12 上作送进运动。当储弹箱的闸门 4 打开时,弹丸靠自重流入喷嘴 5,喷打工件 14 后的弹丸落入回收斗 6,再掉入弹丸发送罐 8。关闭插板开关 11 并打开气阀 7,气压把发送罐 8 中的弹丸经输弹管 10 送到分离器 1 中,弹丸落到 1 的底部,再经闸门 2 落回储弹箱。

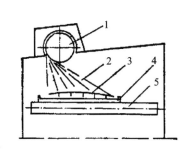

1—叶轮;2—钢丸;3—壁板;4—托架;5—滚棒

图 2 - 106　叶轮式喷丸机

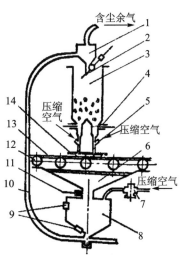

1—分离器;2,4—闸门;3—储弹箱;5—喷嘴;6—回收斗;
7—气阀;8—发送罐;9—滑辊;10—输弹管;
11—插板开关;12—滚棒;13—工作台;14—工件

图 2 - 107　自动清理喷丸机结构原理图

随着喷丸技术的发展，目前世界上还出现了许多新技术使得喷丸成形技术更加完善，比如德国 KSA 公司开发的自动喷丸成形技术，通过可编程控制的多坐标数控喷丸设备以及预先制定的合理正确的工艺路线，用户无须进行任何编程和测试，只须按动开始按钮，设备将自动完成零件成形。再如法国 SONATS 公司开发的超声喷丸技术，利用超声波使弹丸产生机械振动，从而驱动弹丸对工件进行喷丸处理。超声喷丸的优点在于可以获得比传统喷丸更深的残余压应力层，且残余压应力的数值也更大，同时表面粗糙度也好于传统喷丸，图 2-108 所示是空客公司采用超声喷丸对焊接机身整体壁板进行喷丸校形工作。

图 2-108　超声喷丸校形

喷丸成形具有一些优点，但不可滥用。喷后壁板必须慎重处理钻孔、切边等工序，且不允许用机械方法校正零件，喷前必须完成热处理工序。

3．其他成形方法

整体壁板的成形除了以上的压弯和喷丸成形外，还可以采用以下成形方法：

① 模内淬火成形。将机械加工完毕的壁板毛坯加热到淬火温度后，放到凸凹模内热压成形，同时在模内通入冷却水完成淬火。由于只能用于小尺寸壁板成形，模具制造复杂，成本高，机动性差，未得到推广，近年来只用于钛合金壁板的成形。

② 爆炸成形。利用炸药作为能源释放出的能量产生高温高压气团，通过水等介质产生冲击波，迫使毛料向模腔运动而成形。爆炸成形原理如图 2-109 所示，将雷管引爆后，在 3 000 ℃ 以上的高温和高压（10 万大气压以上）下猛烈推动介质产生冲击波，使毛料以很高的速度向模腔运动而成形。爆炸成形只需要凹模。成形壁板时，模体用铝锌合金铸成，零件用橡皮条密封，压紧后抽真空，一次爆炸即可符合要求。

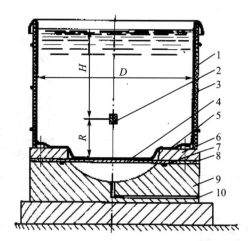

1—成形板；2—炸药；3—绳索；4—毛坯；5—密封袋；
6—压边圈；7—密封圈；8—定位圈；9—凹模；10—抽真空孔

图 2-109　爆炸成形原理

爆炸成形技术已有近百年的历史，目前爆炸成形已经可以完成多种多样的工艺加工，应用领域也不断扩展。例如,运载火箭上各种形状的大型铝制舱壁、压力容器上的圆盖、锅炉的顶板、热交换器中的凸状通风板以及铝制大型反射器等,都可采用爆炸成形技术成形。图 2-110 所示为爆炸成形的美国土星-Ⅴ号壁板结构零件。

③ 蠕变时效成形。蠕变时效成形技术是在 20 世纪 50 年代初期为成形整体壁板零件发展起来的一项技术,即利用金属的蠕变特性,将成形与时效同步进行的一种成形方法。其基本的成形过程是将机械加工淬火后的金属零件坯料通过一定的加载方式固定在具有一定外形型面的工装上使之产生一定的弹性变形,然后将零件和工装一起放入热压罐内,在零件材料的人工时效温度内保温一段时

图 2-110　美国土星-Ⅴ号壁板结构

间,材料在此过程中受到蠕变、应力松弛和时效机制的作用,在保温结束并去掉工装的夹持后,所施加到零件上的弹性变形将转变为永久塑性变形,使零件在完成时效强化的同时获得所需外形。

与喷丸成形技术相比,时效成形技术具有如下优点:

① 时效成形零件的内部残余应力几乎被完全释放,成形后零件的尺寸稳定性好,抗应力腐蚀能力高。

② 所成形零件表面质量高,外形光滑,各零件之间外形一致性好,可有效提高装配质量。

③ 成形效率高、工艺重复性好。采用模具来保证外形精度,避免了以经验为主的人工校形所带来的外形差异。

④ 成形和材料时效强化同时完成,可以有效缩短零件制造周期和降低成本。

随着对时效成形技术研究的深入,逐渐形成了诸如多级时效应力松弛成形工艺、振动时效成形等工艺技术,提高了成形的效率,降低了回弹,并提高了成形后壁板材料的综合性能。图 2-111 所示为蠕变成形的 A380 机翼壁板。A380 机翼壁板,长约 33 m,宽约 2 m,首先由大型板材加工出筋条,然后把已加工好的壁板放到成形模具上,用塑料布密封成形模具,再把密封成形模具送到热压罐中加热加压,如图 2-112 所示。热压罐压力为 750 kPa,温度 150 ℃左右,并分 8 个不同温度区域,持续加温加压 24 h 后取出。壁板经蠕变成形后达到精确外形要求。

图 2-111　A380 机翼壁板

图 2-112　热压罐

2.5 先进加工成形技术

2.5.1 数控加工技术

在飞机产品中,结构件的数控加工在零件加工中占有很大的比例,在新一代战斗机中,80%以上属于数控加工件。这些数控加工件中涉及的零件主要有框、梁、肋、壁板、接头和蜂窝结构等,其中框、梁、肋、壁板和接头是各种机型最典型的飞机结构件,具有加工周期长、数量大和技术难度高等特点。例如壁板、梁、框、座舱盖骨架等结构件需要与构成飞机气动外形的流线型曲面、各种异形切面、结合槽口、交点孔组合成复杂的实体,如图2-113所示。这类零件大多数包括平面腹板,外形或内形具有曲线形的表面,且曲线的外形有时带有变斜角,以及大量的凹凸型面。在数控机床投入使用之前这类零件通常采用靠模铣床加工,但由于靠模及夹具加工复杂,周期长,这种加工方法已经逐渐被淘汰。随着数控技术的发展,变斜角框类零件大多采用数控加工方式进行加工。数控机床的刀具不仅可以进行 $x-y-z$ 三个坐标的运动,还能绕一个轴甚至多个轴转动,一台机床即可完成铣、镗、钻等多个功能。由于刀具的进给量是由计算机控制的,所以可以加工出精度很高的曲面零件。

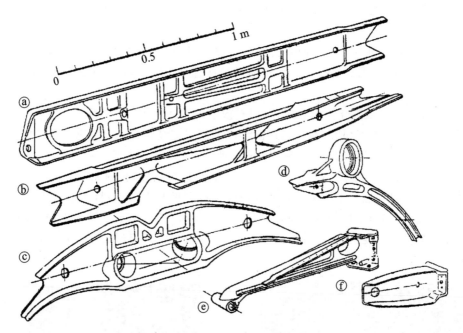

ⓐ梁；ⓑ梁；ⓒ框；ⓓ框；ⓔ襟翼滑轨；ⓕ肋

图 2-113 整体梁框类零件

数控加工的硬件设备包括数控装置、机床、驱动装置3部分,数控装置是数控机床的核心,包括硬件以及相应的软件,用于输入数字化的零件程序,并完成输入信息的存储、数据的变换、插补运算以及实现各种控制功能。机床是数控加工设备的主题,包括床身、立柱、主轴、进给机构等机械部件,用于完成各种切削加工的机械部件。驱动装置是数控机床执行机构的驱动部件,包括主轴驱动单元、进给单元、主轴电机及进给电机等。在数控装置的控制下通过电气或电液伺服系统实现主轴和进给驱动。当几个进给联动时,可以完成定位、直线、平面曲线和空间曲线的加工。

数控技术的软件需要计算机语言进行编写,主要分为 ATL 语言和 NC 语言。ATL 语言由 CAM 软件产生,是用来描述刀具运行轨迹的一种说明性语言,并且可在 CAM 软件里逐行进行加工仿真模拟。NC 语言由后置处理器产生,是实际输入机床的加工语言。NC 程序也可以直接在数控机床上编写,主要有 G 代码(加工代码)、M 代码(辅助功能)、T 代码(刀具)、S 代码(主轴转速)、F 代码(切屑速度)等。

数控加工技术是综合利用了计算机技术、自动控制、精密测量和机床结构于一体的新成就。数控加工把加工零件的全过程以数字代码的形式记载在控制介质上,然后将控制介质内容输入到机床的数控装置,由数控装置自动控制机床各运动部位的动作顺序、运动速度、位移量及各种辅助功能(主轴转速、冷却液开关、换刀、工件和机床部件的松开、夹紧)等,以实现加工过程自动化。图 2-114 为数控加工过程示意图。

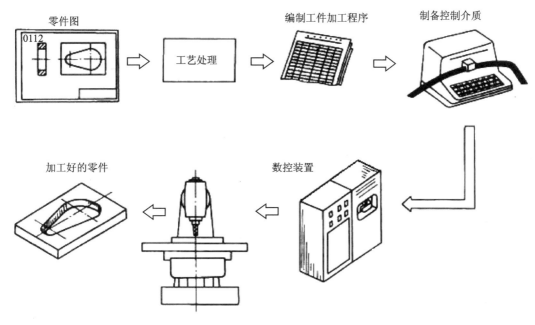

图 2-114　数控加工过程

随着数控技术的发展,四坐标和五坐标数控机床愈来愈多地被使用。图 2-115 所示为四坐标数控机床和其加工的零件。铣刀不仅在直线方向上移动,还可摆动,铣出比较平坦且带有变斜角的外形,如图 2-115(b)所示。

当零件外形的曲度较大时,采用铣刀在一个方向上摆动很难保证加工,必须使用五坐标机床。利用铣刀在两个坐标平面上摆动,使铣切加工面始终与零件的外形线法平面保持一致。图 2-116 所示为五坐标数控机床及其加工的零件。

数控加工具有如下特点:

① 加工精度高,具有稳定的加工质量;

② 可进行多坐标的联动,能加工形状复杂的零件;

③ 加工零件改变时,一般只需要更改数控程序,可节省生产准备时间;

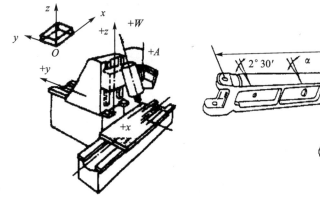

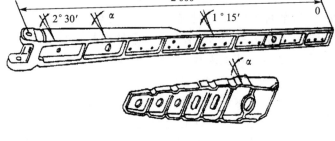

(a) 四坐标数控机床　　　　　　　　　　(b) 四坐标数控机床加工的零件

图 2 - 115　四坐标数控加工

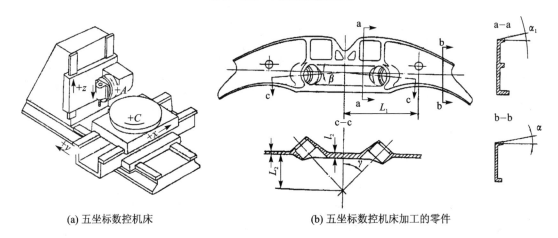

(a) 五坐标数控机床　　　　　　　　　　(b) 五坐标数控机床加工的零件

图 2 - 116　五坐标数控加工

④ 机床本身精度高，刚性大，生产率高（一般为普通机床的 3～5 倍）；

⑤ 机床自动化程度高，可以减轻劳动强度。

现代飞机的梁、框、肋和大型壁板等的毛坯大部分是大型板材或锻件，质量达几百千克，有的甚至达数吨，但是这些毛坯材料的 75%～95% 将被加工掉（如美国的 F - 22 飞机中机身大型钛锻件整体截面框构件，最大的钛锻件毛坯重 2 976 kg，加工后零件仅重 149 kg，坯料 95% 成为切屑），因此加工工作量极大，所以须采用高效的数控加工技术。飞机大型复杂整体结构件采用高速数控加工是近几年高效数控加工技术发展的重要趋势，也是 21 世纪加工工艺中最重要的手段。

高速切削加工切削时主轴高速运转，切削进给速度高，通常切削速度高出常规数控加工 5～10 倍。高速切削加工的切削速与加工材料有关，对于铝合金的高速加工，目前较普遍使用的主轴转速可达 10 000～40 000 r/min，进给速度达 15～20 m/min，切削速度为 2 000～5 000 m/min，材料去除率为 3 000～5 000 cm^3/min。

采用高速切削后，金属切除率大幅提高，约是低速切削的 3～5 倍，切削力大幅下降，仅是低速切削的 20%～30%，工件温升低，热膨胀减小，切削振动明显减小，在常规低速切削中备受困惑的一系列问题(如加工变形、热变形、刀具使用寿命短等)得到了解决,加工效率和零件表面质量及尺寸精度显著提高,因此,非常适合于加工尺寸大、刚度小、加工量大以及精度要求高的飞机结构零件。高速加工与常规加工性能的比较如表 2-6 所列,从表中可以看出,高速加工与常规加工相比有明显的优势。

表 2-6　高速加工与常规加工的比较

性能指标	高速加工的优势
加工时间	加工时间减少约 60%～80%,加工效率大大提高
进给速度	进给速度提高 5～10 倍
材料去除率	材料去除率提高 3～5 倍
刀具耐用度	刀具耐用度提高 70%,延长了刀具的使用寿命
切削力	切削力减少约 30%,可有效防止切削变形
表面质量	表面质量提高 1～2 级,表面粗糙度 R_{amax} 可达 10 μm,无须补充光整加工
热变形	工件温升低(温升一般不高于 3 ℃),减少工件热变形和热膨胀
加工特点	特别适合加工量大、细长和超薄零件的加工
绿色加工	可实现干切削或准干切削
加工成本	可降低成本 20%～50%

飞机中典型的整体数控加工零件包括:

① 整体壁板:这种壁板具有外形尺寸大、壁板变厚度、非等截面、成形后底面壁薄、筋条高、结构网络化、加工完成后材料去除率大、易发生变形等特点,且加工难度较高。

② 天窗、座舱骨架:这类零件结构上属于多曲面、变截面、薄壁类零件,零件加工后极易发生变形。由于零件具有双曲线外形,骨架结构大部分为变截面、变角度的扭曲框架和接头,其结构复杂性用传统加工手段根本无法成形,只有采用五坐标高速数控加工技术才能完成。

③ 风窗骨架:通风窗骨架是一种全曲面、薄壁口框类零件,加工过程中具有毛料厚度大,耳片多,易变形,加工后材料去除率大等特点。

④ 主起落架接头:这类零件属于槽腔结构,加工难度大,复杂性高,毛料为自由锻状态,加工时去除量大。

现代飞机结构的整体梁框类零件尺寸越来越大,且多形成复杂槽腔、筋条、凸台和减轻孔等,多数厚度可变,壁薄(最薄处小于 1 mm)。如飞机机翼、机身蒙皮壁板长已大于 30 m,宽大于 3 m,厚 1～25 mm,带筋条壁板厚度也仅 50 mm,刚性很差,这样的构件只有采用高速加工才便于加工成形。图 2-117 所示为高速加工技术加工的梁框类零件。

目前航空制造业越来越多地使用高速加工中心构成加工单元,来代替以往可能需要专用生产线才能实现对飞机结构件的高速高效加工。如美国的波音 Wichita 民机制造分部采用 3 个高速加工单元来实现快速有效地制造飞机窗户连接隔框。这 3 个高速加工单元包括 9 台五坐标高速卧式加工中心,省去了原来的专用设备,并且将精加工和钻孔工序合并(孔数量多于 100 个),生产速度提高了 30%。每个加工单元都配有模块化的加工配套设备 MMC(Modular Machining Complex)和 1 个单元控制系统。对每台 MMC 设备可通过自动化运输装置传送/接收零件,从而有效地减少了机床生产准备时间,提高了生产率。同时,新系统应用高速钻削

图 2－117　梁框类零件的加工

加工,使用嵌入式钻削刀具和端面铣刀来铣削孔。主轴转速为 10 000 r/min,加工后孔精度从几百分之一英寸提高到几千分之一英寸,大大改善了零件加工质量,简化了窗户连接隔框装配,缩短了生产周期。这些加工单元可用于新一代 737、767 及 777 飞机等 24 种不同飞机窗户连接隔框构件的加工。

德国的奥格斯堡工厂(欧洲航空国防和空间公司)是生产欧洲战斗机和空中客车结构件的主要工厂之一,其采用了 Ecospeed 高性能数控加工中心加工飞机结构件。欧洲战斗机的机身中段是该厂的典型产品,由若干机身截面框架和底层框架组成,所有框架结构件皆采用整块铝合金毛坯加工而成。以其中 1 个底层框架零件为例,它的尺寸为 1 920 mm×1 161 mm×116 mm,质量为 17.4 kg,金属切除率高达 95%,空穴和孔数 104 个,最大空穴尺寸 120 mm×100 mm,最小壁厚 2 mm。为了提高结构件加工的经济性,采取高性能切削策略,粗加工时主轴转速达 24 000 r/min,进给速度达 12 000 mm/min,金属切除率高达 7 000 cm^3/min。精加工 5 轴联动时也采用极高的进给速度,表面质量获得明显提高,无须人工打磨和抛光,节约了加工时间,降低了加工成本。图 2－118 所示为欧洲战斗机的机身截面框架和底层框架。

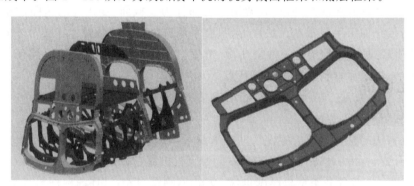

图 2－118　欧洲战斗机机身截面框架和底层框架

最近几年来,航空制造技术一种明显的发展趋势是更多地采用五坐标联动高速加工中心进行飞机整体构件加工。图 2－119 所示为一个五坐标联动高速加工的实例。在航空制造业中,应用五坐标联动高速加工中心机床能使高速切削优势和五坐标联动实现空间曲面的控制能力综合发挥作用,其优点在于:

① 增加零件制造多样性和制造复杂零件的能力;

② 可取消零件加工过程中的调整与装卸,增加了产出能力;

③ 适用于 IT 生产调度,减少在制品库存,减少专用夹具和刀具数量,降低工装费用;

④ 可减少制造链中加工所用的机床数目,降低转序加工及流通管理费用;

⑤ 加工复杂零件效率高,提高了零件精度和质量,减少了废品,降低返工率。

图 2-119　五坐标联动高速加工实例

目前我国一些大型的飞机制造企业拥有的先进数控设备主要承担大中型飞机的长桁、缘条、整体壁板、接头、框架类、自由锻类等结构件的加工,及其各种小型结构件(多为铝合金材料等)、操纵系统、动力系统连接件、受力件等小型零件的加工。此外还承担一些多曲面、多角度、薄壁及大型零件的加工。随着制造设备的数控化程度不断提高,数控加工技术也成为我国加工飞机大型整体零件的关键技术之一。

2.5.2　激光快速成形技术

激光快速成形(Laser Rapid Prototyping,LRP)是将 CAD、CAM、CNC、激光、精密伺服驱动和新材料等先进技术集成的一种全新制造技术,也是设计制造一体化技术的具体体现。与传统制造方法相比激光快速成形技术具有:零件的复制性、互换性高;制造工艺与制造零件的几何形状无关;加工周期短、成本低,与一般制造相比费用能降低 50%,加工周期缩短 70% 以上。目前激光快速成形技术主要包括:立体光固化成形技术、选择性激光烧结技术、激光熔覆成形技术、激光薄片叠层制造技术等。下面以技术最为成熟的立体光固化成形技术说明激光快速成形技术的工作原理。

1. 立体光固化成形原理

立体光固化成形技术(Stereo Lithography Apparatus,SLA)工艺也称光造型或立体光刻,是基于液态光敏树脂的光聚合原理工作的,其工作原理如图 2-120 所示。这种液态材料在一定波长和强度的紫外光照射下能迅速发生光聚合反应,分子量急剧增大,材料也就从液态转变成固态。液槽中盛满液态光固化树脂,激光束在偏转镜作用下,能在液态表面上扫描,扫描的轨迹及光线的有无均由计算机控制,光点打到的地方,液体就固化。成形开始时,工作平台在液面下一个确定的深度,聚焦后的光斑在液面上按计算机的指令逐点扫描,即逐点固化。当一层扫描完成后,未被照射的地方仍是液态树脂。然后升降台沿 Z 向带动平台下降一层高度,已成形的层面上又布满一层树脂,刮板将黏度较大的树脂液面刮平,然后再进行下一层的扫描,新固化的一层牢固地粘在前一层上,如此重复直到整个零件制造完毕,得到一个三维实体模型。

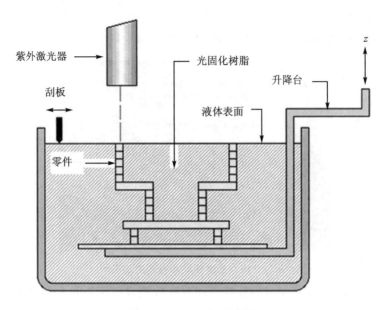

图 2-120　SLA 工作原理

2. 激光快速成形技术的特点

激光快速成形技术可以在无须准备任何模具、刀具和工装卡具的情况下,直接接受产品设计(CAD)数据,通过该数据直接驱动快速制造系统生产出任意复杂形状的三维物理实体。尤其是航空航天领域中许多零件都是经过精密铸造来制造的(如发动机中的一些零件),如果采用高精度的木模制作,工艺成本极高且制作时间也很长。若采用 SLA 工艺,就可以直接由 CAD 数字模型制作熔模铸造的母模,其成本仅为传统加工成本的 $1/5 \sim 1/3$,制作周期缩短 $1/5 \sim 1/10$。一般数小时之内,就可以由 CAD 数字模型得到成本较低、结构又十分复杂的用于熔模铸造的 SLA 快速原型母模。得到零件树脂原型后,再以此零件树脂原型为熔模进行熔模精密铸造,依次进行制壳、焙烧、浇铸、脱壳、铸件后处理等工序,最终就可以得到精密的零件金属铸件。

SLA 工艺方法是目前快速成形技术领域中研究得最多的方法,也是技术上最为成熟的方法。SLA 工艺成形的零件精度较高,加工精度一般可达到 0.1 mm,原材料利用率近 100%。可以大大缩短新产品开发周期、降低开发成本、提高开发质量。

SLA 技术也有一定的缺点:比如,随着时间推移,树脂会吸收空气中的水分,导致软薄部分的弯曲和卷翘;紫外激光管的寿命仅 $2\,000 \sim 3\,000$ 小时,价格较昂贵;同时需对整个截面进行扫描固化,成形时间较长,因此制作成本相对较高;可选择的材料种类有限,必须是光敏树脂;光敏树脂对环境有污染,使皮肤过敏;需要设计工件的支撑结构,以便确保在成形过程中制作的每一个结构部位都能可靠定位等。因此,在使用过程中需要加以考虑。

2.5.3　3D 打印技术

3D 打印技术和立体光固化成形技术一样都属于增材制造技术。3D 打印是一种以数字模型文件为基础,运用粉末状金属或塑料等可黏合材料,通过逐层打印的方式来构造零件的技术。由于航空航天零件强度要求较高,因此采用粉末状金属材料的激光金属 3D 打印技术得到了迅速发展。

激光金属 3D 打印技术集成了计算机辅助设计、计算机辅助制造、粉末冶金、激光加工等多项技术。其基本原理是计算机辅助设计生成三维实体模型,高功率激光产生熔池,粉末被送入到熔池中凝固形成沉积层,在计算机控制下激光束和加工工作台按预设方式运动,层层堆积熔铸形成立体部件。其工作原理如图 2-121 所示。通过选择合适的激光加工工艺窗口,可以对成形组织进行选择和控制,最终获得优于锻件的力学性能。激光 3D 打印技术可以用于起落架等复杂零件的制造和模具制造与修复、涡轮叶片修复以及工件的快速原型制造等,图 2-122 所示是激光金属 3D 打印技术的应用实例。

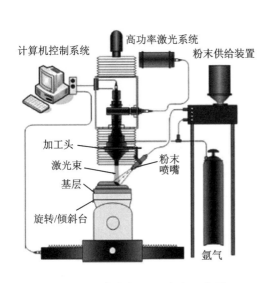

图 2-121　激光金属 3D 打印工作原理

图 2-122　涡轮叶片 3D 打印

激光金属 3D 打印技术代表了未来增材制造技术发展的方向,其成形过程与零件的复杂程度无关,对难加工材料、复杂结构、快速制造等问题有极大的优势,制造的零件具有致密度高、机械性能优良、结构轻量化、近净成形等特点,在航空航天工业中有很好的应用前景。

思考题

1. 钣金零件的成形有什么特点?
2. 什么是热处理过程中的"四把火"? 各有何特点?
3. 冲压工艺的成形工序和分离工序各有何特点?
4. 试说明精密冲裁的过程和产品的特点。
5. 什么是成形极限?
6. 试说明弯曲工艺材料变形的特点、成形极限、易出现的问题和解决方法。
7. 试说明拉深工艺材料变形的特点、成形极限、易出现的问题和解决方法。

8. 普通旋压和强力旋压的区别是什么？通常用于制造什么类型的零件？

9. 试说明拉深工艺和胀形工艺的主要区别。

10. 按外形特点蒙皮零件可分为哪些类型？

11. 试说明拉形工艺的成形过程及容易出现的问题。

12. 落压成形工艺中落锤模的设计需要注意什么问题？

13. 什么是液压成形,液压成形的主要工艺参数有哪些？

14. 型材零件的成形需要注意什么问题？拉弯成形有何特点？

15. 热轧平板轧制后和淬火后内应力有何变化？对成形有何影响？

16. 什么是喷丸成形？如何控制喷丸成形的变形方向？

17. 梁框类零件通常用什么加工成形技术？

18. 试说明激光快速成形技术和 3D 打印技术的成形原理。

第3章 复合材料零件制造

3.1 复合材料的分类、组成及特点

3.1.1 复合材料的分类与组成

复合材料是由两种或两种以上的不同材料组合而成的机械工程材料。各种组成材料在性能上互相取长补短,产生协同效应,使复合材料的综合性能优于其各组成材料的单一性能,从而满足各种不同的设计和使用要求。

复合材料按功能可分为结构复合材料和功能复合材料两大类。

结构复合材料是以承力为主要目的的复合材料,作为承力结构使用的材料,需要特别强调其力学性能。结构复合材料一般由能承受载荷的增强体组元和将增强体连接成为整体的基体组元组成,基体同时还起到传力的作用。增强体主要包括各种玻璃纤维、碳纤维、硼纤维、芳纶纤维等有机纤维和碳化硅纤维、石棉纤维、晶须、金属丝及硬质细粒等,在复合材料中起增加强度、改善性能的作用。基体按基体材料类型可分为有机高分子聚合物基(如树脂基、橡胶基等)、无机非金属材料基(如玻璃基、陶瓷基、碳基和水泥基等)和金属基(如铝基、镁基、铜基、钛基以及它们的合金等)三大类。不同的增强体和不同的基体组成了各种不同的结构复合材料。

功能复合材料是指除结构复合材料以外能够提供其他物理性能的复合材料,如:导电、超导、磁性、压电、阻尼、吸波、透波、阻燃、防热、隔热等突出某一功能的复合材料,统称为功能复合材料。功能复合材料一般由功能体组元和基体组元组成。功能体可由一种或一种以上的功能材料组成,多元功能体的复合材料可以具有多种功能。基体不仅起到构成整体的作用,而且还能产生协同或加强功能的作用。

3.1.2 复合材料的特点

结构复合材料是在飞行器结构中应用最广泛的复合材料,在工程应用中可以根据材料在使用中受力的要求进行组元选材设计及复合结构设计,通过对增强体的排布设计,合理地满足受力需要并达到减轻结构重量的目的。

复合材料从结构特点上可分为纤维增强复合材料、层合复合材料、颗粒复合材料以及混合复合材料等。复合材料的特点主要有以下几个方面。

1. 复合材料的性能特点

复合材料作为各向异性的材料,与各向同性的金属和非金属材料相比,有其独特的性能特点。

(1) 材料的可设计性

材料的可设计性是复合材料与各向同性材料相比的一个最重要的特点。对于金属材料,各种性能指标已基本规格化,设计人员无法进行设计和调整,而复合材料的性能,除了取决于纤维和基体本身的性能外,很大程度上还取决于纤维的含量及铺设方式,因此,设计人员根据

需要可自行设计材料,从而给优化设计带来极大的优越性。

(2) 比强度高、比刚度大

比强度(强度除以密度)和比刚度(弹性模量除以密度)是度量材料承载能力的一个指标,比强度越高,同一零件的自重越小;比刚度越大,零件的刚性越大。

表 3-1 所列为飞机常用材料与复合材料的力学性能比较。从表 3-1 可以看出,复合材料制件在强度和刚度相同的情况下,结构质量可以大大减轻,尺寸可以明显减小,这在减轻飞机重量,提高整机性能方面,是现有其他任何材料所不能比拟的。

表 3-1 飞机常用材料与复合材料的力学性能比较

材　料	密度/(g·cm^{-3})	拉伸强度/GPa	弹性模量/×10^{2}GPa
钢	7.8	1.03	2.1
铝合金	2.8	0.47	0.75
钛合金	4.5	0.96	1.14
玻璃纤维复合材料	2.0	1.06	0.4
碳纤维 I /环氧复合材料	1.6	1.07	2.4
硼纤维/铝复合材料	2.65	1.0	2.0

(3) 抗疲劳性能好

疲劳破坏是飞机坠毁的主要原因之一,复合材料的疲劳特性比金属好得多,虽然复合材料的损伤如基体裂纹、纤维断裂、脱胶及分层等都大大超过金属材料的损伤,且复合材料由损伤而导致裂纹尺寸扩展达到临界尺寸较金属为快,但在发生裂纹破坏之前有一个发展过程而不是突然破坏。金属材料是各向同性的,裂纹的传播无阻碍,它的断裂破坏事前没有任何征兆,一旦发生,甚为严重。而复合材料的破坏则有明显的预兆,能及时加以补救。一般来说,大多数金属材料的疲劳强度极限是其拉伸强度的 30%～50%,而碳纤维/聚酯复合材料的疲劳强度极限可为其拉伸强度的 70%～80%。

(4) 高温性能好

通常铝合金在接近 400 ℃时,它的弹性模量及拉伸强度大幅度下降,而碳/铝复合材料能在 400 ℃的高温下长期工作,力学性能稳定。常用的树脂基复合材料一般只能在 176.7 ℃的高温下长期工作,而聚酰亚胺这种高温树脂,却能在 315 ℃下长期工作。纤维增强的陶瓷基复合材料能承受 1 200～1 400 ℃的高温,碳/碳复合材料甚至能承受 3 000 ℃的高温。

(5) 制造工艺简单

复合材料适用于整体成形,并且能用模具制造构件,可一次加工成形,从而减少了零部件、紧固件和接头数目,因此缩短了生产周期,降低了成本,并大大减轻了结构重量。图 3-1 所示是 B787 的一个机身段,B787 的机身由 7～8 段复合材料机身组成,各机身段单独由复合材料缠绕后共固化而成,最后再把这些机身段对接进行总装配。每一个机身段都由复合材料长桁和复合材料蒙皮胶接装配,并固化成一个整体"零件",替代了金属机身段 1500 个左右的铝合金板件和 4 万～5 万个铆钉等紧固件。对一架整机来说,飞机的结构件数量可减少一半,这样在很大程度上简化了制造工艺,而且由于碳纤维等复合材料的单位体积的重量只有铝合金的一半,大幅度地减轻了飞机重量。

图 3 - 1　B787 机身段

（6）结构可实现功能/智能化

在工程中应用智能纤维材料,还可以使结构具有一定的智能。例如美国人在建筑物中使用智能复合材料制作的梁,在热电控制下,能像人的肌肉纤维一样产生形状和张力的变化,从而根据建筑物受到的振动改变梁固有刚性和固有振动频率,减小振幅,使框架结构的寿命大大延长,达到结构噪声与振动的主动控制,这种结构也可以用在飞机气动外形的改进中,如可以在机翼桁条骨架上安装与飞控系统相连的机械结构,上面铺设柔性蒙皮,机械机构根据飞控系统指令改变翼型,达到控制柔性蒙皮以改变机翼表面弧度的作用。

复合材料具有上述诸多性能优点,但也不能忽视复合材料所存在的不足,如复合材料结构怕冲击,冲击载荷很容易导致结构受损、层间分离、纤维断裂,所以使用时需要特别注意。还有,复合材料的应用出现了许多新的力学问题,如层间耦合等,这些都需要进行进一步的研究,以便更好的应用。

2. 复合材料的结构设计特点

复合材料的结构形式主要反映出复合材料以纤维为承载与传力主体和固化成形工艺制造等特点,同时借鉴采纳了金属构件形式。复合材料结构设计特点如下:

① 因为纤维平直状态承载与传力最佳,故复合材料适合制造各种平板、小曲率板。

② 复合材料屈曲对疲劳、损伤性能的影响难以评估,因而一般限定了复合材料主结构梁承载时不允许腹板失稳。

③ 复合材料层合板不宜开孔。

④ 整体化结构形式。

因为复合材料结构性能的可设计性和结构件成形与材料形成同时完成,促使复合材料结构设计比金属结构更加强调材料性能、结构设计与分析和制造工艺三个主要方面的综合协调。因此复合材料的结构设计还有如下特殊考虑:

① 设计选材与许用值确定问题。

② 静强度设计和刚度剪裁设计。

③ 耐久性/损伤容限设计技术途径。

④ 开口补强设计。

⑤ 细节设计结构损伤修理。

3. 复合材料的制造工艺特点

复合材料是用适当的方法将两种或两种以上的不同材料组合在一起构成的性能比其组成

材料优异的一类新型材料。复合材料成形工艺是将原材料转化为结构,将设计的结构图样转化为实物的必经之路。提高制造技术水平,降低制造成本是扩大复合材料应用的重要措施。

与传统金属材料和单一材料相比,复合材料产品和构件的制备技术具有以下几方面特点:

① 材料成形和构件成形同时完成。

② 采用多种性能不同,加工特性不同,成本不同的材料作为组分材料。

材料性能、几何形成和成本受成形过程影响,故应在设计阶段及早确定构件的成形工艺路线。

复合材料结构一般是采用模具热压固化成形,要求制造工艺技术精确控制实现结构设计所确定的纤维方向,并且切断纤维的机械加工应尽量减少。目前,通常采用浸渍基体树脂的增强纤维浸料逐层铺贴在模具上,再经热压工艺,基体树脂在模具内进行化学反应,结构件成形与材料形成同时完成。共固化、二次胶接、预成形件/树脂转移成形等工艺技术可使复合材料大型构件整体成形。从而,可以明显减少机械加工和装配工作量,大幅度降低装配费用,还可以改善构件使用性能。

复合材料结构件热压固化成形工艺方法要求结构设计与结构制造工艺两者更加密切配合协调,以控制复合材料结构的热应力和热变形。结构成形与材料形成同时完成的特点,要求对成形工艺严格监控,并建立配套的缺陷/损伤检测方法和质量控制标准。

基体不同的复合材料其成形方法也不相同,本章将分别针对聚合物基复合材料、金属基复合材料和陶瓷基复合材料的结构成形工艺方法及技术特点进行介绍。由于每种工艺可能衍生出多种不同的形式,因此实际生产中通常是多种工艺的组合。

3.2 聚合物基复合材料成形工艺

3.2.1 基体对复合材料性能的影响

聚合物基复合材料(PMC-Polymer Matrix Composites)是目前结构复合材料中应用最广、规模最大的一类复合材料,按基体性质不同分为热固性树脂基复合材料和热塑性树脂基复合材料。

热固性基体主要包括不饱和聚酯树脂、酚醛树脂和环氧树脂,不饱和聚酯树脂和酚醛树脂主要用于玻璃纤维增强塑料,而环氧树脂则一般用于耐腐蚀性或先进复合材料基体。几种典型的热固性树脂物理及力学性能如表3-2所示。

表3-2 典型热固性树脂的物理及力学性能

类型 性能	聚酯树脂	酚醛树脂	环氧树脂
密度/$(g \cdot cm^{-3})$	1.10～1.40	1.30～1.32	1.2～1.3
拉伸强度/MPa	34～105	42～64	55～130
拉伸模量/GPa	2.0～4.4	～3.2	2.75～4.10
断裂伸长/%	1.0～3.0	1.5～2.0	1.0～3.5
热变形温度/℃	60～100	78～82	100～200
热膨胀系数/$(10^{-6} \cdot ℃^{-1})$	5.5～10	6～8	4.6～6.5
固化收缩率/%	4～6	8～10	1～2
24小时吸水率/%	0.15～0.60	0.12～0.36	0.08～0.15

热塑性基体主要包括聚烯烃、聚醚、聚酰胺、聚酯等树脂材料。热塑性基体通常用20%～40%的短纤维增强,拉伸强度和弹性模量可提高1～2倍,并能显著改善材料的蠕变性能、抑制应力开裂,提高疲劳性能,同时,还可以进一步提高热变形温度和导热系数,降低线膨胀系数和吸湿率。

在复合材料的成形过程中,基体经过复杂的物理、化学变化,与增强体纤维复合而成,具有一定形状的整体。因此,基体的性能对复合材料的整体性能有直接的影响。基体的主要作用包括:

① 将纤维黏合成整体并使纤维位置固定,在纤维之间传递载荷,并使载荷均衡。

② 决定了复合材料的部分性能,如复合材料的横向性能、剪切性能、耐热性和耐水性能等,并对复合材料的压缩性能、疲劳性能、断裂韧性等有重要影响。

③ 决定了复合材料的成形工艺方法和工艺参数的选择。

④ 对纤维起到保护作用。

3.2.2 复合材料制造流程

1. 复合材料制造流程

复合材料的成形制造过程中,在明确了性能、载荷的要求后,首先就要进行原材料的选择。原材料的选择主要是指增强纤维材料和基体材料的选择,常见的增强纤维材料的物理及力学性能如表3-3所列,基体材料的物理及力学性能参见表3-2。

表3-3 增强纤维的物理及力学性能

性能 \ 种类	玻璃纤维	碳纤维(高强型)	芳纶纤维
密度/(g·cm^{-3})	2.5～2.7	1.7～1.9	1.4～1.5
拉伸强度/GPa	1.0～3.0	2.5～4.5	2.8～3.6
拉伸模量/GPa	65～86	200～240	125～137
断裂伸长/%	3.6～5.2	1.3～1.8	2.5～2.8

在复合材料的纤维与树脂体系、结构形式(包括铺层设计)确立以后,复合材料的性能就主要取决于成形固化工艺。所谓成形固化工艺包括两方面的内容,一是成形,就是将预浸料根据产品的要求,铺置成一定的形状,一般就是产品的形状。二是进行固化,即将铺置成一定形状的叠层预浸料,在温度、时间和压力等因素影响下使形状固定下来,并能达到预计的性能要求。复合材料生产的主要流程如图3-2所示。

2. 预浸料的制备

预浸料是用树脂基体在严格控制的条件下浸渍连续纤维或织物,通过一定的处理过程所形成的一种储存备用的半成品,是制造复合材料的中间材料。

预浸料的种类很多,按基体类型可以分为热固性和热塑性预浸料,按增强材料的不同可分为碳纤维(织物)、玻璃纤维(织物)和芳纶纤维(织物)预浸料,按纤维的状态和形式可分为单

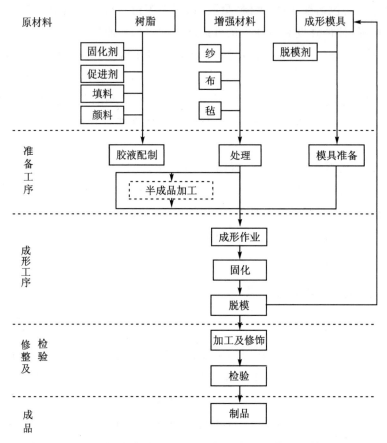

图 3 – 2　复合材料制品的生产流程图

向、单向织物和织物预浸料。单向预浸料是通过树脂将平行纤维黏结成一体的片材，其厚度一般在 0.05～0.3 mm，便于铺层设计，能充分发挥纤维的作用。织物预浸料是将增强纤维织物通过浸渍树脂而形成的片材，厚度一般在 0.1～0.5 mm，便于铺叠组合使用。

预浸料的制备过程是树脂基体和增强纤维结合成复合材料体系的重要环节。图 3 – 3 是溶液浸渍法的工作示意图，设备主要由纱架（或放布辊）、浸胶槽、烘箱、碾压辊和收卷装置等组成。浸胶槽中的溶液是将构成树脂的各组分按预定的固体含量溶解到溶剂中获得的，纤维通过树脂胶液，黏附一定量的树脂，经烘干除去溶剂后即可得到预浸料。

预浸料质量的优劣直接关系到复合材料的质量，是保证复合材料成形时的工艺性能和力学性能的基础。预浸料中的树脂含量偏差应尽可能低，一般应控制在 ±3% 以内，挥发量一般控制在 2% 以内。

3. 聚合物基复合材料的成形工艺方法

复合材料及其制件的成形方法，是根据产品的外形、结构与使用要求，结合材料的工艺性来确定的。聚合物基复合材料的成形工艺方法多种多样，各有所长，常用方法的特点与适用范围如表 3 – 4 所列。下面重点介绍几种重要成形方法的工艺过程和特点。

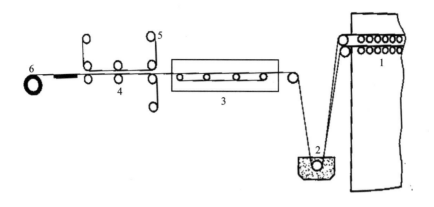

1—纱架(或放布辊);2—浸胶槽;3—烘箱;4—碾压辊;5—离型纸;6—收卷装置

图 3-3　溶液浸渍法的工作示意图

表 3-4　聚合物基复合材料构件成形工艺方法特点与适用范围

方法名称	特　点	适用范围
真空袋成形	真空压力(<0.1 MPa)均匀温度场、设备简单、投资少、易操作	1.5 mm 以下板件和蜂窝件
压力袋成形	同真空袋成形,压力袋压力 0.2～0.3 MPa	低压成形板、蜂窝件
缠绕成形	纤维在线浸渍并连续缠绕在模具上,再经固化成形	叶片等小板壳结构
自动铺带法	纤维带(75～300 mm)在线浸渍后自动铺在模具上,并切断、压实,再经固化成形	凸模型面零件批量生产
纤维自动铺放法	多轴丝束或窄宽(宽 3 mm)在线浸渍后自动铺在模具上,并切断、压实,再经固化成形	凸凹模型面零件批量生产
拉挤成形	纤维在线浸渍后直接通过模具快速固化成形,连续、快速、高效生产	型材、规则板条
热压罐成形	热压罐提供均匀的高温度、高压力场;构件质量高;但设备昂贵、耗能大	大尺寸复杂型蒙皮壁板高性能构件
预成形件/树脂转移成形法(RTM 方法)	树脂在面内压力下注射到预成形件内后再固化成形。要求模具强度、刚度足够,并合理安排树脂流向和注射入口与冒口;制件重复性好、尺寸精度高、Z 向性能高	复杂高性能构件
预成形件/树脂模熔浸法(RFI 方法)	树脂模熔化后沿厚度方向浸透预成形件,再固化成形。可采用单面模具;制件 Z 向性能高、重复性好,尺寸精度高	复杂高性能构件
低温固化成形	低温(80℃以下)、低压(真空压力)固化树脂体系复合材料的成形工艺。目前构件性能与普通环氧树脂构件相当	小批量生产的构件
电子束成形	利用电子加速器产生的高性能电子束引发树脂固化;空隙率低(<1%),力学性能高、固化时间短、热应力小,减少环境污染,须专用树脂	正在走向实用化

3.2.3 手糊铺敷工艺

手糊成形是一种简单有效的工艺,广泛应用于样品和小批量生产。手糊工艺中最常用的材料是玻璃纤维和聚酯树脂,也可以使用其他高性能材料。手糊成形采用单面模具和室温固化树脂成形,增强材料一般为短切毡或定向纤维丝织物。

1. 手糊成形模具

手糊成形的模具是保证复合材料制品质量和降低成本的关键因素。手糊成形的模具可分为单模和对模两大类。单模又分为阴模和阳模,如图3-4(a)和(b)所示。阴模生产的零件可以获得光滑的外表面,尺寸准确;阳模生产的零件可以获得光滑的内表面,适合内表面几何尺寸要求较严的制品。对模由阴模和阳模两部分组成,并通过定位销固定装配,如图3-4(c)所示。对模生产的制品内外表面都很光滑,壁厚均匀,质量高,但在成形过程中需要上下翻动模具,操作难度较大,不适用于大型零件的制造。

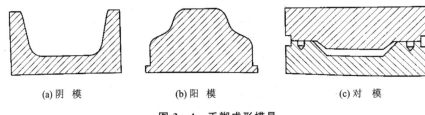

| (a)阴 模 | (b)阳 模 | (c)对 模 |

图3-4 手糊成形模具

为了保证制品表面光洁和脱模性良好,模具表面必须十分光洁,因此需要在模具胶衣上涂覆脱模剂,且模具型面的光洁度应比制品表面光洁度高出两级以上。模具拐角处的曲率应尽量加大,模具深度较大时,应设计一定的拔模斜度,一般拔模斜度应大于1°。

2. 手糊成形工艺

手糊工艺是聚合物基复合材料制造中最早采用和最简单的方法,其工艺流程如图3-5所示。其制作过程是先在模具上涂刷用于脱模的脱模剂,再在其上铺贴一层按要求剪裁好的纤维织物,用刷子、压辊或刮刀压挤织物,使其均匀浸胶并排除气泡后,再涂刷树脂混合物和铺贴第二层纤维织物,反复上述过程直至达到所须厚度。固化通常在常温和常压下进行,也可适当加热,或者在常温下加入催化剂或促进剂加快固化,最后脱模得到复合材料制品,图3-6为手糊过程示意图。

由于手糊成形工艺方法非常灵活而且可以制造非常复杂的制件,所以这种方法现在仍是目前航空航天领域生产复合材料最重要的工艺方法。但随着自动铺放技术的发展和经济方面压力的增加,手糊成形将逐渐被改进或被新的自动技术代替。

3. 手糊成形工艺特点

与其他成形工艺相比,手糊成形工艺具有如下优缺点。

(1) 手糊成形工艺优点

其优点有:

① 操作简单,操作者容易培训。

② 设备投资少,生产费用低。

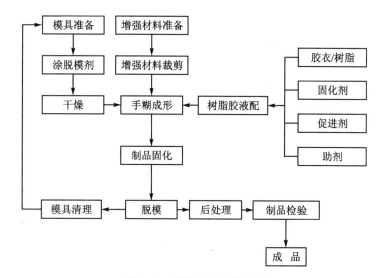

图 3-5 手糊成形工艺流程

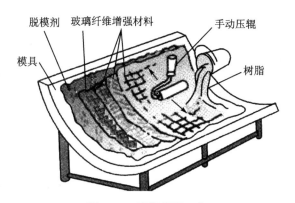

图 3-6 手糊成形工艺

③ 能生产大型和复杂结构的制品。

④ 制品的可设计性好,且容易改变设计。

⑤ 模具材料来源广。

⑥ 可做夹层结构。

(2)手糊成形工艺缺点

其缺点有:

① 是劳动密集型的成形方法,生产效率低。

② 制品质量与操作者的技术水平有关。

③ 制品只有一面光滑,产品强度较其他方法低。

④ 生产周期长。

3.2.4 袋压成形

袋压成形法包括压力袋压法和真空袋压法,属于低压成形工艺。袋压法的特点是采用柔性袋在制品固化过程中给以压力,使制品结构密实,性能提高。如果同时提高温度,可以大大提高固化速度。袋压成形法可以采用高强度玻璃纤维、碳纤维、硼纤维、芳纶纤维和环氧树脂作为原料,制造飞机舱门、整流罩、雷达罩和壁板、隔板等零件,在航空制品中广泛采用。

1. 压力袋压法

压力袋压法是将手糊成形的未固化的制品表面放上一个橡胶袋,在加盖胶袋之前,一切工序按手糊工艺操作的方法。固定和密封好盖板后,在盖板和橡胶袋之间通入 0.25~0.5 MPa 的压缩空气或蒸汽,使铺层制品承受一定的压力,同时受热固化得到制品,如图 3-7 所示。

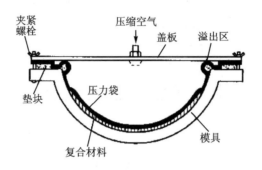

图 3-7 压力袋成形原理

2. 真空袋压法

真空袋压法是复合材料成形工艺中经常采用的方法之一。真空袋压法的成形过程是将增强材料(或预浸料)按设计顺序和设计方向逐层铺放在模具上,形成规定厚度的零件,然后与其他工艺辅助材料一起构成一个真空袋组合系统,如图 3-8 所示。通过对由模具和真空袋组合而成的成形空间抽真空,使得预浸料层能够在真空环境下,借助负压抽吸,使得预浸料中的树脂能够均匀地渗入到纤维等增强体材料中,从而获得均匀地渗透有树脂的复合材料。真空袋组合系统中的多孔脱模薄膜可以让预浸料中多余的树脂通过其中的孔流入吸胶层,同时还能防止固化制件与吸胶层粘上;吸胶层可以起到控制制件含胶量的作用,同时也是预浸料气体排出的通道。

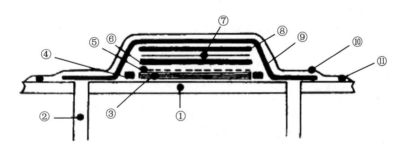

1—模具;2—抽真空管;3—预浸料;4—边块;5—多孔脱模薄膜;6—吸胶层;
7—无孔脱模层;8—均匀压力覆盖板;9—空气泄放箱;10—真空袋;11—密封件

图 3-8 真空袋压系统

可以把真空袋放在一个适当尺寸的加热炉或者高压釜中进行加热固化,炉子或高压釜上需要开有通过抽真空管道的孔,如图 3-9 所示。有时也可以将加热元件(如电阻丝)直接埋入模具中,并使传到模压件上的热量均匀,以避免局部过热而影响制品质量。

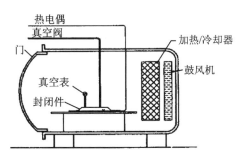

图 3-9 加热固化过程

3.2.5 热压罐成形

热压罐成形是指将用真空袋密封的按预定方向铺叠成的复合材料坯料组合件放在热压罐中,利用热压罐提供的均匀的压力和温度,促使预浸料中的树脂流动和浸润纤维,并充分压实,排除材料中的孔隙,在一定的温度和压力下进行固化成形的工艺过程。坯料在真空袋中的铺放过程如图 3-8 所示,在放入热压罐加温固化前先将袋抽真空,除去空气和挥发物,然后再按不同树脂的固化制度升温、加压和固化。

热压罐是一种能承受和调控温度、压力的专用压力容器,利用热空气、蒸汽或内置加热元件对预浸料进行加热,并用压缩空气(或氮气)将罐内压力加至 $0.2 \sim 2.5$ MPa,为复合材料的压实、固化提供均匀的温度和压力。如图 3-10 所示是用热压罐成形的 B787 客机的碳纤维机头段。

图 3-10 热压罐成形的 B787 机头段

热压罐成形法是目前国内外广泛采用的成形工艺方法之一,主要用于尺寸较大、外形较复杂的航空、航天构件的制造,如蒙皮零件、肋、框、各种壁板件、地板及整流罩的制造。

3.2.6 自动铺放技术

纤维缠绕成形技术、自动铺带技术和自动纤维束铺放技术是复合材料制造中广泛采用的自动化制造技术,已在机身和机翼蒙皮、S 形进气道、火箭发动机罩等结构得到应用。

1. 纤维缠绕成形技术

纤维缠绕成形工艺是将纤维束(通常浸有树脂)按照一定规律缠绕到一个芯模上,如图 3-11(a)所示,然后在加热或常温下固化制成一定形状的制品,是生产各种尺寸(直径 6 mm~6 m)

回转体零件简单有效的方法。这种工艺包括线浸润、预浸料缠绕和热塑性缠绕(在适当加热的情况下)。由于纤维是张紧的,所以纤维只能走最短路径,这限制了纤维的取向,图 3-11(b)所示为常见的缠绕方案。

纤维缠绕成形的主要设备是缠绕机,辅助设备有浸胶装置、张力装置、加热固化装置及纱架装置等。

与其他工艺成形制品相比,缠绕成形制品的优点有:比强度高;制品质量高而稳定;易实现机械化自动化生产;成本低,生产效率高。不足是:制品呈各向异性,强度方向性比较明显,层间剪切强度低;制品几何形状有局限性,一般适合于制造圆柱体、球体及某些正曲率的回转体制品;制品表面光洁度差;设备及辅助设备较多,投资较大。

缠绕成形大量用于火箭发动机罩、管材、压力容器等类似形状产品的制造。

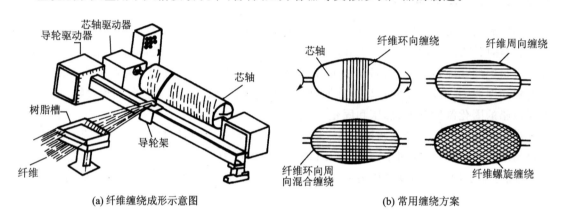

(a) 纤维缠绕成形示意图   (b) 常用缠绕方案

图 3-11　缠绕成形工艺

2. 自动铺带技术

自动铺带机一般由可以高速移动的横梁、龙门式定位平台等部分组成,其多自由度铺带头除了可以沿 X,Y,Z 三个坐标轴方向移动以外,还可以纵摇、偏转和左右摇摆等,以满足曲面铺带的基本运动要求,如图 3-12 所示。

自动铺带技术采用带离型纸的单向预浸带,工程中常用的规格有 300 mm,150 mm 和 75 mm 三种宽度。预浸带的剪裁定位、铺叠辊压均采用数控技术自动完成,多轴龙门式机被臂完成铺带位置的自动定位。铺带头上装有预浸带输送和预浸带切制系统,根据待铺放构件边界轮廓自动完成预浸带特定形状的切割,预浸带在

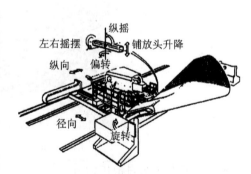

图 3-12　自动铺带机示意图

压辊作用下沿设定轨迹铺放到模具表面。铺带头上安装的可控加热装置用于控制预浸带升温产生必要的黏度,可控加热装置和辊压装置的共同协调作用可以使预浸带层间良好地粘贴在一起。

自动铺带具有表面平整、位置准确、精度高、速度快、质量稳定性高等优点,特别适用于手工铺叠困难的大中型尺寸结构、变截面厚蒙皮的制造。根据所铺零件的几何特征,自动铺带又

可分为平面铺带和曲面铺带两大类。平面铺带一般采用 300 mm 和 150 mm 的宽预浸带,而曲面铺带一般采用 150 mm 以下的窄预浸带。如图 3 - 13 所示是 A350 机翼下蒙皮正在进行自动铺带。

图 3 - 13　A350 机翼下蒙皮自动铺带技术

3. 自动纤维束铺放技术

自动纤维束铺放技术(自动铺带技术)是在纤维缠绕和自动铺带技术的基础上开发的先进的高度自动化、机械化的铺层方法。丝束铺放头把缠绕技术中不同预浸丝束独立输送和自动铺带技术的压实、切割、重送功能结合在一起,由丝束铺放头将数根预浸丝束在压辊下集束成一条宽度可变的"预浸带","预浸带"的宽度可以通过程序控制预浸丝束根数自动调整,然后经过加热软化并通过压辊轮在芯模表面压实定型。

自动纤维丝束铺放技术可以在铺层时切割预浸丝束并变化预浸丝束的根数,可以对铺层进行剪裁以适应局部加厚/混杂、铺层递减及开口铺层等多方面的需求。由于各预浸丝束独立输送,因此铺放轨迹自由度更大,对制品的适应性也更强,可以实现凸面或凹面等大曲率复杂型面结构的铺叠,有利于满足设计制造一体化的低成本、高性能的需求。

自动纤维束铺放非常适合制造机身、机翼蒙皮及 S 形进气道等大型壳形结构的制造,如图 3 - 14 所示为 A350 飞机蒙皮的自动铺丝过程和铺丝头。

(a) 蒙皮自动铺丝　　　　　　　　　　　　(b) 铺丝头

图 3 - 14　A350 飞机蒙皮的自动铺丝过程

3.2.7 RTM/RFI 成形工艺

1. RTM 成形

树脂传递成形(Resin Transfer Molding,RTM),是一种闭模成形的工艺方法,可以生产出两面光洁的制品,可以作为预浸料/热压罐技术的补充。其基本工艺过程为:首先用缝纫、编织或黏胶等方法将增强纤维或织物制成构件形状(预成形件);成形时,将预成形件放入模具中,采用压力注射方法或将树脂膜熔化后,在压力(或真空)作用下流经整个预成形件厚度,使整个型腔内的预成形件完全被浸润,完成树脂的浸渍过程,最后经固化、脱模、加工而制成制品。图 3-15 为 RTM 成形工艺示意图。

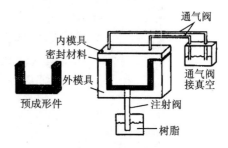

图 3-15　RTM 成形工艺示意图

RTM 工艺用真空辅助压紧增强材料和锁紧模具,是生产大面积板的有效方法。

RTM 成形要求树脂的收缩率要低,并且有合适的黏度。树脂的收缩率过大会增加孔隙率和使制品产生裂纹。树脂的黏度一般控制在 $0.25\sim0.5$ Pa·s,黏度太高或太低都可能导致浸渍不良,或形成大量的孔隙和未被浸渍的区域,影响制品的性能和质量。

影响 RTM 工艺的参数包括树脂黏度、注射压力、成形温度和真空度等,同时这些参数在成形过程中又是相互关联和相互影响的。

树脂传递成形法的优点是:适用于各种铺放形式与毛坯构形的复杂构件;整体性好,减少机械连接,近无余量加工;与手工铺放相比工时少;可采用低成本的纤维/树脂体系;有效地改善劳动强度和环境条件;可提高复合材料的设计许用应变。RTM 成形技术可用于机翼、雷达罩、螺旋桨、隔舱门、方向舵等零部件的制造。

2. RFI 成形

RFI(Resin Film Infusion,RFI)成形工艺是在 RTM 工艺的基础上发展起来的一种树脂膜渗透成形工艺,是一种树脂融渗和纤维预成形坯相结合的技术。其工艺过程是将预制好的基体树脂膜铺放在模具上,然后将纤维预成形件放在树脂膜上,并用真空袋将模具封闭起来。将模具置于烘箱或在热压下加热并抽真空,达到一定温度后,被置于预成形件下面的树脂膜受热后黏度迅速降低,在真空或外压力的作用下,树脂沿纤维预成形件厚度方向由下向上浸润,完成树脂的转移,待完全充填预成形件后,继续升高温度使树脂固化,最终获得复合材料制件。RFI 工艺的工作原理如图 3-16 所示。

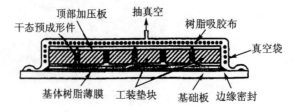

图 3-16　RFI 成形工艺示意图

RFI 工艺加热时树脂流动是沿厚度方向的流动,大大缩短了流程,使纤维更容易被树脂浸润。相对于 RTM 工艺,RFI 工艺能制造出纤维含量高(70%)、孔隙率极低(0~2%)、力学性能优异、制品重现性好、壁厚可随意调节的大型复合材料制件和复杂形状的制件,并可根据性能要求进行结构设计。RFI 成形工艺被认为是目前行之有效的低成本、高质量的复合材料制造技术,是一种十分有前景的成形工艺。

3.2.8　拉挤成形

拉挤成形是高效率连续地生产定截面复合材料型材的一种自动化成形工艺,其工艺的基本过程是首先使纤维通过浸胶槽浸胶,然后再拉入加热的模具中固化,在牵引机构拉力作用下,连续引拔出无限长的型材制品,零件一般在现场按一定长度切割,加工过程如图 3-17 所示。拉挤成形工艺已经发展了许多形式,图 3-18 所示是最典型的胶浸渍拉挤系统。

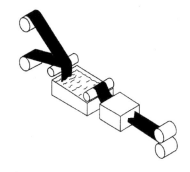

图 3-17　拉挤成形示意图

这种工艺的特点是:设备造价低、生产效率高,便于形成自动化生产线;适合批量生产高质量系列化的制品;原材料的有效利用率高,基本没有边角废料;只能加工不含凹陷、浮雕结构的制品;制品性能具有鲜明的方向性;长制件会存在直度和翘曲的问题。

这种工艺也适用于制造各种不同形状的管、杆、棒、角型材,夹板、工字梁和板材等标准型材。

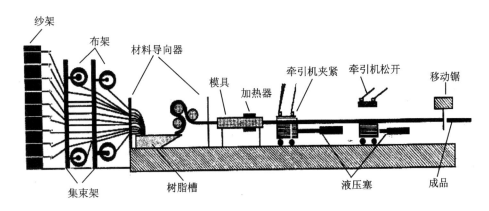

图 3-18　典型的胶浸渍拉挤系统

3.2.9　模压成形工艺

模压成形是一种对热固性树脂和热塑性树脂都适用的纤维复合材料成形方法。将定量的模塑料或颗粒状树脂与短纤维的混合物放入敞开的金属对模中,闭模后加热使其熔化,并在压力作用下充满模腔,形成与模腔相同形状的模制品,再经加热使树脂进一步发生交联反应而固化,或者冷却使热塑性树脂硬化,脱模后得到复合材料制品。

模压成形工艺是一种古老的工艺技术,具有生产效率较高、结构致密、表面光洁、制品性能好及尺寸较精确等优点。多数结构复杂的制品可一次成形,无须有损制品性能的二次加工,制品外观及尺寸的重复性好,容易实现机械化和自动化生产。缺点是此工艺对模具要求较高,模具设计制造复杂,压机及模具投资高,制品尺寸受设备限制,一般只适合制造批量大的中小型制品。图3-19为模压成形示意图。

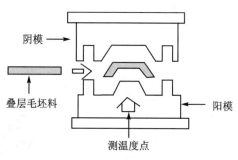

图3-19 模压成形示意图

3.3 非聚合物基复合材料成形工艺

3.3.1 金属基复合材料的成形加工

金属基复合材料是以金属及其合金为基体,与一种或几种金属或非金属增强相为增强体而制得的复合材料。其基体通过包括铝基、镁基、钛基及其合金等,其增强材料大多为无机非金属,如陶瓷、碳、石墨及硼等,也可以用金属丝。

与传统的金属材料相比,金属基复合材料具有较高的比强度和比刚度,而与树脂基复合材料相比,又具有优良的导电性和耐热性,同时金属基复合材料还具有耐磨、热膨胀系数小、阻尼性好、不吸湿、不老化和无污染等优点。

金属基复合材料的成形技术根据基体材料和增强体状态的不同,有多种成形方法,下面主要介绍喷射成形法、粉末冶金复合法和铸造凝固复合法等几种成形方法的基本原理。

1. 喷射成形法

喷射成形又称喷射沉积(Spray Forming),是用惰性气体将金属雾化成微小的液滴,并使之向一定方向喷射,在喷射途中与另一路由惰性气体送出的增强微细颗粒会合,共同喷射沉积在有水冷衬底的平台上,凝固成复合材料。通过对整个喷雾沉积过程进行控制,可以制造出具有均匀一致的显微结构的材料,并可使增强颗粒在铝复合材料中的分布均匀一致。

2. 粉末冶金复合法

粉末冶金复合法的基本原理与常规的粉末冶金法相同,适合于分散强化型复合材料(颗粒强化或纤维强化型复合材料)的制备与成形。其优点是:基体金属或合金的成分可自由选择,基体金属与强化颗粒之间不易发生反应;可自由选择强化颗粒的种类、尺寸,还可多种颗粒强化,较容易实现颗粒均匀化。缺点是:工艺复杂,成本高;制品形状、尺寸受限制;微细强化颗粒的均匀分散困难。

3. 铸造凝固复合法

铸造凝固复合法是在基体金属处于熔融状态下进行复合。其基本原理是将生产强化颗粒的原料加到熔融基体金属中,利用高温下的化学反应获得强化相,然后通过浇铸成形。这种工艺的特点是颗粒与基体材料之间的结合状态良好,颗粒细小($0.25\sim1.5~\mu m$),均匀弥散,含量可高达 40%,故能获得高性能复合材料。常用的元素粉末有钛、碳、硼等,化合物粉末有 Al_2O_3、TiO_2、B_2O_3 等铸造凝固复合法可用于制备 Al 基、Mg 基、Cu 基、Ti 基、Fe 基和 Ni 基复合材料,强化相可以是硼化物、碳化物、氮化物等。铸造凝固复合成形的复合材料具有工艺简单化、制品质量好等特点,工业应用比较广泛。

3.3.2　陶瓷基复合材料的成形加工

陶瓷基复合材料是以陶瓷为基体与各种纤维复合的一类复合材料。陶瓷基体可以是氮化硅、碳化硅等高温结构陶瓷。这些先进陶瓷具有耐高温、高强度和刚度、相对重量较轻、抗腐蚀等优异性能,但由于存在脆性这种致命的弱点,会使材料处于应力状态时,产生裂纹,甚至断裂导致材料失效。如果将高强度、高弹性的纤维与基体复合,就可以获得具有优良韧性的纤维增强陶瓷基复合材料。

纤维增强陶瓷基复合材料的性能取决于多种因素,故在实际中针对不同的材料的制作方法也会不同,成形技术的不断研究与改进正是为了能获得性能更为优良的材料。目前采用的纤维增强陶瓷基复合材料的成形方法主要有以下几种。

1. 料浆浸渍和热压烧结法

料浆浸渍和热压烧结法的基本原理是将具有可烧结性的基体原料粉末与连续纤维用浸渍工艺制成坯件,然后在高温下加压烧结,使基体材料与纤维结合成复合材料,如图 3-20 所示。其中的料浆浸渍是指让纤维通过盛有料浆的容器,浸挂料浆后缠绕在卷筒上烘干;然后沿卷筒母线切断,取下后得到无纬布;将无纬布剪裁成一定规格的条带或片,在模具中叠

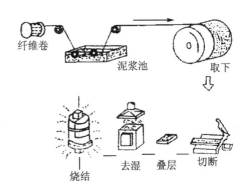

图 3-20　热压烧结法工艺过程

排,形成预成形坯件;最后经高温去胶和烧结得到复合材料制件。

2. 直接氧化沉积法

直接氧化沉积法的工艺原理是:将连续纤维预成形坯件置于熔融金属上面,因毛细管作用,熔融金属向预成形体中渗透。由于熔融金属中含有少量添加剂,并处于空气或氧化气氛中,浸渍到纤维预成形体中的熔融金属与气相氧化剂反应形成氧化物基体,产生的氧化物沉积在纤维周围,形成含有少量残余金属的、致密的连续纤维增强陶瓷基复合材料。这种工艺的优点是:对增强体几乎无损伤,所制得的陶瓷基复合材料中纤维分布均匀,制备过程中无收缩,因而可以得到尺寸精确的复合材料制件;而且工艺简单,生产效率较高,成本低,所制备的复合材料具有高比强度和良好韧性及耐高温等特性。

3. 化学气相法

化学气相法是将纤维预制坯件置于密闭的反应室内,采用气相渗透的方法,使气相物质在加热的纤维表面或附近产生化学反应,并在纤维预制体中沉积,从而形成致密的复合材料的一

种工艺方法。

3.3.3　碳/碳复合材料的成形加工

碳纤维增强碳复合材料(碳/碳复合材料,C/C)是以碳或石墨纤维为增强体,碳或石墨为基体复合而成的材料。

碳/碳复合材料制备过程主要包括坯体的预成形、碳基体的致密化、石墨化工艺以及最终产品的加工、检测等,其制造工艺流程如图3-21所示。

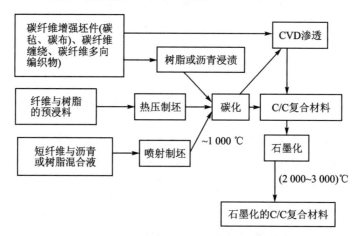

图3-21　碳/碳复合材料制造工艺流程

在制造碳/碳复合材料之前,首先需要按产品的形状和性能要求将增强纤维制成各种类型、形状的坯体。坯体的制造方法很多,有预浸料缠绕、叠层和各种二维、三维及多维编织等。其中应用最多的是多维编织,编织的织态结构和性能对碳/碳复合材料的性能有很大影响。

碳/碳致密化工艺过程就是基体碳形成的过程,是碳/碳复合材料制备的关键技术,其实质是用高质量的碳填满碳纤维周围的空隙以获得结构、性能优良的碳/碳复合材料。如图3-21所示即为采用化学气相沉积法(CVD)获得致密的碳/碳复合材料。

另外,根据使用要求,常常需要对致密化的碳/碳复合材料进行高温热处理,即石墨化处理。石墨化处理的温度一般在2 000～3 000 ℃,在这一温度下,材料中的N、H、O、N、Ca等杂质元素会逸出,碳将发生晶格结构的转变。石墨化处理对碳/碳的热物理性能和机械性能有着明显的影响。经过石墨化处理的碳/碳复合材料,其强度、热膨胀系数均会降低,热导率、热稳定性、抗氧化性以及纯度都有所提高。

碳/碳复合材料几乎完全由碳元素组成,因此能承受极高的温度和极大的加热速率。具有烧蚀热高、烧蚀率低、抗热冲击的性能,并在超热环境下具有较高的强度,在航天飞机鼻锥帽、导弹鼻锥帽、固体火箭喷管、飞机刹车片中得到了广泛的应用。

3.4　复合材料的机械加工

在加工复合材料时,由于基体较脆弱,而增强纤维的强度与刚度均较高,在加工过程中类似于刀具对"砂轮"进行研磨。工件固化成形后外形的修整、装配时的制孔、锪窝都比较困难。

3.4.1　钻孔与锪窝

钻孔、锪窝时,由于碳纤维硬度高,高速钢、碳化钛等钻头材料磨损很快,用碳化钨硬质合金钻头钻孔效果较好,每个钻头平均能钻 100 个孔,但要及时磨刃。钻头的几何形状与加工金属的钻头不同,锋角在 $100°\sim118°$ 之间。锋角小,轴向抗力小,有利于减少孔处的分层,提高钻孔的精度。适当加大螺旋角,便于排屑,一般取 $25°$ 左右即可。增大后角,可减少摩擦,提高加工表面质量和钻头的耐用度,后角一般取 $12°\sim13°$ 较合适。

碳/环氧复合材料钻孔时,须选用高的切削速度,钻头转速在 $1\,400\sim2\,500$ r/min 之间,进给量在 $0.008\sim0.02$ mm/r 即可。加大进给量,易造成孔边分层;进给量太小,也会产生分层和钻头磨损。钻孔时,在复合材料板的上下须加衬板进行保护,可防止分层产生,衬板用硬铝板效果较好。

3.4.2　切　割

1. 机械加工

复合材料结构件装配时需要切除余量,以保证对缝间隙符合要求。切割复合材料用的刀具材料应具有较高的硬度,刀刃要有足够的韧性,耐冲击、耐高温,切割时硬质合金刀具难以满足这些要求。国内用金刚石砂轮片切割复合材料壁板,已取得了良好的效果,其直线度较理想,壁板装配对缝间隙在 $0.3\sim0.8$ mm 之间。用金刚石砂轮片切割时,加工质量与砂轮主轴转速、砂轮片进给速度、砂轮片伸出工件下边的高度以及工件的厚度等因素有关。

2. 激光切割

用激光切割复合材料板时,工件边缘整齐,质量较好。现已研制出一千瓦以上的二氧化碳激光切割机,可用来切割碳/环氧复合材料板、硼/环氧复合材料板和凯芙拉/环氧复合材料板。复合材料厚度增加需用大功率激光切割机,但成本较高。激光切割后有时会出现毛边,切割缝处有烧蚀现象,使材料碳化而影响工件质量,这个问题限制了它的应用与推广,一般只用于切割 $2\sim3$ mm 的板材,且仅限于单层材料。

3. 高压水切割

用高压水射流切割复合材料是近年来发展迅速的一种加工方法,用它来加工碳/环氧、硼/环氧、芳纶/环氧等复合材料,已取得了良好的效果。高压水射流切割,即把高速液体(水或水添加剂的混合物)所具有的能量,通过直径较小的喷嘴,用 $3\sim4$ 倍于声速的高速射流对工件进行切割或开孔等加工。

高压水射流切割有很多优点:无刀具磨损问题;无纤维粉尘,环境洁净;切缝窄,切口质量好;工件无变形、无毛刺;切割速度快,效率高等。它的缺点是加工时使工件部分变湿,对树脂不利;高压水装置的密封要求严格,喷嘴须定期更换,成本较高。以上 3 种切割方法的性能比较如表 3-5 所列。

表 3 - 5　3 种切割方法的比较

序　号	对比项目	机械切割	激光切割	高压水切割
1	切割原理	热切削	热切削	冷切削
2	对材料性能的影响	有局部高温及热影响区,有烧蚀	有局部高温及热影响区,有烧蚀	无热影响区,无烧蚀
3	切削质量	易分层,易损伤工件边缘	切缝有毛刺,须补充加工	切缝窄(1 mm)表面光整
4	切削厚度	太厚太薄均不适用	仅限单层切割	切割厚度达 100 mrn
5	切削速度	190 mm/s	单层(127～177)mm/s	切 10 层 330 mm/s
6	有无粉尘	有粉尘噪声须保护	无粉尘	无粉尘
7	设备成本	低	较高	高

3.5　复合材料的质量控制与检测

3.5.1　产品的质量控制

复合材料的质量控制一般通过生产过程的 3 个阶段来进行。

① 原材料的质量控制:包括纤维、树脂及固化剂的成分和性能,纤维的表面状态,预浸料制成复合材料的性能中反映树脂和纤维结合力的性能指标。

② 工艺过程的控制:包括各道工序的操作和各个工艺参数及工序之间的检查。

③ 产品质量控制:除检查外观、尺寸及公差、重量外,还要检验制件的内部缺陷。

先进复合材料构件的生产过程受到各种因素的影响,产品的质量波动较大,因此为了确保产品的质量和使用安全,必须对产品质量进行无损检测。

3.5.2　产品的质量检测

对复合材料的无损检测按内容可分为两类:一类是检查复合材料的内部缺陷,测定空隙率、纤维与树脂的体积含量比、纤维方向和铺层数量、固化状态、分层和界面状况、夹杂物、强度与弹性模量等力学性能;另一类是确定复合材料工件的完整性,主要检查裂纹、脱胶、缺胶、内部构件的位置及其他损伤等。

复合材料的检测方法随检测对象和目的不同而异,常用的有:射线照相、超声检验、热图象记录、全息干涉测量等。

1. 射线照相

用 X 射线能检查碳纤维复合材料板中单个大孔、密集空隙、平行于纤维的裂纹和夹杂物等。X 射线不能确定纤维与树脂的体积含量比,采用镨$(Pu)^{238}$ 射线技术,可以测定两者的体积含量比。

2. 超声检验

碳/环氧复合材料的无损检测一般用超声检验。超声检验所用的频率范围为 1～10 MHz,

用穿透法和脉冲回波法检测。用穿透法检测时,采用两个换能器,用来发射和接收超声波,受检测试件放在两个换能器之间,所产生的窄脉冲超声能量被试件吸收和散射,将试件中波的衰减与无试件的信号幅度相比较,可测定脱胶、分层和孔隙等缺陷,但不易将它们区分开来。脉冲回波法只用一个换能器,发射和接收超声波,通过从材料界面反射回来的波的幅度和位置变化来测定缺陷。此法应用自动扫描比较方便,如将试件浸入水中,试件的超声波衰减用不同深浅的色调记录在平面图上,形成一幅图案,此法称作"C"扫描。

3. 热图像记录法

此法即依靠热源(或冷源)来获取信息,根据工件有缺陷处热性能的变化引起表面温度的差别来测定。如用红外线作为热源进行测量时,当红外线射入物体表面后,一部分被反射,其余的被吸收。被吸收的红外线从外向内扩散。吸收波与反射波的比例(即吸收率)与辐射能是相当的,它随材料的种类,表面状态等因素而变化。如果表面附近存在缺陷,它附近的表面温度就发生变化,在另一侧,温度的分布与加热一侧正好相反。

用红外线检测时,可在工件表面上涂一层热敏磷光涂层,干燥后形成 0.25 mm 的薄膜,它能在紫外线激发下产生萤光,在 20~82 ℃范围内萤光的亮度与温度成反比,温度高时亮度弱,温度低时亮度强,可根据光的亮度差别来判断物体表面温度,进而确定内部缺陷。

红外线探伤的灵敏度受板厚和板的导热系数影响较大,当板厚及导热系数增大时,有缺陷部位与无缺陷部位温差反而小些,缺陷反而不易检测出来。

4. 全息干涉检测

全息干涉检测是以干涉条纹图样的形式显示物体的微小位移。在检测过程中,要将全息照相底板进行曝光和显像,并在原来曝光的准确位置上,对试件施加轻微的力并再次曝光。两次曝光中试件形状的任何差别,都以干涉条纹的形式显示出来,条纹间距同位移成反比。此处所加的力系模拟温度改变 1~2 ℃后产生的,用此法检测时,测试设备与试件不需要接触,可检测大尺寸的工件。

3.6　复合材料在飞行器中的应用

复合材料在飞行器结构中的应用情况大致分为三个阶段:

第一阶段是应用于受载不大的简单零部件,如各类口盖、舵面、阻力板、起落架舱门等,对于这类结构件,据统计可减重 15%~20%。

第二阶段是应用于承力大的部件,如安定面、全动平尾、前机身段、鸭翼等,据统计可减重 20%~25%。

第三阶段是应用于复杂受力部位,如机翼、中机身段、中央翼盒等,据统计可减重 30%。

在欧美,20 世纪 60 年代开始研发复合材料,70 年初期进入应用阶段。80 年代以后服役的战斗机,其机翼、尾翼等部件基本上都采用了先进复合材料,用量已达到机体结构重量的 20%~30%,图 3-22 所示为复合材料在 JAS39 和 F/A-18E/F 飞机上的应用。美国 20 世纪 80 年代研制的隐身飞机 B-2 机翼结构,复合材料的用量已达到 60%以上(见图 3-23),并采用了多棱截面碳纤维和三向编织结构等新技术。美国第四代战斗机 F-22 也采用了大量的复合材料,其构件的复合材料分布见图 3-24。表 3-6 所列为各个时期欧美战斗机结构用材料重量百分比和复合材料的应用部位。

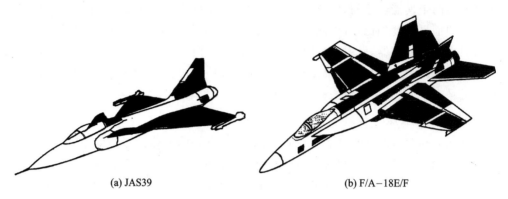

(a) JAS39　　　　　　　　　　(b) F/A－18E/F

图 3－22　复合材料在战斗机上的应用(涂黑部分为复合材料)

表 3－6　国外复合材料在军机上的应用情况

国　别	机　种	用量/%	首飞时间/年	复合材料体系	应用情况
美	F－14	1	1969	硼/环氧树脂	水平安定面蒙皮
	F－15	1.2	1972	硼/环氧树脂	水平安定面、垂直安定面、方向舵蒙皮
	F－16	3.4	1976	碳/环氧树脂	进气道斜板、垂尾、平尾、机翼蒙皮
	F/A－18A	12	1978	碳/环氧树脂	除前机身外,包括机翼在内的所有蒙皮结构。前机身边条、翼根延伸段等
	AV－8B	26.3	1982	碳/环氧树脂	机翼蒙皮和亚结构骨架,其机翼70%重量为复合材料结构。比金属结构减重20%以上。机翼梁和肋为工形剖面,腹板为正弦波纹板
	A－6	12		碳/环氧树脂	机翼蒙皮
	B－1轰炸机			碳/环氧树脂硼/环氧树脂凯芙拉49/环氧树脂	机身大梁、平尾、垂尾、前缘缝翼、襟翼、进气道斜板、舱门等
	X－31A	17	1990	碳/增韧环氧	机身、机翼蒙皮
	F－22	24	1996	碳/增韧双马	机翼、中机身隔框和蒙皮、尾翼、前机身
俄	MiG－29	7	1997		前掠机翼等
	Su－37	21	1997		
	MiG－1.42	16	1994		
	MiG－1.44	30	2000		

国　别	机　种	用量/%	首飞 时间/年	复合材料体系	应用情况
法	Rafale "幻影"4 000 ASX - 10	24	1991	碳/增韧双马	机翼、垂尾、鸭翼、前机身蒙皮 整体油箱翼盒、尾翼等 机翼、机身、垂尾
瑞典	JAS - 39	30	1988	碳/环氧树脂	机翼、机身、鸭翼、垂尾、进气道
日	FS - X	~18			整体机翼、垂尾、平尾等
英	美洲豹虎			碳/环氧树脂	机翼、方向舵

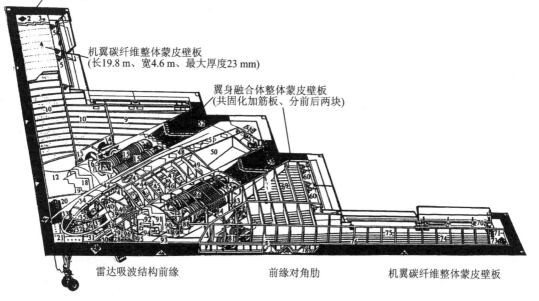

图 3 - 23　复合材料在 B - 2 隐身飞机上的应用

　　复合材料在民用飞机中的应用滞后于军用飞机。为了提供技术和增强信心,以便生产厂商在未来的民用飞机上应用复合材料,美国 NASA 在 1976~1985 年赞助执行了飞机能效计划。该项计划的执行为复合材料在尾翼结构部件上的应用提供了技术支持,近年来国外投入使用的民用飞机的尾翼基本上都采用了复合材料结构。为了进一步将复合材料扩大用于机翼和机身这类主结构,美国 NASA 在 1987~1995 年又赞助执行了先进复合材料技术计划,目的在于提供制造成本上有竞争力的复合材料机翼和机身的技术。

　　目前,复合材料已在先进客机中得到广泛应用,如 B787 复合材料用量已达到了 50%,A350 复合材料用量达到了 53%,复合材料的应用已成为民用飞机提高经济型和增强竞争力的重要途径。图 3 - 25 所示为 B777 旅客机上复合材料的应用情况,表 3 - 7 列出了欧美大型民用客机结构用材料重量百分比。

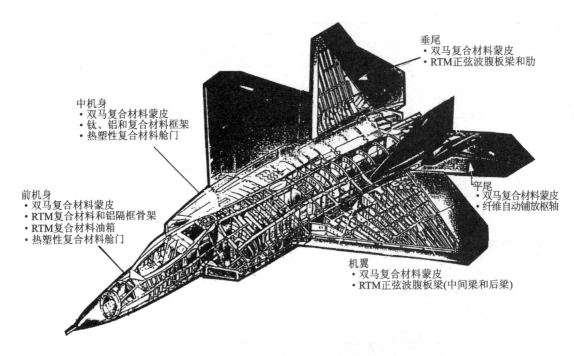

垂尾
· 双马复合材料蒙皮
· RTM正弦波腹板梁和肋

中机身
· 双马复合材料蒙皮
· 钛、铝和复合材料框架
· 热塑性复合材料舱门

前机身
· 双马复合材料蒙皮
· RTM复合材料和铝隔框骨架
· RTM复合材料油箱
· 热塑性复合材料舱门

平尾
· 双马复合材料蒙皮
· 纤维自动铺放枢轴

机翼
· 双马复合材料蒙皮
· RTM正弦波腹板梁(中间梁和后梁)

图 3-24 复合材料在 F-22 飞机上的应用

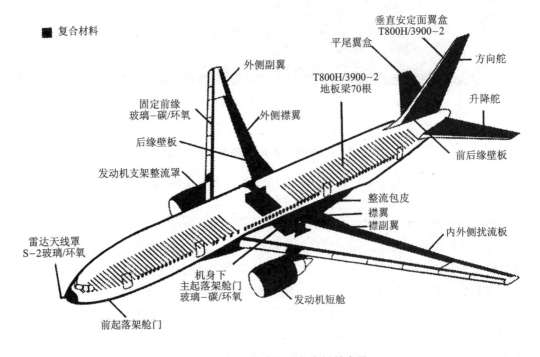

■ 复合材料

垂直安定面翼盒
T800H/3900-2

平尾翼盒

方向舵

外侧副翼

T800H/3900-2
地板梁70根

升降舵

固定前缘
玻璃-碳/环氧

外侧襟翼

后缘壁板

前后缘壁板

发动机支架整流罩

整流包皮
襟翼
襟副翼

内外侧扰流板

雷达天线罩
S-2玻璃/环氧

机身下
主起落架舱门
玻璃-碳/环氧

发动机短舱

前起落架舱门

图 3-25 B777 旅客机上复合材料应用

表 3-7　民用飞机结构用材料重量百分比

机　型	复合材料/%	铝合金/%	钛合金/%	钢/%
B707	/	/	0.2	/
B747	1	81	4	13
A300	5	76	4	13
B767	3	80	2	14
B757	3	78	6	12
A320	15	67	4.5	13.5
B777	11	70	7	11
A340	13	70	6	8
B787	50	20	15	10

直升机上复合材料的用量已达结构重量的 50%～70%,如美国的武装直升机 RAH-66,以及垂直起落、倾转旋翼后又可高速巡航的 V-22"鱼鹰",复合材料用量达结构重量的 50%。迄今为止,世界上已有许多小型的全复合材料飞机问世,其中著名的"星舟"一号公务机已通过适航鉴定;举世闻名的"旅游者"曾创下不加油、不着陆,连续 9 天环球飞行的世界纪录,为先进复合材料卓有成效的应用带来了成功与骄傲。

由于复合材料结构有着许多众所周知的优点,B787 机体主要结构大规模地采用了复合材料,由 B777 飞机复合材料用量的 12%一步跨越到 50%,即机体的主要机身结构和机翼几乎都由碳纤维增强复合材料制成,仅少数机体部位应用铝合金,以防飞鸟的碰撞和发动机高温的影响。这种飞机执行任务时能够节省 20%的燃油,且维修成本可节省 30%。由于 B787 机身加湿不会对飞机造成腐蚀,舱内空气湿度可提高 10%～20%,飞行的舒适性有很大的提高。

图 3-26 所示为 B787 复合材料机身段的内部结构,从图中可以看到,机身段是由复合材料长桁和复合材料蒙皮胶接装配,然后共固化成一体,仅有少量的复合材料框用铆钉等紧固件与复合材料机身段装配在一起。由于复合材料构件不耐冲击,所以两个复合材料构件连接时,不能用一般铆接方法进行,而只能利用高锁螺钉和单面抽钉等紧固件连接。

图 3-26　B787 复合材料机身段的内部结构

空客 A380 上仅碳纤维复合材料的用量就占结构总重的 15%,总重达 32 吨左右,再加上其他种类的复合材料,总用量可达 25%左右。也是当时大型民机上应用复合材料比例较大的客机。

空客 A380 的前、后机身段的两处上半部分都使用了 Glare 复合材料蒙皮壁板,立尾和水平尾翼的前缘也是 Glare 蒙皮壁板,机身的其余部分和机翼都是铝合金壁板,仅在 A380 机身的整体尾段采用了碳纤维增强复合材料。从空客 A380 机体复合材料的使用情况可知,空客对复合材料的研究和应用的路线与波音公司有所不同,如前所述,波音着重对机体各部位做成整体复合材料部件,而空客是采用大型复材壁板,如 Glare 壁板,再由这些大型壁板组装成机体部件。

空客 A380 采用碳纤维复合材料的大型主承力部件,主要有中央翼盒、翼肋、机身上蒙皮壁板、机身后段、机身尾段、地板梁、后承压框、垂尾等部件,如图 3-27 所示。A380 中央翼盒

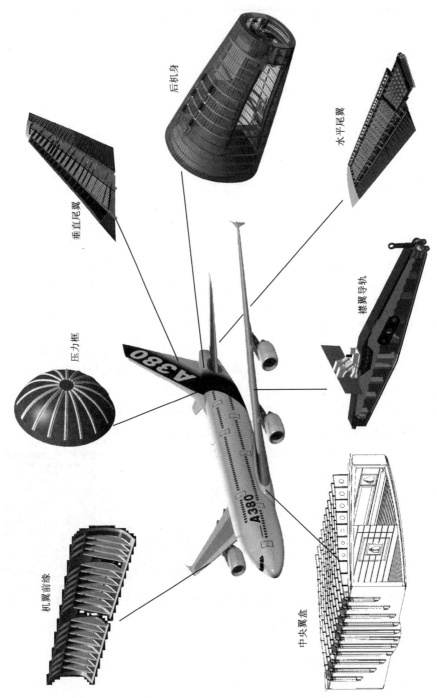

图3-27 复合材料在A380飞机上的应用

原结构为全金属结构,重 8.8 吨,采用复合材料后减重 1.5 吨。A380 后机身段和后压力框分别采用了纤维铺放和树脂膜渗透(RFI)工艺等先进制造技术,如图 3－28 所示。A380 中央翼盒的 5 个工字梁和襟翼导轨面板用 RTM 技术制成,并率先采用 RFI 技术制造复合材料襟翼导轨梁和压力框。该压力框是迄今为止最大的一个用 RFI 工艺制成的结构件。

图 3－28　A380 压力框

我国从 20 世纪 60 年代末开始复合材料及其在飞机结构上的应用研究,70 年代中期研制成功了第一个复合材料飞机结构件——某歼击机进气道壁板。80 年代中期带有复合材料垂尾的战斗机首飞上天;进入 90 年代带有复合材料前机身的战斗机和带有整体油箱的歼击机复合材料机翼相继研制成功,这标志着复合材料在我国飞机结构中的应用上了一个新的台阶。2000 年运－7 复合材料垂尾通过了适航审定,这标志着复合材料在民用飞机上的应用也取得了可喜的成果。与此同时,直升机复合材料的应用已由仿制阶段迈入了自行设计阶段。复合材料外涵道机匣的研制成功则标志着复合材料在发动机冷端部件上也开始得到了应用。

从复合材料的应用情况来看,先进复合材料的应用水平已成为现代飞机产品先进性的一个十分重要的标志。

思考题

1. 复合材料在性能上有哪些特点?
2. 什么是结构复合材料,什么是功能复合材料?
3. 复合材料制造工艺有哪些特点?
4. 什么是聚合物基复合材料?
5. 聚合物基复合材料的成形工艺方法有哪些?
6. 自动铺带技术和自动纤维束铺放技术有何区别?并举例说明在飞机制造中的应用。
7. 试说明树脂转移成形工艺方法(RTM 方法)的特点与适用范围。
8. 试说明树脂膜渗透成形工艺方法(RFI 方法)的特点与适用范围。
9. 什么是非聚合物基复合材料?试说明喷射成形法的成形原理。
10. 复合材料结构的无损检测包含哪些内容?
11. 举例说明复合材料制造在飞行器上的应用。

第4章 飞行器数字化制造技术

4.1 数字化制造的概念和内容

随着全球经济一体化的进程加快以及信息技术的迅猛发展,现代制造企业环境发生了重大的变化,现代制造业也随之出现了适应这种发展的新的制造模式,这种制造模式的核心在于:在制造企业中全面推行数字化制造技术,通过在产品全生命周期中的各个环节采用计算机辅助技术、系统及集成技术,使企业的设计、制造、管理技术水平全面提升。数字化设计与制造是计算机辅助技术、系统及集成技术的重要组成部分,是向网络化制造和虚拟化技术发展的基础。本章将以飞行器中应用最广的飞机数字化制造为例对相关内容进行介绍。

4.1.1 数字化制造的概念

飞机数字化制造是指对飞机制造过程进行数字化描述而在数字空间中完成产品的制造过程,是计算机数字技术、网络信息技术与制造技术不断融合、发展和应用的结果。飞机数字化技术制造本质上是飞机设计制造信息的数字化,是将飞机零部件的结构特征、材料特征、制造特征和功能特征统一起来,应用数字技术对设计制造所涉及的所有对象和活动进行表达、处理和控制,从而在数字空间中完成飞机产品的设计制造过程,即制造对象、状态与过程的数字化表征、制造信息的可靠获取及其传递,以及不同层面的数字化模型与仿真。

飞机数字化制造是从20世纪70年代发展起来的,图4-1以飞机翼肋为例,说明了飞机数字化制造由二维工程图绘制、数控加工(NC),逐渐过渡到二维图样和三维建模相结合的数控加工,以及到现在的建立数字化样机实施并行工程、进行虚拟产品、虚拟集成制造的演变过程。

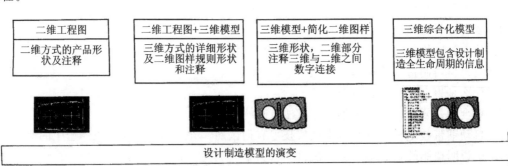

图4-1 数字化制造的演变过程

飞机数字化制造的主要特点如下:

① 以数字技术为支撑,采用设计制造紧密协同的模式和并行工程工作的方法。

② 是基于模型定义(MBD)的全三维设计制造一体化技术。

③ 制造协调模式由传统的基于模拟量传递的模线样板、标准样件工作法变为以三维数字化模型作为制造唯一依据的全数字量协调制造过程。

④ 基于 MBD 的工艺、工装、检验设计及其在制造过程中的全面应用。

⑤ 基于构型和单一数据源的制造数据和技术状态全面的控制和管理。

⑥ 基于仿真技术提前发现在产品设计、工艺设计和工装设计的错误并进行优化,避免生产制造过程中产生大量的更改和返工。

⑦ 大量应用数字控制的制造装备(包括数控机床、柔性装配设备等),提高了加工精度和装配效率。

4.1.2　数字化制造的内容

数字化制造包括产品的数字化定义、数字化工艺规划设计、工艺仿真、数字化制造与装配、数字化测量与检测、数字化试验、数字化管理、协同工作与产品数据管理,以及支撑数字化制造的基础数据库、数字化编码与标准、网络等技术体系。其中,数字化定义、数字化工艺规划设计、工艺仿真、数字化制造与装配和数字化测量包含的内容如下:

① 数字化定义包含了三维模型快速建模、三维标注等非几何信息建模、三维模型定义基础数据库、并行设计流程管理、三维模型建模规范等内容。

② 数字化工艺规划设计是利用装配工艺规划设计系统,实现基于三维模型的工艺分离面划分、装配工位设计、装配流程设计、三维工艺指令设计、装配生产线三维布局工艺设计、EBOM(工程物料清单)—PBOM(工艺物料清单)—MBOM(制造物料清单)重构。在进行工艺模型数字化定义的基础上,应用 CAPP(计算机辅助工艺过程设计)系统进行详细工艺设计和工艺文档编制。

③ 工艺仿真是利用各种仿真工具完成装配过程和零件制造的仿真,实现装配顺序仿真、装配干涉仿真、人机工程仿真、钣金成形有限元仿真、导管成形有限元仿真、复合材料构件下料/铺叠/成形仿真、数控机加件的刀位轨迹仿真等,在产品投入生产以前验证工艺方案和工艺参数。

④ 数字化制造与装配技术是在产品三维模型和数字化工艺设计基础上,利用数字化手段实现产品的制造和装配,同时利用先进的制造设备实现全三维数字量传递协调制造、钣金数字化成形、导管数字化制造、机加零件数字化切削加工、复合材料构建数字化下料/铺叠/成形、飞机部件柔性对合装配及精加工、数字化水平测量校准等。

飞机部件装配过程不仅涉及数量巨大的零部件,其内部结构又十分紧凑,并使用着复杂的装配工装,而且还与装配的工艺过程和人机工程紧密相关,特别对大型飞机而言,重则数吨的部件在实际装配过程中无论运输、定位、调整和移动都很困难,若此时发现任何装配问题或错误,则返工修改所要付出的代价之大、成本之高、周期之长是任何公司难以接受的。为此,飞机制造公司普遍采用数字化仿真技术,在数字化环境中模拟实际的飞机装配过程,以便及时发现问题,并在飞机产品并行设计过程中逐一解决。

⑤ 数字化测量技术是基于产品三维模型,利用数字化测量手段对钣金、机加、复合材料构件、装配结构件、总装等进行数字化测量。

4.2 飞机设计制造一体化技术

4.2.1 飞机数字化定义

数字化产品定义(Digital Product Definition,DPD)是定义一个产品所需要的所有电子形式的设计、分析、制造生产、测试、检验、供给和维护等方面的数据元素。包括定义零件或组装件所须的几何图形、相互关系容差、属性、工艺、工具规范与支持物件等。在此基础上发展的基于模型定义(Model Based Definition,MBD)技术是DPD的一种演变,其三维精确实体模型包含了产品的几何信息、三维尺寸、公差标注以及其他注释等非几何信息,是更完整的数字化产品定义。MBD技术将设计、制造、检验、管理信息融为一体,为产品研制下游各环节,如产品制造的数字化系统,包括数字化管理(如ERP、MES等)、数字化工艺及工艺仿真、数字化检测等业务过程的集成提供有力的支持,是目前设计制造一体化最先进的数字化定义方法,也是数字化制造的关键技术之一。

飞机数字化定义是根据设计依据和用户需求,在统一的协同设计环境中按照一定的规范和协议进行的飞机数字化设计、研发过程。飞机数字化定义的基本工作是建立飞机的数字化模型,完成数字样机的设计。飞机零部件的三维数字化模型设计内容包含三维模型、设计文档、物料清单(Bill of Material,BOM)等所有相关产品定义的全部信息,是唯一的权威性数据集,并供后续环节使用。

1. 飞机总体数字化定义

飞机产品数字化定义从销售和市场部门获取的用户需求开始,由总体设计组根据对飞机航程、燃油、载客量、总体性能及制造成本等的分析,建立飞机总体定义,如飞机的描述文档、飞机构型、三面图、初始外形和内部轮廓数字模型DIP(Digital Inboard Profile)等,如图4-2所示。

DIP的模型数据由各工程部门提拱,所有结构和系统都分别构造成三维实体模型,并由总体设计组把这些三维模型综合起来,进行初步的数字预装配,同时气动组利用CATIA软件的曲面造型功能最终建立飞机的气动外形(三维外形数字模型)。DIP代表了飞机初始的一级数字样机,其中包括系统安排、空间分配和飞机外形线等,如图4-3所示。飞机的三维外形数字模型和内部轮廓数字模型共同构成了三维数字化产品定义。三维数字化产品定义可以直接起到三维飞机模线的作用和用于三维飞机零组件的定义构形,也可用于后续的制造、工装设计、产品检验和数控加工编程等环节。

2. 零件三维数字设计和零件表生成

在飞机产品三维数字化定义的基础上,进一步对零组件进行结构设计,如图4-4所示。一般来说,此阶段的所有零组件都应具有精确的三维实体模型,但也可以根据实际情况进行设计。在此阶段,还要对这些零组件进行进一步的数字化预装配,检查所有零组件的配合情况,进行质量分析,维护的可达性检查,有无异常情况和是否满足功能需要等。同时,结构设计人员还应考虑所有系统在结构中的贯穿情况,有无干涉和保留必要的间隙等。

此阶段设计人员要和协同设计组的其他人员一起工作,广泛听取他们的反馈意见,并和制

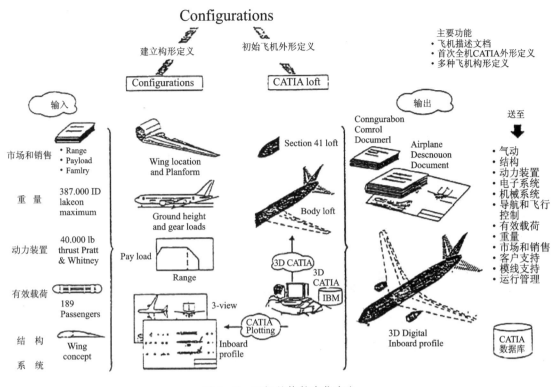

图 4-2　飞机总体数字化定义

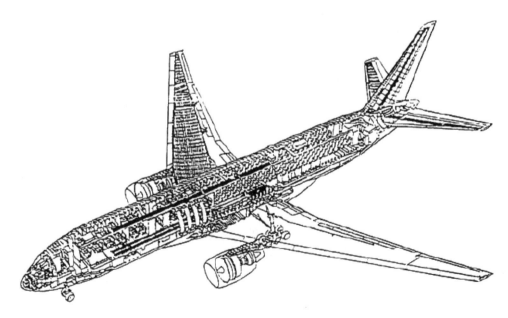

图 4-3　飞机内部轮廓数字模型

造工艺人员共同建立产品零部件树,如图 4-4 右下角部分。当结构设计人员进行详细设计,每个零部件的几何形状和尺寸正确无误后,把产品的几何定义(三维实体模型和二维图形、数控加工表面信息),以及机构运动模拟信息存入数据库,由集成数据管理 IDM(Integrated Data

Management)系统进行管理。同时,在综合工作说明 IWS 中的产品结构树以及其他相关的工艺信息,通过自动零件表生成器 APLG(Automated Part List Generator),输入到自动零件表系统中进行存储,如图 4-4 左下角部分。

至此,数字化产品设计的完整信息已经基本建立,由此可见,产品设计结果体现在两个方面:一个是产品几何信息,存储在 IDM 系统的数据集中,另一部分是产品的非几何信息,包括产品结构树和工艺信息存,储于 APL 系统中。这两部分信息是密切相关,不可分割的,否则产品信息就不完整。这两部分信息相关性是通过产品图号或零件号来实现的。

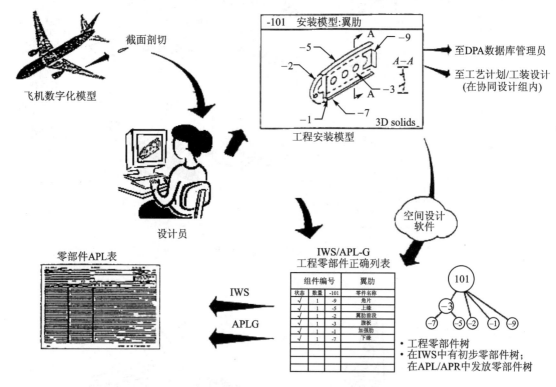

图 4-4 零件三维数字设计和零件表生成

3. 飞机数字样机

数字样机是对产品整机或具有独立功能的子系统的数字化描述,是基于 CAD 技术描述产品的几何结构及其相关的非几何信息(设计尺寸、工艺、制造信息等),用于设计检查和预装配分析、运动机构分析、人机功效分析及产品功能和性能分析,取代传统制造的物理样机,也是设计工程师和制造工程师开展并行工程,把飞机在制造、装配和飞行过程中可能出现的问题尽量解决在制造前、装配前和试飞前的先进手段。

数字样机按照数字样机研制流程或生命流程阶段分为一级样机、二级样机和三级样机。其中,一级样机主要面向方案设计,支撑多方案的并行设计,包括总体骨架模型定义、总体布置、外形设计和初步的结构布置设计等过程。二级样机主要面向详细初步设计,支撑基于唯一优选方案的协调设计,包括结构骨架模型及布置设计、主要零部件设计、系统空间占位、设计内部的协调、设计与制造的协调以及供应商设备安装位置及接口的协调等。三级样机主要面向详细设计和试制,支撑面向制造的产品设计,包括结构零组件细节设计、管路联接件设计和线束设计等。在三级样机阶段,需要充分考虑设计与制造之间的并行工作,通过成熟度控制的工艺预审查和初步工艺路线定义,使得工艺设计和工装设计过程提前介入。图 4 - 5 所示为不同级别数字样机中零件描述程度示意图。

第一阶段　　　　　第二阶段　　　　　第三阶段

图 4 - 5　不同阶段样机对零件的描述

4. 飞机数字化预装配

工程设计部门在对飞机的每个零件进行三维数字建模后,就要进行飞机数字化预装配 DPA(Digital Preassembly),即建立飞机数字样机(或称电子样机),在传统设计中的一级和二级实物样机将被数字化模拟预装配所替代。数字化预装配 DPA 的过程如下:

(1) 第一阶段数字化预装配——一级数字样机

一级数字样机建立了零部件的基本形状、包容空间,并协调各工程设计组之间的空间位置安排,图 4 - 3 所示的飞机内部轮廓数字模型即为一级数字样机。

(2) 第二阶段数字化预装配——二级数字样机

二级数字样机已经进行了飞机结构设计和不同设计组之间界面的协调,零部件外形已确定下来,但还未进行详细设计。这阶段 DPA 工作进展主要体现在尽可能地为飞机的可达性、可维护性、可服务性、可靠性、人机工程以及支持装备的兼容性等进行详细设计,但尚未进行详细的装配和安装设计。在这一阶段,有关飞机制造的工装设计以及描述装配顺序的工艺计划等也在进行过程中。

(3) 第三阶段数字化预装配——三级数字样机

三级数字样机是对详细设计的零部件进行完整的数字化预装配,如飞机上的管道系统、空气管路、燃油管线、液压管路、角片支架、紧固件和连接孔等的制造和安装等都在三级数字样机上完成,它是数字化预装配的最后阶段。图 4 - 6 所示为在虚拟装配环境中进行的液压导管、操纵系统等飞机结构综合性的数字化预装配。

进行了上述数字化预装配设计后,工程部门不用再制造传统的一级、二级和三级实物样机进行协调。

数字化预装配是一个过程,设计人员、系统分析人员、工艺计划人员以及工装设计人员需要时可以把零部件、装配件等组装起来,在虚拟环境中完成飞机的装配模拟工作。所有零部件都构造成三维实体模型,用来检查设计集成的各种状态及干涉和界面对接情况。整架飞机的所有干涉情况都可以标识出来,并在预装配过程中加以解决。

5. 产品数字建模的其他相关工作

飞机的产品数字建模除了上述的产品外形和内部结构的三维数字定义外,还有很多系统数字建模和其他的相关工作。如为了加速设计进度,提高工作效率,还应开发标准零件库。典

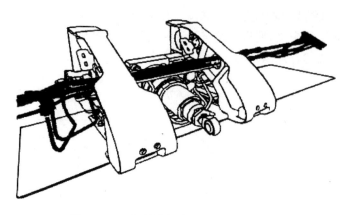

图 4-6　飞机结构综合性的数字化预装配

型的标准件有:连接件、紧固件、垫片、垫圈、轴承、液压系统管接头和夹紧件。设计人员在设计过程中在计算机系统上可以直接提取它们,并且利用成组技术对飞机上已用过的零件也建立一个库。这样可以省掉重新进行工艺计划、工装设计和制造、数控编程以及其他有关发放一个新零件的耗时费工的工作,大大节省了设计时间,提高了工作效率。

4.2.2　数字化飞机协同研发过程

在传统的飞机生产过程中,工艺人员在获得图样后需要首先制定装配协调方案,然后才能按照协调路线规定的次序依次开展工作,所以只能串行作业,并行作业受到很大限制。在现代数字化飞机制造过程中,工程技术人员可以基于网络化的协同工作环境,在同一数据源下,通过数据共享协同开展设计、工艺、工装等工作,以求尽早发现并解决设计、工艺、工装之间的问题,最大限度地保证并行产品数字化定义工作的质量和效率。图 4-7 所示是数字化飞机协同开发的大致过程。

根据航空公司、市场和销售提供的信息建立客户需求文档,即初始工作说明,并把它送入客户订货说明系统。产品协同设计组把初始工作说明输入综合工作说明系统(Integrated Work Statement System,IWS)中,以便拟订产品设计的第一阶段工作说明,即有关产品设计的基本数据。

制造部门利用这些工作说明确定产品的初始需求日期,然后把他们所须的工作说明(有关工艺计划、工装设计等数据)添加到综合工作说明(IWS)中。集成进度表(Integrated Scheduling,IS)系统利用初始制造需求日期建立工程综合进度表。然后,制造部门确定承诺交付进度表(Commitment Delivery Schedule,CDS),如图 4-7 的右上角部分。

工程设计部门随着总的设计工作的进展,随时更新综合工作说明 IWS。每个设计员利用数学化预装配方法在给定的空间里建立所有零件的三维数字化模型。数字化预装配类似于实物样件,要确定它们的对接界面,检查设计集成,确定有无干涉现象,安排管线系统并支持所有设计开发工作,如图 4-7 的左下角部分。

整个产品的开发以协同设计组的方式进行,在这一设计过程中允许制造计划、工装设计、生产车间、NC 编程、用户服务、协作对象、供应商及有关人员一起参加,如图 4-7 的中间部分。在此过程中产品协同设计组可以从制造部门来的成员和其他产品协同设计组参加者那里获得工艺性和维护性的反馈信息;制造计划部门可利用三维数字模型生成图解计划表;工装设计利用数字化预装配检查界面配合情况以及零件和工装、工装和工装之间有无干涉等。在产品协同设计组处理完一系列的反馈信息后,零件设计才算完成,才可把零件模型以数据集的形式发放到制造部门。

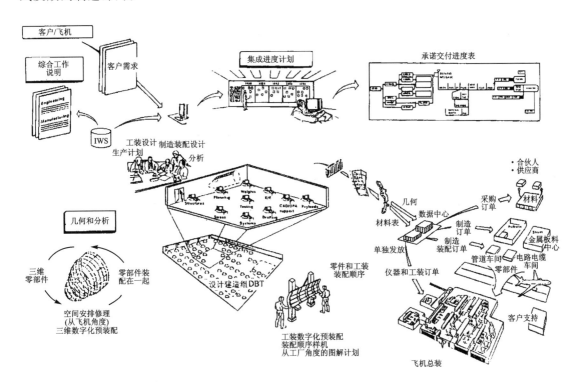

图 4-7　数字化飞机产品的研发过程

零件制造出来后,进行装配和总装工作,如图 4-7 的右下角部分,若还有少数零件有问题,工程设计组或产品协同设计组负责对零件重新评审设计,作适当修改,重新进行数字化预装配来检查干涉和配合情况并发放设计。

飞机制造完成后,进行飞行试验,鉴定合格后再交付给航空公司,用户服务部门支持飞机在它生命周期里的整个工作。

4.3　飞机数字化制造过程

4.3.1　数字化工艺规划

飞机数字化制造工艺规划大体上是与飞机的设计工作同时展开的,制造技术人员和设计员在同一协同设计组中并行工作。飞机数字化工艺规划主要包括以下内容:

1. 产品结构分解

在飞机产品的初步设计阶段,飞机的三维数字模型还是单一的整体模型,此时制造技术人员和设计人员(包括用户)一起,确定设计分离面和工艺分离面,把飞机整体模型分解成部件、组件和零件,以及基于这些零组件上的装配件和安装件,直到最后把飞机装配出来,如图 4-8

所示。设计人员、工艺计划人员和工装设计人员共同进行详细地设计改进、车间工作中心的工作分解以及其他有关制造工艺的研究和准备工作。

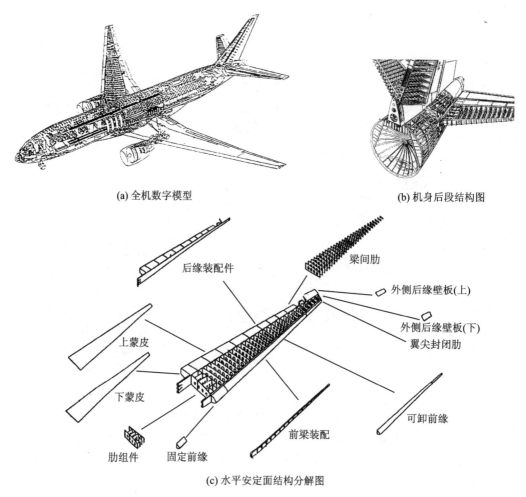

（a）全机数字模型 　　　　　　　　　　　　　　　　（b）机身后段结构图

（c）水平安定面结构分解图

图 4-8　飞机结构分解过程

2. 关键特征的确定

飞机结构分解以后，工艺计划人员和设计人员还需要共同确定零组件或装配件的关键特征 KC（Key Characteristics），如零件的允许公差范围、垂直度、平行度等。关键特征的数量和范围对以后减少零组件的制造问题有着十分重要的意义，对产品的性能和疲劳强度也有很大影响。因此，确定关键特征的工作极其重要，要慎重进行。在产品协同设计组的每个成员（设计、制造、工装、材料等部门）都有权参与确定大多数结构件的关键特征。在制造过程中从零件组装成组件，再由组件装配成部件，关键特征也是一个树形结构，它们之间是由上到下逐步定义和相互影响的。所以，在零件制造过程中的加工定位、装配过程中的定位基准选择，工装夹具的确定等都应细致考虑到关键特征。

图 4-9 所示为飞机机身段装配时关键特征的传递过程。机身段蒙皮外形（包括机身的外径和蒙皮形状）是关键特征之一，它是影响飞机飞行性能的主要因素。机身蒙皮外形的关键特

征将传递到壁板的装配件和隔框的装配件上,而机身蒙皮的形状又受到剪应变角材与蒙皮之间配合是否光滑的影响。因此,角材的角度以及隔框和壁板的外形都是关键特征。一般来说,装配件的关键特征将传递到组成它的零件上。

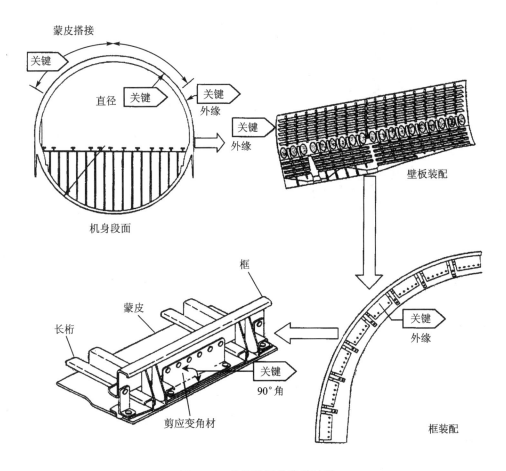

图 4 - 9　关键特征的传递过程

3. 三维工装设计

工装是在飞机零部件制造和装配过程中起支持作用的机械装置,包括各种模具、机加卡具、装配型架、测试设备、专用钻铆设备等。

工装设计和产品设计一样,首先也要进行三维实体建模,然后工装设计人员利用三维零部件模型进行工装的数字化预装配,检查零部件对工装以及工装对工装有无干涉和留有足够的空间,这样大大改进了装配的可行性和装配过程的可视性,如图 4 - 10 所示。

产品的数字化定义的应用,使工装设计员能很方便地把产品设计人员所关心的产品的可生产性、定位表面、尺寸和公差等信息反馈给他们,并和产品设计员共同检查零件的可生产性、关键特性及制造工艺方面的问题,以减少产品设计发放后的补充更改。

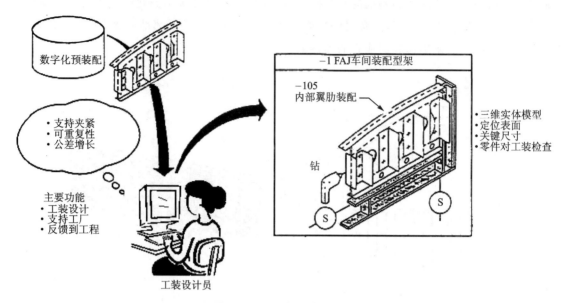

图 4-10　工装的三维建模

4.3.2　数字化工艺设计

飞机零件总体上可分为金属材料件和复合材料件,金属材料件又可分为钣金成形件和机械加工件。下面主要以飞机中大量采用的钣金零件的数字化工艺设计及特点为例进行介绍,关于机械加工零件和复合材料零件的数字化工艺设计请参考相关手册。

1. 钣金零件数字化制造工艺特点

随着数字化技术的应用,钣金零件制造信息传递方法从"模拟量传递"变为"数字量传递"。钣金零件制造过程中的"数字量"数据传递,可以使钣金零件工装的制造及钣金零件的检测采用"单一产品数据源"作为依据,协调环节少,尺寸精度高;同时还可以通过采用数字控制技术和设备,进一步提高零件的加工质量和效率。钣金零件制造信息的数字量表示和传递、钣金零件成形工艺的数值模拟、钣金零件加工和检测环节的数字控制、钣金零件生产过程的数字化管理,都是钣金零件数字化制造的重要组成部分。

2. 数字化钣金零件工艺特征

钣金零件的工艺性主要由几何特征和材料性能决定,钣金零件的工艺特征,可以认为是某种给定材料的钣金零件中与特定成形方法相关联的结构要素或材料区域的表达。在数字化制造过程中可以通过在零件的三维模型中对零件的工艺特征进行识别并进行数字化表达来进行工艺设计。

钣金零件工艺特征的识别包括几何特征和材料特征。对于几何特征,可按零件数模将特征分为若干个互不影响的基本几何特征,由基本特征确定该特征的参数。钣金零件的典型几何特征包括:毛料长度(外径)、零件截面形状、曲率中心、弯曲半径、弯曲角度、弯边高度和变形方式等。对于材料特征,可将材料信息设为可选参数,典型的材料特征主要包括材料牌号、材料厚度、热处理状态和批次等。钣金零件的工艺特征信息分解如图 4-11 所示。

下面以某一液压成形件为例,说明钣金零件工艺特征的数字化表达。图 4-12 所示的液压成形件由四个基本特征(一个直弯边、一个凸弯边和两个翻孔)组成,零件的基本特征及参数如表 4 - 1 所列,特征的几何特征及参数值描述如图 4 - 13 所示。

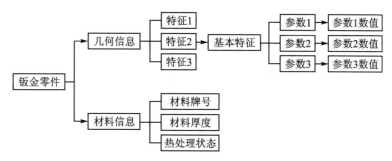

图 4 - 11　钣金零件的工艺特征信息分解

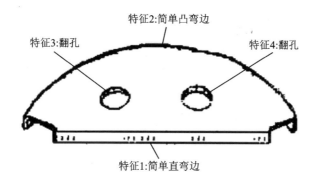

图 4 - 12　液压成形件特征组成

表 4 - 1　液压成形件基本特征及参数

基本特征	描 述	基本特征编号 (编号-缩写)	参数及编号	示意图
简单直弯边	等弯曲角度的直弯边	01 - ZW	圆角半径 R, 弯边高度 H, 弯曲角度 Ang, 弯边长度 L, 弯边方向 dir, 内折 ov	
简单凸弯边	等曲率的凸弯边	02 - TW	圆角半径 R 曲率半径 Rc 弯边高度 H 弯曲角度 Ang 弯边长度 L 弯边方向 dir 内折 ov	

续表 4 - 1

基本特征	描　述	基本特征编号 （编号-缩写）	参数及编号	示意图
翻孔（减轻孔）		03 - H	孔径 R 翻孔高度 H 方向 dir	示意图略
备注	参数弯边方向 dir 表示弯边特征相对于其他弯边的方向,dir＝1 为正方向,dir＝－1 为反方向;内折 ov 表示弯边结构是否有内向折回,ov＝0 时无,ov＝1 时有。			

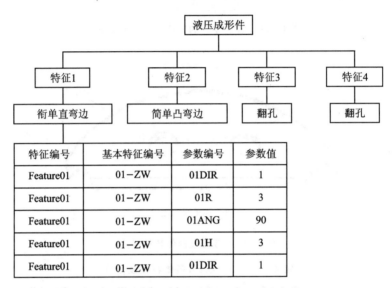

特征编号	基本特征编号	参数编号	参数值
Feature01	01－ZW	01DIR	1
Feature01	01－ZW	01R	3
Feature01	01－ZW	01ANG	90
Feature01	01－ZW	01H	3
Feature01	01－ZW	01DIR	1

图 4 - 13　液压成形件几何特征及参数值

3. 数字化工艺信息模型

钣金零件制造中,工艺信息是指与钣金零件制造过程相关的,作为具体钣金零件制造直接依据的,以工艺方案、加工路线和工艺规程等文件为载体的工艺信息集合,包括钣金零件的加工对象、加工方法、加工步骤、加工设备技术要求等方面的信息。工艺信息是钣金零件制造信息的重要组成部分,工艺信息的完整、准确和快速传递对缩短钣金零件生产准备周期有显著作用,工艺信息数字化是钣金零件数字化制造的重要环节。

钣金零件数字化制造过程中,各种信息均以数字化形式表达、存储、传递和交换。数字化工艺信息包含的信息可以分为几何信息和非几何信息两大类。其中用于制造的几何信息,是在零件设计模型的基础上,添加制造依据与协调信息、工艺信息后获得的。制造依据与协调信息包括展开信息、制造定位孔、装配定位孔、装配余量、回弹修正等。这些信息都可以通过几何形式来表达,并组织在一个名叫"制造依据与协调信息"的几何模型集中。

非几何信息包括组成工艺过程的各工序的相关信息。每个工序关联的信息包括:工序编码、工序名称、操作说明、执行规范、操作部门、资源名称(包括设备、工装、刀具等)、资源编号、详细参数。非几何类型的工艺信息加载在几何模型集中,每个工序的信息采用节点属性参数数据格式放在与几何模型对应的规范树下,具体结构如图 4 - 14 所示。

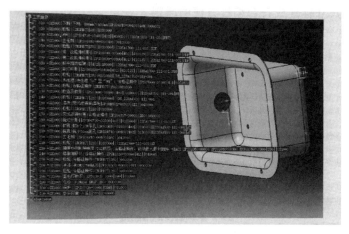

图 4－14　某钣金零件工艺信息模型

工艺规划人员根据需求,对每个工序所对应的轻量化的三维模型进行标注,以方便工人理解。工艺指令均以零件 MBD 模型作为数据源,当发生工程更改和构型更改后,可以保证工艺指令和各种文档数据的一致性。

4.3.3　数控加工

1. 数控加工工艺特点

产品的数字化定义过程使数控加工程编人员在产品设计发放以前就可以在产品协同设计组中构造数控加工表面,定义零件数控加工所需要的线框和表面模型,并且可以在计算机上进行数控加工过程的模拟,验证所设计的走刀路线是否正确。数控编程人员和产品设计及制造工艺人员协同工作的数字化定义模式,考虑到了数控加工过程的各种问题,包括零件的表面定义是否有利于数控加工、加工过程的工艺问题、有无刀具干涉和过切等情况。因此,有利于提高生产效率,减少设计更改和返工现象,对缩短整个制造周期也十分有利。

在进行数字化设计时,为了充分发挥数控加工的作用,加工工艺设计应遵循以下设计原则。

(1) 零件的结构工艺性应符合数控加工的特点

① 应采用统一的定位基准。在数控加工中,若没有统一的定位基准,会因工件的重新安装而导致加工后的两个面上的轮廓位置及尺寸不协调。另外,零件上最好有合适的工艺孔作为定位基准孔,若没有设置工艺孔作为定位基准孔或无法制造出工艺孔时,也要以经过精加工的表面作为统一基准,以减少两次装夹产生的误差。

② 零件的内腔和外形应采用统一的几何类型和尺寸,以减少刀具规格和换刀次数,使编程方便、生产效率高。

③ 内槽圆角的大小决定了刀具直径的大小,因此内槽圆角半径不宜过小。转角圆弧半径大,可以采用较大直径的铣刀加工;加工平面时,进给次数也相应减少,表面加工质量也会更好,因此工艺性较好。

④ 铣削零件底平面时,槽底圆角半径不宜过大。槽底圆角半径越大,铣刀端刃铣削平面的能力越差,效率也越低。

（2）零件图的尺寸标注应符合编程方便的原则

① 在数控加工零件图上，应以同一基准或直接给出坐标尺寸，这种标注方法既便于编程，也便于尺寸之间的相互协调，并保证设计基准、工艺基准和检测基准与编程原点设置的一致性。

② 构成零件轮廓的几何元素的条件应充分。在手工编程时，要计算每个基点坐标。在自动编程时，要对构成零件轮廓的所有几何元素进行定义。因此，在分析零件图时，要分析几何元素的给定条件是否充分。

③ 应对零件所要求的加工精度、尺寸公差、有无引起矛盾的多余尺寸或影响工序安排的封闭尺寸进行分析。

2．数控编程流程和方法

（1）数控编程流程

数控加工编程的基本流程包括：确定编程依据、建立工艺模型、定义加工操作、生成刀位轨迹、加工轨迹仿真、后置处理、数控加工程序仿真模拟、数控加工程序校对检查、发放现场加工和数控加工程序定型等。数控编程基本流程如图 4－15 所示，其中各流程的含义如下。

① 编程依据确定。数控编程依据主要包括零件的三维模型、工程图样以及数控工艺规程，从上述依据中可以得到的信息有：零件的相关内容、加工过程的工艺方案、加工过程中使用的数控机床类型、加工刀具等。

② 建立工艺模型。在零件三维模型和工程图样的基础上进行工艺模型的设计，主要包括：零件三维模型的修剪、建立工艺参考面、建立工艺定位孔、压板位置设计和加工面的余量处理等。

③ 定义加工操作、生成刀位轨迹。主要包括：定义编程坐标系，充分考虑加工材料特性、刀具切削特性、机床切削特性和零件需要去除的材料状况等，同时根据工艺要求定义加工方式、工艺参数并生成刀位轨迹。

④ 后置处理。主要包括：需要生成专门的数控系统能够识别的专用加工程序，同时要选择专门的后置处理软件；后置处理软件的开发或定制，要结合所使用的数控系统和机床运动结构类型。

⑤ 数控加工程序仿真验证。利用数控仿真软件，对整个加工过程进行模拟仿真，从而实现数控加工程序的有效验证，确保加工程序的准确性。

⑥ 数控加工程序校对检查。数控加工程序需要完整、正确、统一和协调从而能够使程序操作者正确使用该程序，正确加工出产品。数控加工程序应能保证整个过程的合理性、安全性和稳定性。

⑦ 数控程序现场试加工及加工程序定型。对一些工艺性复杂、加工难度大、尺寸精度高或者批量大的零件，要组织数控编程人员、车间工艺主管人员、操作人员和检验人员等对现场试加工情况进行跟踪、记录，以便及时更正不合理的装夹定位方式和切削参数等。

（2）数控编程方法

在数控机床上加工零件时，需要把被加工零件的全部工艺过程、工艺参数和位移数据编制成加工程序，以代码的形式记录在控制介质上，通过数控机床的控制系统来控制机床，实现零件的全部加工过程。目前，编制数控加工程序的方法可分为手工编程、语言编程和图形编程三大类。

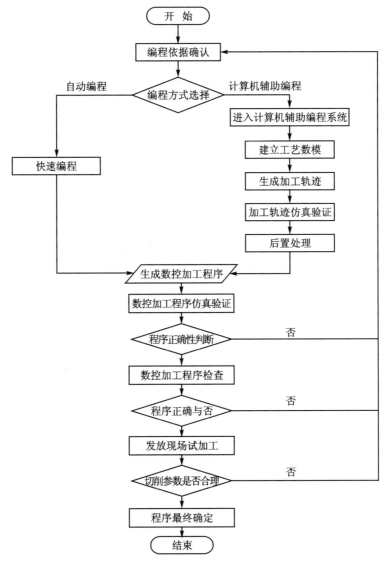

图 4 - 15　数控编程基本流程

①　手工编程。手工编程是指手工计算或借助计算机计算出编程所需要的数据后,针对指定的数控机床控制系统所规定的指令代码编制加工程序单,完成控制介质的制作。手工编程只局限于简单结构零件的数控加工程序编制,对具有复杂型面外形的航空结构件很难实现程序编制。

②　语言编程。语言编程是借助数控编程软件,用数控专用语言以批处理命令的形式描述被加工零件加工部位的几何形状和刀具的运动过程,编制成加工程序的源程序,然后将其输入计算机,通过自动编程系统编译、运算并输出刀具中心轨迹数据,形成刀位文件,再经过后置处理,将该刀位文件数据转换成指定数控机床规定的控制指令和程序段格式加工程序。航空结构件数控加工所用的语言编程软件,大多是在 ATP(Automatically Programmed Tools,自动编程工具)的基础上发展起来的。

③　图形编程。随着计算机技术的发展,航空结构零件开始采用交互式 CAD/CAM 软件

系统,使零件的制造依据以比二维图样更直观的零件真实尺寸和实体造型等图形信息显示出来,并存储在计算机内,这样编程人员不需要熟记大量的 ATP 词汇来编制描述零件加工过程的冗长的加工源程序。零件的几何定义及其工艺处理,均可按屏幕操作指令,即人机交互方法直接进行屏幕操作,指定具体的加工几何元素以及走刀过程,直到看到正确的刀具运动轨迹模拟显示为止。图 4 - 16 所示为在 CATIA 软件平台的数控编程过程中刀具路径设置、刀路仿真和输出 NC 程序的过程示例。如图 4 - 16(a)所示,可通过点击工具栏中的 Facing 按钮,对起点进刀、终点退刀、退刀安全平面再进刀、连接退刀、进刀等进行设置。如图 4 - 16(b)所示,可对刀路和切削过程进行仿真,图 4 - 16(c)所示为输出 NC 程序的对话框。

图形编程不仅节省了繁琐的数值计算、数据传递、编写源程序等大量的时间,而且通过图形信息直接传递减少了多环节上的人工干预误差。

图形编程与语言编程都属于计算机辅助编程,二者的最大区别在于,前者可以直接从 CAD/CAM 数据库中取出零件的图形几何信息,不再需要编制描述零件加工部位的几何构型和刀具对应的加工运动的源程序,不以图样为制造依据而是以直观的零件实体模型为制造依据,在与计算机屏幕采取人机对话过程中完成编制程序的任务。目前在航空产品设计中三维 CAD/CAM 软件(如 CATIA、UG 等)得到普遍应用,这些软件具有强大的曲面造型、实体造型功能和数控编程功能,为图形编程提供了有力的支持,已经广泛地用于航空结构件数控加工的程序编制。

航空结构件构型特征非常典型,如整体壁板、框、梁、肋等零件,均是由零件主体和若干类局部结构要素组成,因此可以归纳为典型的加工特征,并通过基于特征的快速编程方法,采用典型的加工方法和切削参数,提高工艺决策和数控编程效率以及数控编程的自动化和智能化程度。

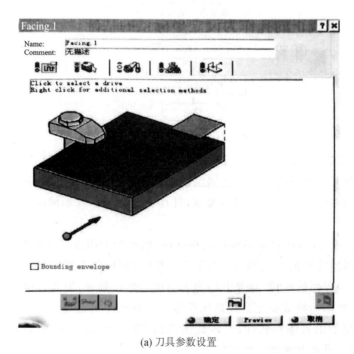

(a) 刀具参数设置

图 4 - 16   图形数控编程典型过程示例

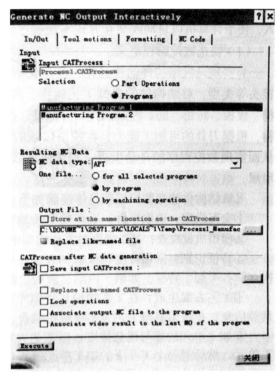

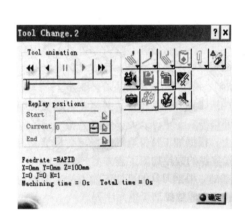

(b) 刀路仿真　　　　　　　　　　　　(c) 输出NC程序

图 4-16　图形数控编程典型过程示例(续)

4.3.4　数字化制造地面支持及保障设备

1. 工厂车间布置和地面支持装备

制造工程部门定义产品零组件和工装的三维数字化模型的同时,还可以构造整个车间的三维模型和地面支持装备的三维实体模型。这样,在计算机上可以模拟零部件装配和地面支持装备的数字化预装配,直至整架飞机的装配过程。验证零组件对工装和工装对工装的界面,工装的机构运动情况,运输设备在车间内的移动,甚至整架飞机在工厂内移动情况,如图 4-17 所示。

2. 基于产品数字化定义的制造工程计算机系统

基于产品数字化定义的制造工程计算机系统大体上包括制造装配工艺系统、进度计划系统、订单系统、库存管理和零件短缺处理和跟踪系统等几个子系统。在对产品进行了全数字化定义后,这些子系统才能被有机地集成在一起,而这些系统的初始数据都来自产品协同设计组的综合工作说明系统 IWS。IWS 中包括产品结构、制造工艺、工装设计等方面的信息,由它进一步生成自动零件表 APL,在 APL 表中有详细的零部件结构、制造方法、工艺规范以及有关材料参数等多项信息。经自动零件发放系统后,产品信息即可实现对公司各职能部门的共享。

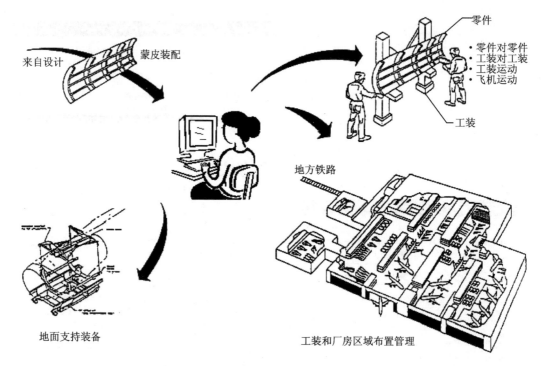

图 4 - 17　工厂车间布置及地面支持装备

4.4　并行协同模式在飞行器制造中的应用

4.4.1　并行工程

1. 并行工程的概念

并行工程（Concurrent Engineering CE）亦称同步工程（Simultaneous Engineering），是一种思想和系统方法，它以集成的、并行的方式设计产品及其相关过程，包括对制造过程、支持过程的设计。并行工程要求由市场、工程、制造和财务等方面的人员组成的多职能产品协同设计组研究产品设计、制造工艺和使用性能的各种备选方案，然后在计算机上对这些备选方案进行建模仿真。仿真可以对每个备选方案进行分析，然后优选出一个方案，并可在详细图纸发放前把各种改进建议纳入设计过程。这种方法的目的是使产品开发人员从一开始的概念形成到投放市场的整个产品生命周期中，就要考虑到质量、成本、开发时间和用户需求等所有组成因素。

长期以来，产品开发过程一直采用串行工作模式，其工作流程如图 4 - 18 所示。即首先由设计部门设计产品、产生工程文件（如工程图纸）；然后由生产部门读懂这些文件，根据这些文件进行生产准备工作和拟订工艺规划（如加工工艺、装配工艺等），并组织设备和人力，安排生产，有时还须设计和制造专用夹具；质检部门依据有关技术要求制定检验计划；最后编写有关产品的使用和维护技术文件，交付产品。这种串行工作模式的缺陷在于：在设计过程中不能及早考虑制造过程及质量保证等问题，造成设计制造和使用严重脱节，使产品开发过程成为设计、加工、测试、修改设计大循环，产品设计通过重复这一过程趋于完善，最终满足用户要求。

这种方法不仅造成设计改动量大、产品开发周期长,而且使产品成本高。在目前这种竞争激烈、产品更新换代快的市场条件下,这种方法的缺陷已经严重威胁着企业的发展。

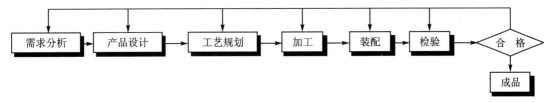

图 4-18　串行工作模式(流程)

为解决上述问题,仅通过改进产品的生产过程所取得的效果甚微,只有改进产品的开发过程才是最佳方案。据调查分析,企业组织结构的改进是企业从应用技术中获得更大潜在效益的重要因素,改进产品的开发过程比改进产品的生产过程获得的效益更为显著。因此,在计算机技术、数字化建模技术及互联网技术的支撑下,企业开始进行并行工程的设计制造模式,并取得了显著的效益。

并行工程通过集成企业内的一切资源,使生产的整个过程在设计阶段就全面展开,以确保设计和制造的一次成功率。并行工程的关键是产品及其相关过程设计工作的集成,相关过程包括市场分析、原材料采购、产品成本估算、加工、装配、检验、销售、售后服务以及报废处理等,产品开发过程中的各阶段工作交叉、并行进行。这种工作方式依赖于产品开发中各学科、各职能部门人员的相互合作、相互信任和信息共享,通过彼此间有效地通信和交流,尽早考虑产品整个生命周期中的所有因素,尽快发现并解决问题,以达到各项工作的协调一致。并行工程的工作流程如图 4-19 所示。

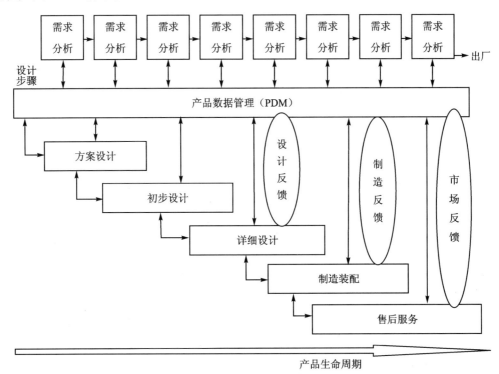

图 4-19　并行工作模式

并行工程在设计阶段集中有关产品研制周期的各部门的工程技术人员进行产品和有关过程的设计，并对产品性能和有关过程进行计算机仿真、分析和评估，提出改进意见，以取得最优的结果。通过这一策略，不仅实现了产品的设计优化，而且使整个产品开发过程得到优化。

图 4－20 所示为串行工作模式与并行工作模式的比较，从图中可以看出，现在的数字化设计通过采用并行设计，比以往串行设计大大节省了时间，缩短了设计周期，从而使成本大为降低，这对制造企业在市场竞争中获取优势至关重要。

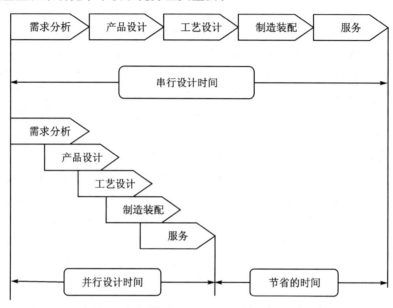

图 4－20 串行工作模式与并行工作模式的比较

2．并行工程的最终目标

并行工程是一个复杂的系统工程，通过这种全新的设计与研发模式，并行工程最终要实现的目标如下：

（1）提高产品及其开发全过程（设计／工艺／制造／服务）的质量

并行工程强调产品质量不应靠检验来保证，而是要将质量融于其设计与制造的全过程。亦即以优化的产品设计和制造过程保证产品质量。设计与制造过程的不断完善和提高，是产品质量的有力保证。

（2）降低产品整个生命周期的成本

并行工程追求的降低成本是指降低产品整个生命周期的成本，它不仅包括设计、制造、装配、检验等的成本，还包括产品使用过程中能源、维修等的消耗。虽然并行工程强调的"一次成功"使设计过程的成本有所增加，但由于产品生产成本的 70％和产品生命周期总成本的 80％～90％是由设计阶段决定的，因此，设计阶段所获得的最优设计方案对于降低产品生命周期总的成本意义显著。此外，并行工程采用计算机仿真技术，对"软样品"和生产过程进行仿真，省去了以往设计制造样品的反复过程，从而也可以使成本大大降低。

（3）缩短产品开发周期

并行工程通过提高产品设计质量，减少了再设计工作量和反复过程；同时通过并行开发优化的生产过程,不仅可以缩短设计周期,而且有利于提高生产效率。此外,由于与产品有关的生产过程在设计阶段就已确定,一系列的生产准备工作可大大提前进行,可以缩短生产准备时间,从而缩短产品的开发周期。

据综合统计,采用并行工程后,产品的效益主要体现在以下几个方面:

① 改善了产品质量:制造缺陷下降了87%,外场故障率下降了83%。

② 缩短了研制和生产准备时间:产品研制时间缩短了60%,生产准备时间减少了10%。

③ 优化了产品研制过程:产品设计及其制造过程的一体化设计,使工程更改与图纸更改减少,早期的生产工程更改量减少了50%,备件贮存减少了60%,工程原型机的制造工作量减少了30%,废品和返工减少了87%,制造成本降低了30%~40%。

图 4-21 所示为采用与未采用并行工程的工程更改量的比较,从图中可以看出,与传统工程方法相比,并行工程的更改量明显减少,且大部分更改在产品交付以前完成。

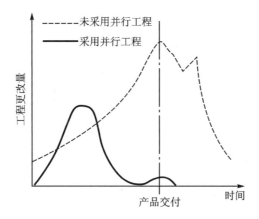

图 4-21　采用与未采用并行工程的工程更改量比较

3. 并行工程应注意的问题

并行工程是在保证产品质量的前提下,尽量追求低成本、短周期、高效益,因此,并行工程在实施过程中应注意以下几个方面的问题:

① 并行工程不能随意取消一个完整的工程过程中现存的、顺序的、向前传递信息的任一必要环节,所有的下游过程都是为了完成费效比最优的联合设计。

② 并行工程不是同时或交叉地进行设计和生产。并行工程要求同时进行产品及其下游过程设计,而不是设计产品的同时执行生产过程。相反,并行工程强调所有设计工作要在生产开始前完成。

③ 并行工程不仅是可加工性设计,也不仅仅是可靠性和可维护性设计,其包括产品的美观性、可装配性、耐用性甚至产品报废后的可处理性等更多需求能力的设计,其目的是优化设计。

④ 并行工程不同于保守设计,保守设计通过使用减少零件、冗余技术、紧公差等方法寻求鲁棒性。而在并行工程中,鲁棒性的实现是通过对大量过程优化和确定怎样用低成本零件达到预期的目标值。

4.4.2 并行工程的关键技术

要实现并行工程的最终目标,需要从两个方面来保证:一是从管理方面;二是从技术方面,两者相辅相成,缺一不可,前者是基本前提,后者是技术支持。

管理方面主要是建立跨部门多专业的新产品开发团队,此团队应包括市场、设计、工艺、制造、采购、销售、维修服务等各部门的人员以及客户、供应商和社会某些职能部门或单位(如环保部门,法律咨询)的代表。这样组成交叉团队可以将解决问题的阶段转移到概念设计阶段,并能消除来自不同部门对设计变更的对抗,更有效地应对产品需求的意外变化。

技术支持方面应包括:CAX 技术(CAD/CAB/CAPP/CAE 等)、DFX 技术(DFA/DFM/DFC 等)、PDM(Products Data Management)产品数据管理系统、综合协调技术等,其中 DFX 和 PDM 是其核心技术。

1. CAX 技术

CAX 是 CAD、CAM、CAPP、CAE 等的简称。CAX 用以辅助开发和评估各种有关复杂产品及其工艺设计方案。在并行工程中,CAX 工具之间的交互是动态的、随机的,如在产品设计过程中的任一时刻,CAD 都可以要求后续系统对当前的设计做出评价,以改进当前设计,并继续下一步的设计。CAX 之间的这种交互性比传统的 CAX 系统要频繁、复杂得多。而且,其中信息的流向是双向的。此外,在产品设计阶段,不可能包括全部的详细信息,因此,并行工程中 CAX 系统还要能从这些不完整的信息来确定设计的可行性。换句话说,系统必须具有较高的智能化程度,具有一定的思维能力,能进行模糊的逻辑推理。

2. DFX 技术

DFX 技术思想贯穿企业开发过程的始终,涉及产品开发制造、装配、检测、维护、报废处理等各个阶段。包括 DFM(Design for Manufacture)面向制造的设计、DFA(Design for Assemble)面向装配的设计、DFC(Design for Cost)面向成本的设计、DFT(Design for Test)面向测试的设计、DFS(Design for Several)面向维护的设计、DFE(Design for Environment)面向环境的设计等,而 DFM 和 DFA 又是 DFX 的关键技术。DFM 是指在产品设计阶段尽早地考虑与制造有关的约束(如可制造性),全面评价产品设计和工艺设计,并提出改进的反馈信息,及时改进设计。在 DFM 中包含着设计与制造两个方面,传统上制造都是考虑设计要求的,但是设计考虑制造上的要求不够充分,在 DFM 中必须充分考虑制造要求,一般通过可制造性评价来实现。DFA 与 DFM 类似,它是将可装配性在设计时加以考虑,设计与装配在计算机的支持下统一于一个通用的产品模型,来达到易于装配、节省装配时间、降低装配成本的目的。

3. PDM 技术

产品数据管理系统(PDM)应用先进的计算机网络技术、数据库技术来解决设计信息管理,是并行工程在企业实施所必备的一项先进技术,是协助工程技术人员管理产品数据及开发过程的工具。

产品数据共享是企业生产过程自动化的基础,也是实施并行工程的基础。从产品数据管理的对象来看,主要分为两大类:一类是有关产品的定义信息,包括几何、拓扑、特征、精度、规范、工艺和性能等方面的信息;另一类是产品结构、开发过程相关的管理信息。

PDM 的目标是对并行工程中的共享数据和产品开发过程进行统一的规范管理,保证全局产品数据的一致性和开发过程的协调管理,并提供统一的数据库控制界面,使协同设计组能在一个统一的界面下工作,而不必关心应用程序运行在什么平台上以及物理数据库的数据模型及存储位置,保证在不同的计算机硬件上运行的有关产品的数据异构文件,设计人员可方便地检索和存取。

产品模型数据的标准化,又是实现产品数据管理、产品数据共享的基础。由于要求数据的开放性,必然要采用面向对象(O－O)的技术来发展产品数据管理技术。产品数据交换国际标准 PDES/STEP 正是在上述指导下发展起来的,目前已被产业界接受,成为发展新一代企业产品数据交换和集成的基础。

4. 综合协调技术

在并行产品开发过程中,人员组织也要作相应的调整,须将来自各部门的开发人员分成许多协同设计组。这些小组可能分布在不同的地区使用异构计算机进行工作。显然,为使这些小组有效地协同工作,系统必须具有协调功能,保证把正确的信息在正确的时刻、以正确的方式送给正确的人,以便做出决策、修改或认可,从而保证并行工程总目标的实现。

4.4.3　并行协同的研制模式

为了实现并行工程,首先要实现设计人员的集成,"协同工作(Team work)"是并行工程系统正常运转的首要条件,需要组织一个包括与产品开发全过程有关的各部门的工作技术人员的多功能小组,小组成员在设计阶段协同工作,设计产品的同时设计有关过程。为了保证小组成员之间良好的信息通信和协同的工作环境,集成的并行协同环境是必不可少的,它是实现并行工程系统的关键。并行协同环境是集设计、分析、仿真等工具于一体的计算机集成框架或平台,以分布式、通过网络建立联系。

1. 并行协同环境的特点

并行协同环境有以下特点:

① 统一的产品模型:统一的模型是实现集成的关键,它保证产品信息的唯一性,使设计人员使用"同一种语言"针对同一产品进行信息交流和数据操作。这不仅要求有统一的产品定义模型,还要有统一的知识表达模型,以表达产品制造、设备、管理等知识。

② 分布式环境:各部门技术人员不可能同时在一台计算机上工作,它们分别在各自的工作站或微机终端上共享统一的产品模型,利用各自的 CAD、CAPP、CAM、CAE 等系统进行设计、分析、仿真、评估并提出改进意见,计算机网络工具和分布式知识库保证它们之间的信息传递。

③ 开放式界面:不同的设计人员要进行协同作业需要一个良好的用户界面来实现 CAD/CAPP/CAM/CAE 等系统的集成,管理数据库和知识库,处理大量的、相互关联的产品生命周期信息,使产品开发人员从各自的角度分别解决同一产品的设计问题。

④ 功能强大的应用支持系统:智能控制的应用支持系统必须具有调度各产品设计、仿真模块、协调设计中的冲突问题的能力,控制各个用户对产品数据和知识的操作权限。同时对设计进行评估,指出存在的问题,提出企业所能达到的改进目标。

2. 并行协同的研制模式

在飞机研制过程中有两个方向的并行协同问题,一个是在工程设计阶段的多学科协同设计,可看作是"横向"的协同,它主要体现在多学科协同优化设计 MDO(Multidisciplinary Design Optimization),涉及 CAD、CAE 和 CFD 以及设计人员等各方面的协同上;另一个是研制过程的设计、制造和使用维护的"纵向"并行协同,它主要体现在 CAD、CAM 和使用维护的协同上。在这一先进思想的指导下,无论是波音和空客公司,还是洛克希德·马丁公司都从根本上实现了由传统的串行研制模式向高度并行协同的研制模式转变。

20 世纪 90 年代,B777 客机首开全数字化设计与制造的先河,把人类对无纸化生产的憧憬变成了现实,在这个巨大的成功背后是前所未有的数字化协同工作环境,是 8 000 多人组成的 238 个独立团队高效率、并行协调地工作,完成对 10 万余个零部件的数字化定义,实现了整机的数字化预装配。数字化协同不仅获得了技术上的进步,更重要的是为波音公司带来了丰厚的回报,使 B777 提前投入市场,创造了航空制造史上的奇迹。

美国空军 F-35 战斗机的 JSF 研制体系面向四个军兵种的三种飞机的快速变形设计,三种变形飞机在同一生产线上的生产与装配,在全球协同平台上进行技术、系统、过程、人员与信息的全面集成。洛克希德·马丁公司以基于协同平台的全球化虚拟企业和覆盖飞机全生命周期的数字化技术,赢得了新一代联合攻击战斗机的研制任务。JSF 飞机研制联合体通过构建跨越 17 个时区的协同网络,把全球 30 多个国家的 50 多家公司的 5 万名工程技术人员协同在同一信息化的平台上,使 F-35 战斗机设计时间减少了 50%,工装减少了 90%,零部件数量减少了 50%,制造周期缩短了 67%,制造成本降低了 50%,使用维护成本降低了 50%,使新一代联合攻击战斗机总装一次完成,研制周期从原来的 42 个月缩短至 24 个月,创造了航空史上的奇迹,成为一个值得学习借鉴的异地协同制造的典范。

总之,飞机的研制过程是一个庞大的系统工程,必须走多厂所联合研制的道路,充分发挥各厂所的优势,共享产品开发的资源和经验。异地设计、制造、管理与协同工作是未来航空工业发展的必然趋势。

思考题

1. 飞机数字化设计与制造的内容有哪些?
2. 什么是 CAD/CAE/CAPP/CAM/PDM? 它们之间有何关系?
3. PDM 在数字化制造过程中起到什么作用?
4. 什么是飞机数字化定义? 具体包括哪些内容?
5. 飞机数字化一级、二级和三级样机各有何特点?
6. 飞机数字化预装配包括哪几个阶段?
7. 数字化钣金零件的工艺特征包含哪些内容?
8. 飞机制造过程中串行工作模式和并行工作模式各有何特点?
9. 并行工程的最终目标是什么?

第5章 飞行器装配工艺

5.1 飞机装配的基本问题

　　飞机装配过程就是将大量的飞机零件按图纸、技术条件进行组合、连接的过程,是飞机制造的主要环节。装配时,首先将零件装配成组合件和板件(如翼肋、隔框、翼梁等),然后将组合件和板件装配成段件(如机翼前后段、机身前后段等),再进一步装配成部件(如机翼、机身等),最后将各部件对接成为整架飞机。在装配过程中,需要把发动机、起落架、设备、仪表及各种操纵、液压、冷气、燃料、电气等系统准确地安装在飞机壳体上。装配和安装完毕的飞机还要经过严格的检查、试验、试飞。

　　在一般的机器制造中,装配和安装工作的劳动量只占产品制造总劳动量的 20% 左右,但由于飞机结构复杂,零件及连接件数量多,零件刚度小,质量要求高,因而飞机装配的工作量大,周期长,飞机装配工作的劳动量约占整个飞机制造劳动量的 45%～60%,装配和安装工作的周期占全机生产周期的 50%～75%。因此,飞机装配工作在飞机制造过程中占有相当重要的地位,提高飞机装配和安装技术水平在飞机制造中具有重要意义。

5.1.1 设计分离面与工艺分离面

　　飞机的机体由几十万甚至上百万个零件组成。根据使用功能、维护修理、运输等方面的需要,设计人员对整架飞机在结构上要划分为许多部件。如图 5-1 所示的飞机的机身、机翼、垂直尾翼、水平尾翼、襟翼、副翼、升降舵、方向舵、发动机舱、各种舱门、口盖等,它们之间的连接一般都是采用可拆卸的连接。这些部件之间所形成的可拆卸的分离面,称为设计分离面。设计分离面是为结构和使用需要而划分的,故也叫使用分离面。

　　设计分离面划分的部件或组合件,具有外场更换、拆卸检查和维护的要求,因此要求具有较高的互换性。如在更换时须对产品作补充加工,还应考虑这些补充加工工作能在外场条件下进行,并保证产品的质量和安全。

　　在装配过程中,为了生产需要,还将飞机结构进一步划分,即将部件划分为段件,段件再进一步划分为组合件和板件。如图 5-2 所示的机翼的前后段、翼肋、翼梁、壁板、翼尖等,这些板件、段件或组件之间一般采用不可拆卸的连接。这种分离面是为满足工艺过程的要求而划分的,故称为工艺分离面。

　　工艺分离面划分的各装配单元首先应具备生产互换性。当前飞机生产已进入国际分工协作的时代,同一型号的产品由多个国家的几十家工厂共同生产。因此,分工范围就不是按设计分离面简单划分,而是按零件、组合件、部件划分。

　　合理划分工艺分离面以后,可以明显改善飞机制造工艺性,主要体现在两方面:

　　① 增加了平行装配工作面,为提高装配工作的机械化和自动化程度创造了条件。

　　目前国内外已大量使用各种型式的自动铆接机,而现有铆接机一般只适用于板件结构,故部件板件化的程度已成为评定结构工艺性的重要指标之一。自动铆接机自动化程度很高,可

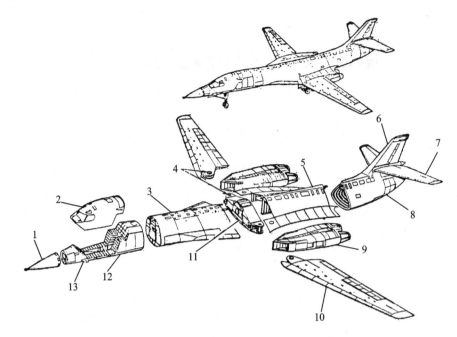

1—雷达天线罩;2—乘员(救生)舱;3—中机身前段;4—变后掠翼枢轴区;5—中机身后段;
6—垂直安定面;7—水平安定面;8—后机身;9—吊舱(每吊舱两台发动机);10—外翼;
11—机翼贯穿部分;12—前机身;13—低空飞行操纵舵

图 5-1　B-1 飞机结构分解图

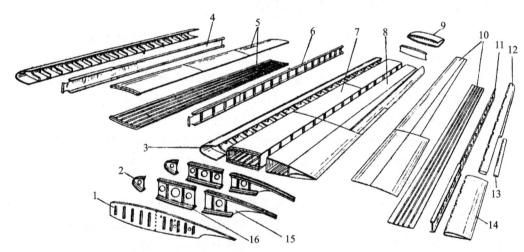

1—翼肋;2—翼肋前段;3—机翼前段;4—机翼前梁;5—机翼中段上、下板件;
6—机翼后梁;7—机翼中段;8—机翼后段;9—翼尖;10—机翼后段上、下板件;
11—机翼后墙;12—副翼;13—副翼调整片;14—襟翼;15—翼肋后段;16—翼肋中段

图 5-2　机翼划分为段件和板件示意图

自动进行钻孔、锪窝、送铆钉、铆接以及铣平埋头铆钉钉头等。铆接机上的自动调平专用托架在计算机控制下可以自动调平,自动确定钉孔位置,还可以进一步自动调整工艺参数,大大提高了装配工作的机械化和自动化程度。

②　改善了装配工作的开敞性,因而提高了装配质量,缩短了装配周期。

以铆接结构为例,当结构划分为板件后,由于开敞性好,连接工作可以采用机械化设备,用压铆代替锤铆,不仅改善了劳动条件,提高了产品质量,还缩短了装配周期。在现代飞机的结构中,有些部件的板件化程度高达 90%,在自动化生产的条件下,劳动生产率提高了 1.35～3.3 倍,装配周期缩短为原来的 2/3～3/4,连接工作的机械化系数提高到 80%。

　　应当指出的是,在飞机设计时,就应该从成批生产的要求出发考虑工艺分离面的部位、形式和数量,尽管在飞机设计时尚不能肯定是否投入成批生产,但当试制以后,一旦决定转入成批生产,到那时再要增减或修改各种分离面的部位和形式,将会发生很大困难,甚至是不可能的。

　　然而,设计上考虑了的工艺分离面,在生产中是否利用,即是否按此分离面将工件分散装配,还要取决于综合的技术经济分析结果。例如,若机翼前后梁处按设计有工艺分离面,则对于机翼装配可以有两种工艺方案:产量大时,可将机翼前后两段分别在两个型架上装配,然后此两段在机翼总装型架上与机翼中段的板件及翼肋等装配成机翼;试制或产量小时,为了减少型架的品种和数量,机翼前、中、后各段的装配就都在机翼总装型架上完成。

　　设计分离面的划分不仅要满足结构上、使用上和生产上的要求,还要满足强度、质量和气动方面的要求。因此,飞机结构划分工作在飞机设计过程中,是一项极为重要的设计任务,需要综合考虑各种因素,分析矛盾的各个方面,以求得合理的结构划分方案。

5.1.2　飞机装配准确度

　　飞机装配准确度是指装配后飞机机体及部件的几何形状、尺寸等实际数值与设计时所规定的理论数值间的误差。对于不同类型的飞机和飞机不同的部位,装配准确度的要求是不一样的。

　　飞机的装配准确度一般包括 3 个方面。

1. 飞机空气动力外形的准确度

　　飞机外形的准确度直接影响到飞机的空气动力性能。因为飞机结构是薄壁结构,大多数零件尺寸大,刚度小,因此飞机外形的准确度在很大程度上取决于飞机装配的准确度。一般来说,飞机翼面类部件比机身部件的外形准确度要求高;各部件最大剖面以前部分的外形准确度要比最大剖面以后部分要求高。图 5-3 所示为超声速歼击机各部件外形准确度要求。

　　飞机外形表面上的铆钉头、螺钉头及蒙皮阶差等局部凸凹不平度,即飞机外形表面平滑度也会影响飞机的气动性能。飞机外形表面平滑度的基本要求如图 5-4 所示,其中蒙皮间隙允许值是按平行和垂直气流方向分别规定的,对缝阶差允许值是按顺气流和逆气流方向分别规定的。

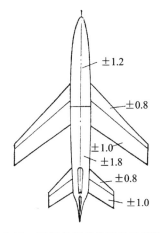

图 5-3　飞机各部件外形准确度要求

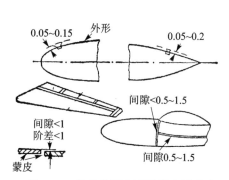

图 5-4　飞机外形表面平滑度要求

2．部件之间相对位置的准确度

飞机各种操纵机构的安装准确度将直接影响飞机的各种操纵性能。飞机装配后,应该保证运动机构和结构部分之间有必要的间隙。图 5－5 所示为副翼操纵舵面相对于固定翼面安装时应满足的阶差、剪刀差和间隙等位置准确度要求。

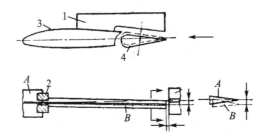

1—检验样板；2—型架；3—机翼外形；4—副翼外形；A—机翼；B—副翼

图 5－5　副翼相对于机翼的位置准确度要求

机身各段间相对位置准确度的要求主要是要保证同轴度。机身同轴度要求并不高,一般在几毫米以内,但必须保证各段对接处的阶差不超过表面平滑度的要求。

飞机部件与部件连接时,在保证相对位置准确度的同时,还必须保证设计分离面的对接准确度要求。机身与机翼、机身与机身之间的对接,一般采用叉耳式接头或围框式(凸缘式)接头两种形式,如图 5－6 所示。叉耳式接头的螺栓孔与螺栓之间一般采用无公称间隙的高精度配合；对于叉耳配合面,则只能对主要的叉耳接头采用上述高精度配合,其他接头则采用有公称间隙的配合或加补偿垫片。围框式接头孔与螺栓的配合通常留有间隙,即螺栓孔的公称直径比螺栓的公称直径一般大 0.2～0.5 mm。接头对接面允许局部存在 0.1～0.2 mm 的间隙,但接触总面积占总面积的百分率一般不低于 70%。

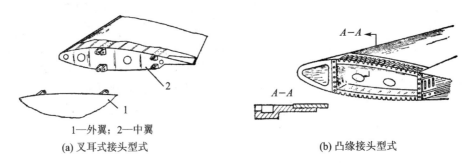

1—外翼；2—中翼

(a) 叉耳式接头型式　　　　　　　　　　(b) 凸缘接头型式

图 5－6　飞机部件与部件的对接

3．部件内部各零件和组合件的准确度

这方面的准确度要求指大梁轴线、翼肋轴线、隔框轴线,以及长桁轴线等的实际位置相对于理论轴线位置的偏差。一般规定,梁轴线允许的位置偏差和不平度偏差为 ±0.5～±1.0 mm,翼肋和隔框轴线的位置允差为 ±1～±2 mm；长桁轴线的位置允差为 ±2 mm。

飞机装配准确度不同于一般机械产品,机械产品由于零件刚度大,连接变形小,故其装配准确度主要取决于零件制造准确度,其装配误差主要由零件制造误差积累而成。而飞机零件一般为钣金零件或薄壁零件,所以飞机装配是由大量刚度较小的零件在空间组合、连接而成,故飞机装配准确度很大程度上取决于装配型架(夹具)的准确度。此外在飞机装配中还有定位和连接产生的应力和变形(如铆接应力和变形、焊接应力和变形),以及装配件从装配型架上取下后产生的变形等。因此在飞机制造中要采取一定的方法和措施,保证飞机装配的准确度要求。

5.1.3 提高装配准确度的方法

为了保证飞机装配工作顺利进行,希望进入装配各阶段的零件、组合件和部件具有生产互换性,这样,在装配过程中就可以不再对工件进行试装和修配,以减少大量的手工修配工作,节省工时,缩短装配周期,有利于组织均衡的、有节奏的生产。在一般机械制造的大批量生产中,主要采用生产互换的方法。飞机成批生产中,也有许多零件、装配件是可以互换的,但对结构复杂,协调尺寸较多,产品准确度要求较高的情况,过分提高零件、装配件的制造准确度及协调准确度,有时在经济上是不合理的,技术上也难以达到,因此,在飞机制造中,对某些配合尺寸则采用各种补偿方法。

所谓补偿方法,即对于零件或装配件某些准确度要求高的尺寸,在装配时或装配后,通过修配、补充加工或调整,部分消除零件制造和装配误差,最后达到规定的准确度要求。采用补偿方法,可能会增加一些装配工作量,但从整个制造过程来看,将取得更好的技术经济效果。

在飞机装配中,常用的补偿方法有 5 种。

1. 装配时相互修配

飞机制造中,对于那些准确度要求高的配合尺寸,在零件加工时难以达到要求(即使能达到,经济上也不一定合理),或者零件加工时虽能达到要求,但在装配过程中由于装配误差而未能达到最后要求,可以在装配时采用相互修配的方法来解决。

例如,机身的蒙皮或机翼的蒙皮,刚度小,尺寸大(有时长达 5～6 m),在装配时蒙皮之间对缝间隙要求严格,一般小于 1.5 mm,如果单靠零件制造的准确度来保证对缝间隙要求,在技术上是很困难的。因此,制造蒙皮时,在其边缘处留出一定加工余量,装配时和其相邻的蒙皮相互修配,最后达到规定的间隙要求。

修配工作一般为手工操作,在相互修配时,有时还需要反复试装和锉修,工作量较大,而且,相互修配的工件不具有互换性。因此,成批生产中应尽量少用。

2. 装配后精加工

图 5-7 所示为歼击机机翼梁的布置图。由于主梁和前梁没有布置在等百分比弦线上,其外缘是双曲度表面,要在零件加工中使其外形符合技术要求比较困难,因此设计时在其外缘表面上附加几根硬铝条,并在硬铝条上留有加工余量,待梁架装配完成后,在精加工台上用靠模铣切加工硬铝条,这样加工出来的梁架外缘是可以互换的。

对于对接平面和对接孔,也同样预先留一定的加工余量,待部件装配完成后,在精加工台上按靠模铣切对接平面及扩孔、铰孔。图 5-8 所示为飞机机翼接头在精加工台上对对接平面、螺栓和螺栓孔进行精加工的过程。

精加工台是专用设备,造价高,占用生产面积大,精加工工序还增加了装配周期。因此,应设法改善结构工艺性,尽量避免采用这种补偿方法。在一架飞机装配中,哪些组合件和部件需要精加工,应根据飞机结构、产量、零件加工和装配等实际情况而定。

无论采用修配方法还是采用装配后精加工,都是从工艺方面采取的补偿措施,属工艺补偿,虽然都能达到装配准确度要求,但它们有本质的区别。修配方法是两个相配合的零件、装配件相互修配,修配后的工件不具有互换性;装配后精加工是工件装配好以后,在专用设备上单独依据样板、钻模或靠模进一步加工,精加工以后的工件具有互换性。

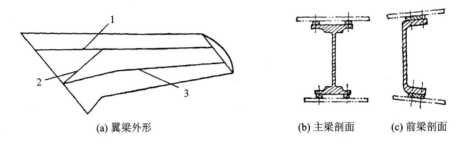

(a) 翼梁外形　　　　　(b) 主梁剖面　　　(c) 前梁剖面

1—前梁;2—主梁;3—后梁

图 5-7　机翼翼梁布置示意图

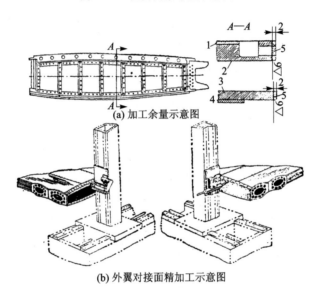

(a) 加工余量示意图

(b) 外翼对接面精加工示意图

1—上板件;2—对接型材;3—对接型材;4—下板件;5—加工余量

图 5-8　外翼和中翼对接分离面的精加工示意图

3. 垫片补偿

垫片补偿是飞机制造中常用的补偿方法。例如,当骨架装配好以后产生了局部外形超差,或骨架零件相交处,外形出现阶差,不能满足图 5-4 所示的飞机外形表面平滑度要求时,为了消除上述局部外形超差或阶差,在飞机设计中,允许在骨架和蒙皮之间按实际需要加一定厚度的垫片。为了控制结构的质量和强度,设计中必须对每个部件都规定允许加垫的数量、面积和厚度。

又如,当零件配合表面之间难以保证很好贴合时,为了不致产生强迫连接,在结构设计中,有时在配合表面之间有意留有公称间隙,装配时根据实际存在的间隙大小加垫,以补偿协调误差。同样,允许加垫的部位和厚度在飞机图纸上均有规定。

垫片材料有铝合金、不锈钢,以及可剥的多层胶合垫片等。

4. 连接补偿件

为了减少零件之间的协调问题和强迫连接,以便于保证装配准确度的要求,在飞机结构设计时,往往在重要零件或组合件之间的连接处增加过渡性的连接角材或连接角片,它们可以起到补偿协调误差的作用。

例如,图 5-9 所示为以蒙皮外形为基准时蒙皮与骨架的连接,其装配过程是蒙皮、桁条和补偿片首先装配成板件,然后在型架内按卡板外形定位,用工艺螺栓将板件紧贴在卡板外形上,最后将补偿片和长桁上的角片与隔框铆接在一起。在这种情况下,连接补偿片具有补偿零件制造和装配误差的作用,以保证部件装配后具有较高的外形准确度。

上述垫片补偿和连接补偿件两项均属于从飞机结构设计方面采取的补偿措施,因此是设计补偿。

5. 可调补偿件

上述几种工艺补偿和设计补偿方法,是在装配过程中用以补偿各种误差,装配好以后一般不能再进行调整,而可调补偿件的特点是在飞机装配好以后,或在使用过程中仍然可以较方便地进行调整。

图 5-10 所示为利用带内螺纹的接头 1 和带球头的螺杆 3 之间的螺纹连接调整发动机与机身的轴向尺寸,调整好以后用锁紧螺帽固定,并利用球面配合补偿轴线的角度误差,调整后用固定螺帽 4 固定。

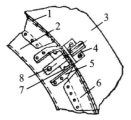 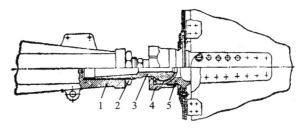

1—蒙皮;2—隔框;3—卡板;4—角钢;　　　　　1—带内螺纹的接头;2—锁紧螺帽;
5—角片;6—补偿片;7—桁条;8—工艺螺栓　　　3—带球头的螺杆;4—固定螺帽;5—球形座

图 5-9　蒙皮与骨架的装配示意图　　　**图 5-10　发动机与机身连接用的可调补偿件**

可调补偿件主要用于在飞机使用过程中需要调整的部位,而且在飞机设计时明确规定只允许在使用过程中进行调整。对于在制造过程中采用的可调补偿件,一般在飞机图纸上明确限定在制造过程中允许调整的范围,以便给使用过程中保留一定的调整余量。

综上所述,合理地使用结构补偿件和设计中采用工艺补偿方法,是保证产品质量和互换协调的有效方法之一。

5.1.4　装配基准

基准是确定结构件之间相对位置的一些点、线、面。产品设计时需要建立的一些基准,如飞机水平基准线、对称轴线、翼弦平面、弦线、梁轴线、长桁轴线、框轴线、肋轴线等,统称为设计基准。设计基准一般都是不存在于结构表面上的点、线、面,在生产中往往无法直接利用。而在装配过程中要建立的装配工艺基准,是存在于结构件表面上的点、线、面,可以用来确定结构件的装配位置。

工艺基准按功能可分有三大类：即定位基准、装配基准和测量基准。定位基准用于确定结构件在设备或工艺装备上的相对位置；装配基准用于确定结构件之间的相对位置；测量基准用于测量结构件装配位置尺寸的起始位置。装配过程中，要将这三类基准有机结合，才能确保最终装配的准确度。

在飞机装配过程中，有两种基本的装配基准：即以骨架外形为基准和以蒙皮为基准。

1. 以骨架外形为基准

以骨架外形为基准的装配是首先将骨架在型架上装配好，然后在蒙皮上施加外力，使蒙皮贴紧在骨架上并连接在一起。这种装配方法的误差形成是"由内向外"的，累积误差均反映到外形上。为保证部件外形准确度，必须提高零件制造和骨架装配的准确度，提高蒙皮与骨架形状的协调性，以减小铆接后蒙皮与骨架之间的间隙，减少装配变形。这种装配型式蒙皮厚度误差也不可避免地反映到外形误差中去。

图 5-11 所示是以骨架外形为基准的装配过程示意图，其装配过程是：翼肋按卡板定位，和大梁、桁条等组成骨架后，铺上蒙皮，用卡板压紧，然后进行骨架与蒙皮的铆接。

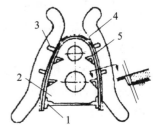

1—大梁；2—翼肋；3—蒙皮厚度垫片；
4—卡板；5—蒙皮

**图 5-11 以骨架外形为
基准的装配示意图**

以骨架为基准装配的部件最终的外形误差由以下几项误差积累而成：

① 骨架零件制造的外形误差；

② 骨架的装配误差；

③ 蒙皮的厚度误差；

④ 蒙皮和骨架由于贴合不紧而产生的误差；

⑤ 装配连接的变形误差。

为提高外形准确度，就必须针对产生误差的五个方面采取不同的措施。但当外形要求较严时，即使采取措施也很难满足要求。为此，在结构设计和装配基准上，出现了以蒙皮外形为基准的装配方法。

2. 以蒙皮外形为基准

以蒙皮外形为基准的装配是将部分骨架零件分别装在蒙皮上，然后在型架上施加外力，使蒙皮外形贴紧在卡板上，最后将骨架连接起来。这种装配方法的误差形成是"由外向内"的，累积误差在装配时靠补偿方法消除。

以蒙皮外形为基准装配的部件外形误差由以下几项误差积累而成：

① 装配型架卡板的外形误差；

② 蒙皮(或壁板)和卡板外形之间由于贴合不紧而产生的误差；

③ 装配连接的变形误差。

部件外形准确度主要取决于装配型架的制造准确度，减少了零件制造误差、骨架装配误差对外形的影响。

以蒙皮为基准的装配前提是在产品结构上有补偿件，从而可在不提高零件制造准确度的前提下，获得较高的部件外形准确度。

以蒙皮为基准的装配,可以使用蒙皮外形为基准,这时型架采用外卡板,也可以使用蒙皮内形为基准,这时型架采用内卡板。图 5-12 所示为以蒙皮外形为基准的装配示意图,其装配过程是:隔框(或骨架)按型架定位,用撑杆将蒙皮(或壁板)紧贴在型架外卡板上,通过补偿件将骨架与蒙皮(或壁板)连接在一起。

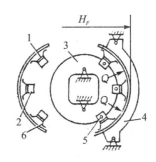

1—蒙皮(或壁板);2—补偿件;3—骨架;
4—型架卡板;5—连接补偿件;6—桁条

图 5-12　以蒙皮外形为基准的装配示意图

图 5-13 和图 5-14 所示为机翼中段分别以骨架外形为基准和以蒙皮外形为基准的装配过程。在图 5-13 所示的装配过程中,首先按型架定位器及卡板定位大梁 1 及加强翼肋 2,进行梁与肋的连接工作;接着按大梁上的角片及型架卡板定位普通翼肋 3,进行梁与普通翼肋的连接工作;再按定位器定位悬挂接头 6 与梁连接;然后根据大梁与翼肋组装后的骨架外形铺上长桁与蒙皮;最后关闭卡板,将蒙皮紧贴在骨架上,进行蒙皮与骨架的连接工作。在图 5-14 所示的装配过程中,首先将蒙皮与长桁组合成壁板,在机翼中段型架上将壁板紧贴在卡板的 A 面上,然后按型架固定大梁及翼肋,由于大梁与翼肋无弦向分离面,装配时必然在梁与壁板之间、翼肋与壁板之间产生间隙,此时须用结构补偿件补偿。

总之,在结构设计及制定工艺方案时,应合理地使用各种补偿方法,以得到准确的飞机外形。

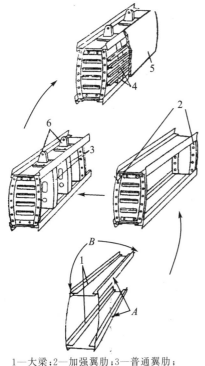

1—大梁;2—加强翼肋;3—普通翼肋;
4—长桁;5—蒙皮;6—悬挂接头

图 5-13　以骨架外形为基准的装配过程

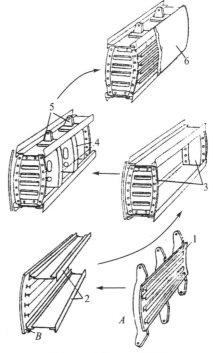

1—壁板;2—大梁;3—加强翼肋;
4—普通翼肋;5—悬挂接头;6—蒙皮

图 5-14　以蒙皮外形为基准的装配过程

5.1.5　装配定位

在装配过程中,首先要按图纸及设计要求确定零件、组合件、板件、段件之间的相对位置,即进行装配定位。在飞机装配中,常用的定位方法有4种。

1. 用划线定位

即根据飞机图纸用通用量具划线定位。这种方法适用于零件刚度较大,位置准确度要求不高的部位。图5-15所示为用划线方法在蒙皮上定位长桁3和隔框4的位置。划线定位效率低,在成批生产中尽量不用或少用这种方法。

2. 用装配孔定位

即按预先在零件上制出的装配孔来定位。

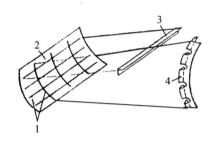

1—定位线;2—蒙皮;3—长桁;4—隔框

图5-15　按划线装配定位图

具体过程如下:装配前,在各个零件的部分铆钉位置上(一般是每隔400 mm左右钻一个装配孔,孔径比铆钉孔小)预先按各自的钻孔样板分别钻出装配孔,装配时各零件之间相对位置按这些装配孔确定。图5-16所示为翼肋的装配过程,为保证相连接零件间装配孔的协调,可先以翼肋的结构模线为标准制造出各零件的钻孔样板,然后根据钻孔样板加工各个零件上的装配孔。由于各个零件上装配孔的位置是根据同一个标准制出的,因此,能保证装配孔之间的协调。装配孔的数量取决于零件的尺寸和刚度,一般情况下,装配孔的数量不少于两个,对于尺寸大,刚度小的零件,装配孔的数量应适当增加。从图5-16所示的翼肋装配过程可以看出,装配孔定位的准确度取决于装配孔的协调方法,协调环节越多,积累误差越大。

用装配孔定位的装配方法不需要使用专用夹具,故在成批生产中,在保证准确度前提下,应尽量使用装配孔定位的方法。对一些形状不是很复杂的组合件或板件,如平板、单曲度以及曲度变化不大的双曲度外形板件,都可采用装配孔方法进行装配。

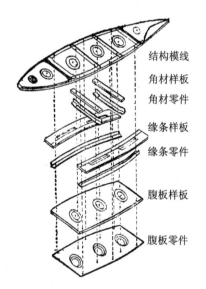

结构模线

角材样板

角材零件

缘条样板

缘条零件

腹板样板

腹板零件

图5-16　翼肋组合件按装配孔定位装配示意图

3. 用装配夹具(型架)定位

由于飞机的零件、组合件尺寸大,刚度小,因此,为了进一步提高零部件之间的协调性和互换性,确保装配准确度,在飞机装配中通常采用装配夹具(型架)定位来保证零组件在空间相对准确的位置关系。装配夹具(型架)定位是飞机制造中最基本的一种定位方法,它除了起定位作用外,还有校正零件形状和限制装配变形的作用。

图5-17为翼肋组合件用装配夹具定位的示意图。腹板用坐标定位孔(通过定位销5)定位,上、下缘条用外形定位件3和挡块4定位,加强角材可用定位件定位,也可用划线或装配孔

定位。由图可见,这种定位方法的定位准确度取决于装配夹具的准确度。

图 5-18 为机翼装配型架示意图。机翼外形由卡板定位,机翼接头及副翼悬挂接头由反映部件之间连接关系的接头定位器来定位。在装配过程中,通过零件、组合件在型架内的装配,若发现不协调的地方,可根据工艺规程对不协调部位进行敲修或添加垫片进行调整。因为型架卡板关系到机翼外形准确度,机翼接头的位置准确性会影响到机翼和机身的相对位置,副翼悬挂接头

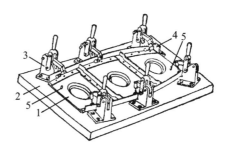

1—翼肋腹板;2—夹具底座;
3—定位夹紧件;4—挡块;5—定位销

图 5-17　翼肋用装配夹具定位示意图

位置的准确性关系到副翼转动的灵活性、外形吻合性,因此,为减少装配变形,铆接工作应在定位器打开最少的情况下进行,而且这些接头定位器非万不得已应自始至终保持关闭。

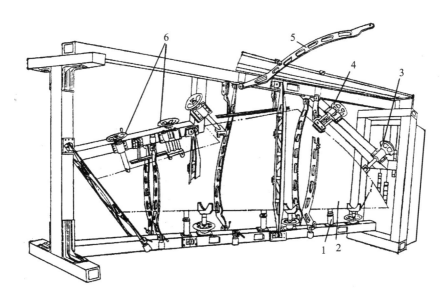

1—前缘标高板;2—机翼;3—前梁接头定位器;4—主梁接头定位器;5—外形卡板;6—副翼接头定位器

图 5-18　机翼装配型架示意图

飞机装配中采用了大量构造复杂的装配型架,使制造费用大,生产准备期长,因此,在型架设计中应仔细研究各装配单元的定位方法,在确保准确度的前提下,综合采用各种定位方法,使型架结构尽可能简单。

4. 用基准零件定位

用基准零件定位是以产品结构件上的某些点、线、面确定待装配零件的位置,这种装配定位方法简便易行,装配开敞,协调性好,在一般机械产品中大量采用。基准零件一般是先定位或安装好的零件,零件要有足够的刚度及较高的准确度,在装配时一般没有修配或补充加工等工作。在飞机制造中,液压、气动附件以及具有复杂空间结构的操纵控制机构等无外形要求的地方,采用这种方法装配定位。另外在对接分离面处用这种方法来定位可简化部件或段件的

对接型架结构。

在生产实践中,经常混合应用以上几种定位方法。其选择依据主要根据对部件、组合件外形准确度要求来确定,其次是根据产量大小、经济性和保证互换性程度来选择。表5-1所列为各种定位方法的分类及使用特点。

表5-1　各种定位方法的分类及使用特点

类　别	定位方法	适用情况	特　点
画线定位法	① 用通用量具和画线工具划线 ② 用专用样板划线 ③ 用明胶模线晒相的方法	① 新机研制时尽可能采用 ② 成批生产时,简单的、易于测量准确度要求不高的零件定位 ③ 作为其他定位方法的辅助定位	① 简便易行 ② 装配准确度较低 ③ 工作效率低 ④ 节省工装费用
装配孔定位法	在相互连接的零件(组合件)上,按一定的协调路线分别制出装配孔,装配时零件以对应的装配孔来确定零件(组合件)的相互位置	① 单曲度,平滑双曲度壁板中蒙皮、长桁、框的装配 ② 内部加强件的定位 ③ 平面组合件非外形零件的定位 ④ 组合件与组合件之间的定位	① 定位迅速、方便 ② 不用或仅用简易的工装 ③ 定位准确度比较高
装配型架定位法	利用型架定位确定结构件的装配位置或加工位置	在飞机装配中应用最广泛的定位方法,能保证各类结构件的装配准确度要求	① 定位准确度高 ② 限制装配变形或强迫低刚性结构件符合工装 ③ 能保证互换部件的协调 ④ 生产准备周期长
基准件定位法	以产品结构件上的某些点、线、面确定待装零件的位置	① 有配合关系的、尺寸或形状相一致的零件 ② 形状简单、刚度较大的零件	① 简便易行、节省工装、装配开敞、协调性好 ② 基准件必须具有较好的刚性和位置准确度

5.2　保证互换与协调的方法

飞机外形由复杂的曲面组成,其协调准确度要求很高,同时飞机零件大部分用钣材制造,尺寸较大,刚度小,若采用一般机器制造的保证互换性的方法,是很难达到要求的。因此,飞机制造过程中必须通过特殊的方法保证能够将图纸上的几何形状和尺寸正确无误地传递到最后的产品上,使飞机顺利地装配出来,并满足使用和维护的需要,这就要求飞机制造过程中制造出来的零件部件是互换协调的。在传统的飞机制造中,引用了造船业中的"放样技术"作为生产中传递几何形状与尺寸的原始依据,形成了飞机制造中保证互换性的方法:模线-样板工作法。随着计算机技术的发展,这种传统的模式也发生了变化,出现了无图纸设计、无实体模拟量的数字化技术。飞机的全数字化制造技术,不仅提高了飞机性能,保证产品的质量,而且大幅度地缩短了飞机研制周期,降低了飞机制造成本。

5.2.1　互换与协调

1. 互换与协调的基本概念

互换指的是独立制造的零件（组合件、部件），装配时无须补充加工，就能满足产品的使用要求；亦即一般互换的零件（组合件、部件）能与另一同样零件（组合件、部件）互相代替，装配时不经任何修配，即可保证产品性能。

协调是指两个相互配合的零件（组合件、部件）之间，其配合部位的几何形状和尺寸的相符合程度。

值得注意的是互换是指同一种工件之间的一致性，它通过控制制造误差来达到。协调是指相配合工件之间配合尺寸、形状的一致性，它可以通过控制制造误差来达到，也可以通过修配来达到。因此，互换的一定是协调的，但协调的不一定是互换的。

2. 互换性要求

一般来说，互换性要求可以分为两类：使用互换和生产互换。

（1）使用互换

产品在使用过程中，如果某一零件（组合件、部件）损坏，不经挑选或修配，即可随意取一备件更换，而仍然保持其原来的使用性能，称之为使用互换。例如，飞机的舵面、翼尖、起落架、外翼、尾翼等组合件、部件在使用中较易损坏，为了使飞机在更换新的备件后，能迅速恢复使用，就需要对它们提出互换的技术要求。

（2）生产互换

在生产过程中，零件（组合件）不经任何修配，即可装配，而且仍能满足技术要求，称之为生产互换。如果零件（组合件）等具有生产互换性，既能减少装配工作量，缩短装配周期，又便于用科学方法组织生产。但是在实际生产中，并不要求全部零件（组合件）具有生产互换性，这是因为对于某些零件（组合件）来说，保证其全部几何形状及尺寸的互换，不仅技术上比较困难，经济上也不一定合理。因此，只能是局部互换，对那些难以保证互换的形状和尺寸，可以事先留出加工余量，在装配时进行修配，也可以用可调补偿件，在装配后进行调整。

由于飞机构造及其技术特点，使飞机制造中保证互换的内容与一般机器制造不同，飞机零件（组合件、部件）除了在几何尺寸方面能够互换以外，还特别在以下几方面要求互换。

① 气动力外形的互换要求：包括组合件（部件）本身的气动力外形互换要求，以及它们安装后与相邻组合件（部件）相对位置的几何参数互换要求，从而使整架飞机达到气动力性能互换要求。例如，机翼安装以后的上反角、安装角、后掠角等。

② 对接分离面的互换要求：能够互换的组合件（部件）在与其他组合件（部件）对接时，应当不经修配或补充加工即能结合，而且结合后满足相对位置和气动外形要求。

③ 强度互换要求：零件（组合件、部件）的物理机械性能和加工尺寸应该在一定的误差范围内，以保证产品的强度和可靠性。

④ 质量（包括质心）互换要求：飞机的质量及质心对其技术性能有很大影响，所以在这方面必须提出互换要求。飞机设计时，为了获得最小质量的结构，重要的方法之一是选择质量合理的毛坯和半成品，采用合理的工艺方案。

以上所述各项保证互换的内容,是从飞机及其部件总的要求而言的,这些要求是通过飞机生产过程中各个阶段来实现的。除了那些形状简单而规则,尺寸小而刚度大的机械加工零件(如起落架构架、作动筒、操纵系统的零件等)外,一般不能靠公差配合制度及各种通用量具来保证其互换要求,而是采用模线—样板法和计算机辅助设计与制造技术来保证。

3. 各种协调原则的特点及应用

要保证飞机的制造准确度及生产中的协调性和互换性,首先必须保证各类生产工艺装备的制造准确度和协调准确度。工艺装备不仅是制造产品的手段,而且是保证产品装配协调和互换的依据。在飞机制造中,将产品理论尺寸传递到工艺装备上去往往要经过很多传递环节,多次反复的移形过程。所以,保证各类成套工艺装备间的协调性,就成为飞机制造中的突出问题。在制订产品的装配和协调方案时,要注意选择合理的保证各类工艺装备协调的尺寸传递体系,通常称作协调路线。

工艺装备的协调路线,是根据所采用的尺寸传递体系说明从产品图纸,通过实物模拟量(模线、样板、标准工艺装备)或数字信息(产品几何数学模型等)将机体上某一配合或对接部位中的一组或一个协调尺寸和形状传递到有关工艺装备上去的传递环节、传递关系和传递流程图。

(1) 制造准确度与协调准确度

制造准确度是指产品的实际尺寸与图纸上要求的名义尺寸相符合的程度;符合程度越高,则制造准确度越高,亦即制造误差越小。

协调准确度是指两个相配合的零件(组合件、部件)之间相配合部位的实际几何形状及尺寸相符合的程度,这种符合程度越高,则协调准确度越高,亦即协调误差越小。

例如,机身前段和机身后段相接处(见图 5-19),图纸要求直径为 D,但机身前段与机身后段分别制造时,所得到的实际尺寸分别为 D_1 及 D_2。若设 Δ_1、Δ_2 及 Δ 分别表示机身前段的制造误差、机身后段的制造误差及机身前后两段相接处的协调误差,则有:$\Delta_1 = D_1 - D$,$\Delta_2 = D_2 - D$,及 $\Delta = D_1 - D_2$。

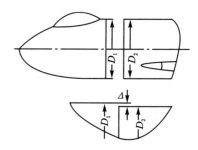

图 5-19 两段机身的协调误差示意图

一般来说,对协调准确度的要求比对制造准确度的要求高。制造准确度只与各零件(组合件、部件)本身制造过程有关,它取决于零件单独制造过程中的误差;而零件(组合件、部件)相配合处的协调准确度则与两个部分的制造过程有关,它取决于两个部分单独制造过程中的误差的综合。

(2) 保证协调准确度的基本方法

零件在制造过程中,其几何形状和尺寸的形成,一般都是根据图纸所确定的理论形状和尺寸,在生产中通过一定的量具、工艺装备(夹具、模具等)或机床而获得。在这一过程中,首先需要根据标准的尺度与量具制造出生产过程中使用的各种测量工具或仪器,然后用它们制造各种工艺装备,最后通过工艺装备或机床加工出工件的形状和尺寸。可见,整个生产过程是尺寸传递的过程。

显然,要使两个相互配合零件的同名尺寸相互协调,它们的尺寸传递过程之间就必然存在一定的联系。如图 5-20 所示,工件 A 和 B 是要相互协调的,假定 L_A 和 L_B 是协调尺寸,则它们在多次的尺寸传递过程中,既包括两个尺寸的公共环节,也包括两个尺寸的各自环节。两

个尺寸的协调误差 Δ_{AB} 是在后者的传递过程中产生的。

我们可以用一个联系系数 k 来表示两个零件在尺寸传递过程中的联系紧密程度：

$$k = \frac{2m}{n_1 + n_2}$$

式中：m——尺寸传递中公共环节的数量；

n_1, n_2——A、B 零件尺寸传递中各自环节的数量；

k 值的大小反映了 A、B 两个零件的协调程度。

若 $m=1$，就是两个零件在尺寸传递中只有一个公共环节，此时 k 值最小，相当于两个零件各自独立制造。随着 m 的增大，两个零件的有关尺寸联系越加密切，k 值也随之增大。若 $n_1 = n_2 = 1$，此时 k 值最大，表明两个零件相当于修配制造，协调性最好。

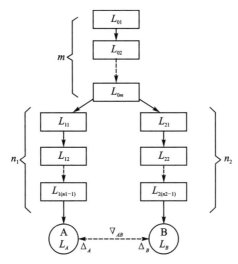

图 5 - 20　尺寸 L_A 和 L_B 的制造与协调路线

基于这一原理，在生产中可有三种不同原则取得 L_A 和 L_B 两个尺寸协调的过程，分别为独立制造原则、相互联系制造原则和相互修配（或补偿）制造原则。

(3) 尺寸协调原则

1）独立制造原则

图 5 - 21 所示为按独立制造原则传递尺寸的过程，协调过程的尺寸传递是从标准尺上的原始尺寸开始的，对于 L_A 和 L_B，原始尺寸是它们发生联系的环节，称为共同环。在这里，只有一个共同环，以后的各个环节都是工件 A 和 B 分别进行的，它们的生产误差分别为

$$\Delta_A = \Delta_0 + \sum_{i=2}^{n_1} \Delta_i,\ \Delta_B = \Delta_0 + \sum_{j=2}^{n_2} \Delta_j$$

式中：Δ_A, Δ_B——A，B 工件的生产误差；

Δ_0——原始尺寸的误差；

Δ_i, Δ_j——A，B 工件尺寸传递过程中，单独制造第 i, j 个环节的误差；

n_1, n_2——A，B 工件尺寸传递过程中单独制造环节的总数。

从而得到 A 和 B 工件尺寸的协调误差为：

$$\Delta_{AB} = \Delta_A - \Delta_B = \sum_{i=2}^{n_1} \Delta_i - \sum_{j=2}^{n_2} \Delta_j$$

由此可以得到的结论是:相互配合的零件按独立制造原则进行协调时,协调准确度有可能低于各个零件本身的制造准确度。

图 5 - 22 中以蒙皮上的检查口盖为例说明了独立制造原则的协调过程,其协调要求口盖与蒙皮上开口之间的间隙要尽量小,而且要均匀。其协调过程是:根据口盖和蒙皮开口的设计尺寸,通过测量工具按尺寸分别制造口盖的样板和蒙皮开口的样板,然后按照口盖的样板制造口盖的冲模,用冲模冲制口盖零件。同时,根据蒙皮开口样板在蒙皮上开口。用这种方法时,为了保证两个零件有比较高的协调准确度,要求各个样板和模具应具有更高的制造准确度。

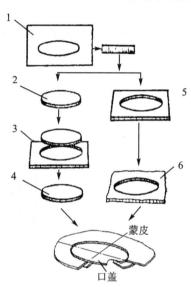

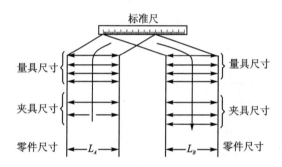

图 5 - 21 按独立制造原则传递尺寸的过程

1—设计图纸与尺寸;2—口盖样板;3—口盖冲模;
4—口盖;5—蒙皮开口样板;6—蒙皮

图 5 - 22 按独立制造原则制造的蒙皮与口盖

2) 相互联系制造原则

图 5 - 23 所示为按相互联系制造原则传递尺寸的过程。在这种协调过程中,不仅在原始尺寸而且在后继尺寸传递的过程,还有一些中间过程也是获得 L_A 和 L_B 的共同环节,其余的则是 A、B 工件独立制造的环节。此时的生产误差分别为

$$\Delta_A = \Delta_0 + \sum_{k=2}^{m} \Delta_k + \sum_{i=m+1}^{n_1} \Delta_i, \Delta_B = \Delta_0 + \sum_{k=2}^{m} \Delta_k + \sum_{j=m+1}^{n_2} \Delta_j$$

式中:m——尺寸传递过程中共同环的数量;

Δ_k——m 个共同环中,第 k 个组成环的误差;

Δ_i——A 工件尺寸链中,单独制造的第 i 个组成环的误差

Δ_j——B 工件尺寸链中,单独制造的第 j 个组成环的误差

因此,工件 A 和 B 尺寸的协调误差为:

$$\Delta_{AB} = \Delta_A - \Delta_B = \sum_{i=m+1}^{n_1} \Delta_i - \sum_{j=m+1}^{n_2} \Delta_j$$

由此可以得到的结论是:如果其他条件相同,采用两种不同的协调原则(指独立制造和相互联系制造),零件制造准确度虽然相同,但协调准确度却不一致。按相互联系制造原则得到的协调准确度更高。

口盖与蒙皮开口按相互联系制造原则的协调过程如图 5 - 24 所示。其协调过程是：首先通过测量工具按图纸上设计尺寸加工出口盖样板，这块样板就作为加工口盖和蒙皮的共同标准，即按它加工口盖，按样板在蒙皮上制出孔。此时，口盖样板加工的准确度只影响零件的制造准确度，而不影响零件之间的协调准确度。

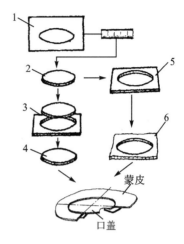

1—设计图纸与尺寸；2—口盖样板；3—口盖冲模；
4—口盖；5—蒙皮开口样板；6—蒙皮

图 5 - 24　按相互联系原则制造的口盖与蒙皮

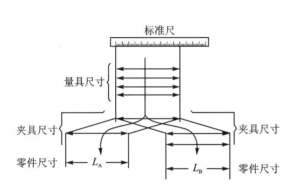

图 5 - 23　按相互联系制造原则的尺寸传递过程

3）相互修配制造原则

图 5 - 25 所示为按相互修配制造原则传递尺寸的过程。在这种协调过程中的尺寸传递，从原始尺寸开始，全部都是共同环节，零件的生产误差为

$$\Delta_A = \Delta_0 + \sum_{k=2}^{m} \Delta_k , \Delta_B = \Delta_0 + \sum_{k=2}^{m} \Delta_k + \Delta_1 = \Delta_A + \Delta_1$$

式中：Δ_1——A 零件尺寸传递给 B 零件的环节误差。

因此，A 零件和 B 零件的协调误差为

$$\Delta_{AB} = \Delta_A - \Delta_B = \Delta_1$$

由此得到的结论是：采用相互修配制造原则进行协调时，协调准确度仅取决于将 A 零件的尺寸传递给 B 零件时这一环节的准确度。

图 5 - 26 所示为口盖与蒙皮开口修配过程。零件制造的具体过程是：根据口盖设计尺寸制造口盖样板，按样板加工冲模，由冲模制造口盖，然后，按口盖零件加工蒙皮上的开口。或是先按口盖样板加工蒙皮上的开口，再按开口的实际形状加工口盖。采用这种方法可以保证较高的协调准确度。但是应当指出，相互修配的零件不能互换。

以上阐述了三种不同协调原则的基本原理，它们各自的优缺点及具体应用如下：

① 独立制造原则：若采用这种原则，为了保证互换性所需要的协调准确度，就必须对零件制造准确度提出很高要求。这与飞机制造的具体情况正好相反，因为在飞机制造中，对协调准确度比制造准确度要求更高；尤其是表面形状复杂的零件，技术上难度大，经济效果差。因此，独立制造原则比较适用于那些形状简单的零件，例如起落架、操纵系统等机械加工类零件。

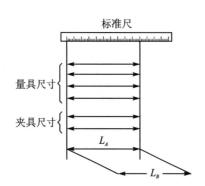

图 5-25　按相互修配原则的尺寸传递过程

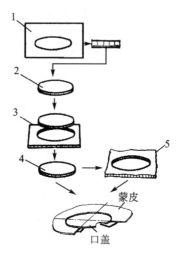

1—设计图纸与尺寸;2—口盖样板;
3—口盖冲模;4—口盖;5—蒙皮

图 5-26　按相互修配原则制造口盖与蒙皮

但是采用独立制造原则,也有它有利的方面,即生产过程中能够平行地制造飞机零件、组合件或部件,以及各种工艺装备。不受工艺装备制造次序的约束,可以扩大制造工作面,有利于缩短生产准备周期,开展广泛的协作。

② 相互联系制造原则:采用这种原则,在尺寸传递过程中,共同环数量越多,协调准确度就越高,所以适用于制造形状复杂的零件。在制造过程中,可以将技术难度大的、制造准确度不高的环节作为尺寸传递的共同环,这样就能大大提高零件之间的协调准确度。对于结构复杂的飞机产品,采用这种原则进行协调具有特别重要的现实意义。

但是采用这种原则时,为了保证零件互换性所需要的工艺装备必须依次制造,工作面受限制,使生产准备期拖长,对保证厂际协作不利。

③ 相互修配制造原则:采用这种原则进行协调,可以保证很高的协调准确度,但难以满足零件互换的要求,而且修配劳动量大,装配周期长。只有当其他协调原则在技术上、经济上都不合理,又不要求零件互换性时,才选用这种原则,一般在飞机的试制中应用较多,而成批生产中应用较少。

5.2.2　模线-样板工作法

模线-样板技术包括模线和样板两部分内容。模线-样板工作法是按相互联系制造原则建立的,按照这种方法,在飞机制造中尺寸传递过程可表述如下:首先依据图纸按1:1的尺寸比例在专门的图板上准确地画出飞机的真实外形与结构形状,即模线。在生产中,模线即为飞机外形与结构形状的原始依据。然后,根据模线加工出具有工件真实外形的平板,即样板。在生产中,样板即为加工或检验各种工艺装备及测量工件外形的量具。图 5-27 所示为模线-样板工作法在保证机翼部件某个切面的工艺装备和零件之间相互协调的原理图。

模线通常分成理论模线和结构模线两大类。理论模线按飞机理论图绘制。主要包括飞机部件的理论外形(气动力外形)和各种轴线(坐标基准线和各种结构轴线),主要供绘制结构模线时确定理论外形和各种轴线用,也供加工样板用,是飞机外形的原始依据。结构模线根据设计所发出的结构图绘制,主要供加工各种样板用。结构模线的绘制过程也是对飞机结构协调

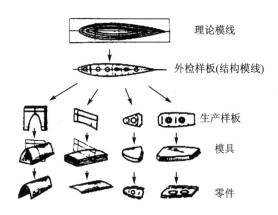

图 5 - 27　模线-样板工作法工作原理图

的验证过程。由此可知,模线-样板法是传统飞机制造技术中尺寸传递的主要方法,是飞机从设计到制造之间的桥梁,是飞机几何尺寸的原始依据,是飞机制造过程中保证各类零、组、部件尺寸协调的主要手段。由于模线-样板生产是飞机制造的第一步,飞机的大部分零件和工艺装备都需要按模线-样板制造,因此,模线-样板的生产进度直接影响到新飞机的试制进度。

1. 理论模线

理论模线是按照飞机理论图纸和飞机工艺要求,以 1∶1 的比例精确地画在金属平板或聚酯薄膜上的飞机部件的理论图。其绘制内容包括:飞机各部件的设计基准、部件平面及各切面的理论外形、部件的主要结构轴线(如大梁、翼肋、隔框和长桁等轴线)。

在未应用飞机外形数学模型和数控绘图技术之前,理论模线是保证飞机外形的结构轴线正确与协调的唯一原始依据,是绘制结构模线和制造样板的主要依据之一。在应用计算机建立飞机外形数学模型并采用数控绘图技术以后,理论模线的作用发生了变化,它已不再是飞机制造与协调的主要原始制造依据,其主要作用如下:

① 作为外形数学模型的直观精确图像,同时验证外形数学模型的正确性(包括光滑流线性)。

② 作为 CAD/CAM 技术的辅助手段,用于校核结构模线的剖面外形、结构轴线和斜角值;校核从外形数学模型算出的各种数据;作为某些样板的制造或检验依据;或量取某些外形或结构轴线的数据。随着 CAD/CAM 技术的进一步发展,理论模线的作用和重要性将进一步减弱。

因为理论模线是画结构模线和制造样板的依据,因此必须要严格控制绘制误差。现在理论模线大部分已用计算机绘图,绘图精度可以得到充分保证。

飞机的理论模线一般以部件或分部件为单位进行绘制。如部件理论模线分成机身、机翼、尾翼、发动机短舱和起落架的理论模线,分部件理论模线必须按相关部件理论模线协调绘出。

根据飞机各部件外形的特点,理论模线可归结为两种类型:一类是单曲度外形的部件,如机翼、尾翼等;另一类是双曲度外形的部件,如机身和发动机短舱等。下面分别对这两类部件理论模线的绘制加以介绍。

(1) 单曲度外形部件

飞机翼面类型的部件如机翼、水平尾翼、垂直尾翼、襟翼和副翼等(除翼尖外)的外形曲线一般是单曲度的,它们以几个基准翼肋切面外形(即翼型)为控制曲线,在基准翼肋外形之间的同一百分比弦长处用直线相连,形成单曲度曲面。这种以直线为母线紧贴着两端的控制曲线滑动产生的曲面,在数学上称为直纹曲面。

以图5-28所示的直纹曲面机翼为例,设中间翼肋某百分比弦长上的纵坐标为 y_i,根据直母线外形的特点,利用相似比例关系则可计算出此处的 y_i:

$$y_i = y_{翼尖} + \frac{l - l_i}{l}(y_{翼根} - y_{翼尖})$$

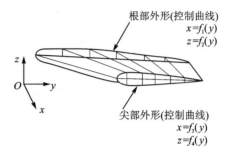

图5-28 直母线外形的部件

机翼理论模线包括三部分:翼肋综合切面模线(即将各翼肋切面外形按统一的弦线重叠画在一起)、平面投影模线和翼梁切面模线,图5-29所示即为机翼理论模线示意图。图中的机翼综合切面模线上面有各翼肋切面的外形线、桁条的结构位置线和在各翼肋切面上翼梁的结构轴线。平面模线视结构及外形而定,或画局部的,或不画。这些理论模线都是绘制结构模线和加工样板的依据。

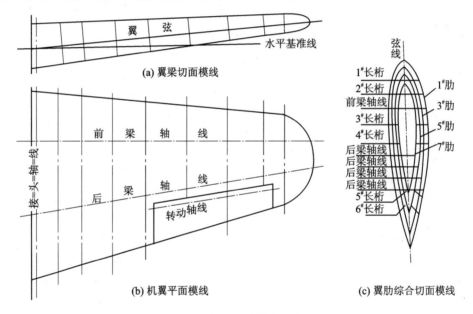

图5-29 机翼理论模线示意图

(2) 双曲度外形部件

图5-30所示为机身理论模线示意图,其主要内容有:隔框综合切面模线、机身平面模线(包括机身侧视投影和俯视投影)、压缩模线和真实外形(不是投影外形)的长桁模线。

机身理论模线上有设计基准线(水平基准线和对称轴线)、外形线、长桁轴线以及其他结构轴线。因为机身外形是左右对称的,所以机身隔框切面外形相对于对称轴线只画一半。

综合切面模线是以水平基准线和对称轴线为重叠基准,将横切面的外形以1:1的比例重叠绘制在一起的模线图。短舱则以水平基准线和它的垂直基准线为重叠基准画出。如果是翼面类部件,则以翼弦线为重叠基准。

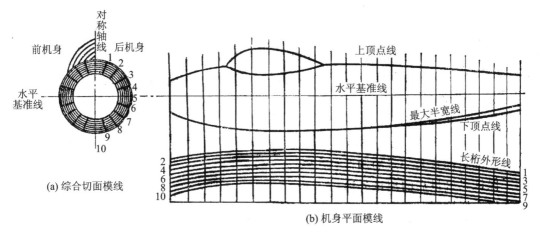

图 5-30　机身理论模线示意图

平面模线是以 1∶1 的比例画出的,对于大型飞机,由于尺寸过大,只有比较复杂的部件(机身前段和尾段)才画出 1∶1 的平面模线。而外形比较简单的中段可不画,或只画压缩模线。

压缩模线是将部件纵向切面的外形沿纵向以 1∶5 或 1∶10 的比例,沿横向以 1∶1 的比例画出的。压缩模线的作用是:检查部件外形曲线光滑流线和提供量取尺寸。

机身和发动机短舱这类部件的外形可利用平切面法、母线法和曲面片法等几种方法给出。有关曲面造型技术可参阅有关书籍,这里不做介绍。

2. 结构模线

结构模线是飞机部件某个切面 1∶1 的结构装配图。其绘制内容包括:设计基准线与该切面上全部零件的外形及其所在位置。结构模线的切面外形是从理论模线复制来的,或者是按理论模线加工出部件某个切面真实外形,在该切面外形线内应同时画出结构装配图。它在飞机生产中的主要作用是:

① 以 1∶1 尺寸准确地确定飞机内部的结构形状和尺寸,因此,它是保证飞机内部结构协调的依据。

② 作为加工生产用的各种样板的依据。

③ 为制造样件、装配型架、模具及夹具等工艺装备量取一些经过模线协调的尺寸。

飞机部件的结构模线上画有部件的各主要切面的结构,如机、尾翼的大梁切面、各翼肋切面和机身隔框切面等。为了协调每个切面上的全部结构,一个切面上的结构不分开绘制。另外,由于结构模线是按 1∶1 尺寸画出,因而无须加注尺寸,对零件形状一般不取剖面图,而是通过各种符号表示,如零件弯边高度和角度、减轻孔和加强筋的形状等,如图 5-31 所示。

为了保证零件及装配件尺寸的协调,结构模线上还绘制各种工艺孔,如基准孔、定位孔、导孔等,它们在制造工艺装备以及装配过程中是主要的工艺基准,或是在零件上钻孔的依据。工艺孔的孔径分别为 8 mm、5.2 mm、2.7 mm,要根据孔的用途不同而定。图 5-31 绘出了各种工艺孔(除导孔外)在结构模线上的布置。

早期结构模线画在金属板上,现在一般是画在透明胶板上。计算机绘图技术的应用,使模线移形与绘制方法有了较大的变化。目前,结构模线上一些重要内容,如基准轴线、外形线、结构轴线等都可用计算机绘图。

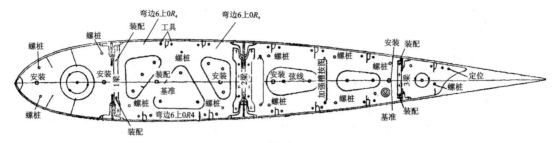

图 5 - 31　机翼某切面的结构模线(外形检验样板)示意图

金属板结构模线可分为不加工出外形和加工出外形两种。加工出外形的结构模线通常称为外形检验样板(见图 5 - 31)。这种样板属于基本样板,是制造生产样板的依据。

画在明胶板上的结构模线可用接触照相法晒在金属图板(一般用铝板)上,用以加工样板或直接用以检验零件,明胶板上的结构模线不直接用于生产。

3. 常用样板

样板是一种平面量具,是加工和检验带曲面外形的零件、装配件和相应的工艺装备的依据。由于飞机制造中所用样板起着制造、协调、检验零件及工艺装备的作用,因此,样板之间必须互相协调。生产中使用的样板种类繁多,最常用的有以下几种。

(1) 外形样板

外形样板一般用于检验平面弯边零件、平板零件和单曲度型材零件。它也是内形样板和展开样板的制造依据,有时也可取代内形样板,直接作为成形模具的加工依据。图 5 - 32 所示即为翼肋前段的外形样板。外形样板是通过样板的外廓边缘线和样板上的标记符号,表示出整个零件的形状。对于无弯边的平板零件,样板的外缘就是零件的外廓形状。对于有弯边的零件,弯边参数可参考零件弯边在样板上的标记,如"弯边 16 上 R_3",这说明该零件弯边高度为 16 mm,弯边方向是向上,弯曲半径为 3 mm,弯边角度为 90°。

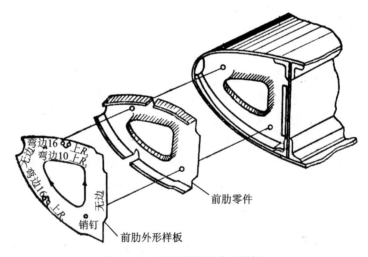

图 5 - 32　翼肋前段的外形样板

(2) 内形样板

内形样板是零件成形模的制造依据,也是检验零件成形模的样板。内形样板与外形样板之间关系——差值 n 可用如下公式计算(见图 5 - 33):

$$n = tg\frac{\alpha}{2} \cdot \delta$$

式中:δ——零件材料厚度;

α——零件的斜角值。

在生产中,为了减少样板数量,目前基本上不再使用内形样板,而直接按外形样板加角度样板制造和检验零件成形模。如图 5 - 34 所示。

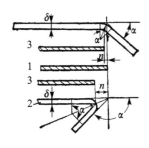

1—外形;2—零件;3—内形

图 5 - 33　内、外形样板差值

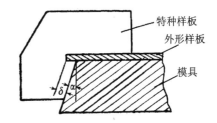

图 5 - 34　按外形样板和角度样板加工模具

(3) 展开样板

对于弯边线为曲线的零件,可以根据弯角大小、弯曲半径、弯边高度等把零件的展开尺寸大致地计算出来,求得零件展开后的形状,据此形状制成的样板,称为展开样板。对形状复杂的钣金零件,其毛料形状只能通过反复试验求得,按所求得形状制成的样板,称为毛料样板。图 5 - 35 所示即为制造隔框零件时使用的几种样板。

(4) 切面样板

对于形状复杂的立体零件(例如双曲度蒙皮),必须用一组切面样板才能控制零件的形状,如图 5 - 36 所示。为了制造与检验这类模具和零件,需要用多种切面样板,如切面内形、切面外形、反切面内形和反切面外形样板等。它们之间的尺寸关系是:

切面内形＋零件材料厚度＝切面外形

反切面内形－零件材料厚度＝反切面外形

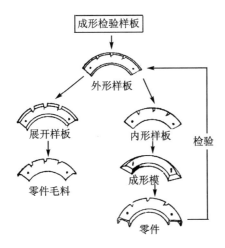

图 5 - 35　制造隔框零件用的成套样板

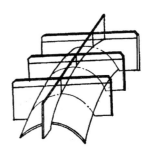

图 5 - 36　机身双曲度蒙皮用的切面样板

图 5-37 所示为 4 种切面样板及其用途。

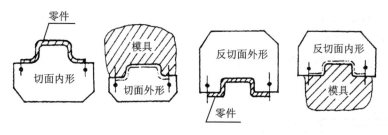

图 5-37 4 种切面样板

为了保证一组切面样板在使用中相互位置准确，在每块样板上都刻有基准线。图 5-38 所示为利用反切面内形样板制造各种典型蒙皮类零件的成形工艺过程。如果形状复杂的模具采用数控加工和数控测量设备测量，也可以不用切面样板。

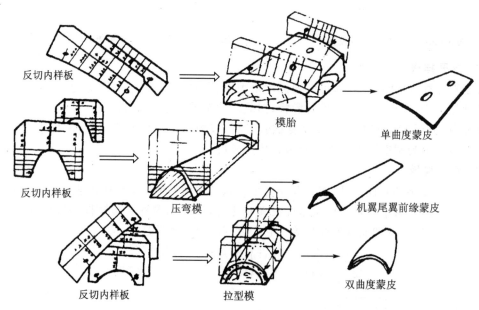

图 5-38 典型蒙皮类零件的成形工艺过程

(5) 下料样板、切钻样板、夹具样板

这三种样板分别用于下料、在复杂立体形状零件上切割边缘和钻孔、制造装配夹具。它们的形状如图 5-39 所示。

飞机制造中所使用的样板是用 1.5～2.0 mm 的钢板(或铝板)制造的，不仅种类多，数量大，而且制造要求严格。因此样板的制造工作量较大。近年来，由于透明胶板的结构模线移形比较方便、准确，因此在生产中使用的一些样板可以用照相复制结构模线图板来代替，而不必加工出工作外形。

随着飞机零件和工艺装备制造技术的发展，数控加工和数控测量比重不断增长，生产样板的数量也将逐渐减少。因此，随着计算机辅助设计和数字化设计制造技术的推广应用，模线-样板工作法的作用将会越来越弱。

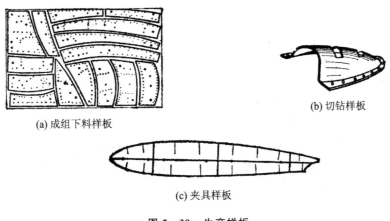

(a) 成组下料样板

(b) 切钻样板

(c) 夹具样板

图 5-39 生产样板

5.3 飞机制造工艺装备

5.3.1 传统飞机制造工艺装备

由于飞机产品的结构及其工作环境不同于一般机械产品,所以在传统的飞机制造过程中,除了采用各种通用机床、常用工具和试验设备外,还需针对不同机型的零件、组合件、部件,制造专用工艺装备,如型架、夹具、模具、标准样件、量规等,用以对工件进行加工成形、装配安装、测量检查以及在工艺装备之间进行协调移形。这些工艺装备对保证飞机零件、部件的质量,提高劳动生产率和减轻工人劳动强度有着重要作用。

工艺装备按功用可分成两类:生产工艺装备和标准工艺装备。生产工艺装备直接用于制造和检验飞机零件、组合件或部件,如模具用于成形零件,型架用于把零件装配成部件等。标准工艺装备是生产工艺装备的制造依据和协调的标准,因此,生产工艺装备之间的外形和尺寸的相互协调需要通过标准工艺装备来保证。

1. 生产工艺装备

生产工艺装备大体有以下几种:

(1) 毛坯工艺装备

如锻模、铸模等。虽然不一定都对产品的最后尺寸有影响,但往往对材料的物理、机械性能和劳动生产率影响较大。

(2) 零件工艺装备

如钣金零件成形的各种模具、机械加工零件的夹具以及非金属材料零件成形的工艺装备等。

(3) 装配工艺装备

装配工艺装备是指在飞机制造中铆接、焊接和胶接等装配工艺过程中所使用的装备。如铆接夹具、焊接夹具和胶接夹具等。在铆接装配夹具中通常将一些尺寸较大、结构较复杂的装配夹具称为装配型架。

（4）检验工艺装备

主要有部件检验型架和零件检验夹具、检验模等。用于检查形状复杂，对接接头相对位置参数复杂的工件，经过检验合格的工件能保证达到要求的互换、协调性。此类检验工艺装备数量不多，一般是采用简易的检验工具和样板，或者利用原有的装配夹具，在其上附加检验用的卡板、检验器等附件。

（5）精加工型架

成批生产时，在部件装配车间中常采用部件的精加工型架（精加工台）以保证部件的互换、协调要求。工件在此专用的机床上定位夹紧后，用专用的动力头、刀具对对接接头等零件的孔进行扩孔、铰孔、端面铣切，消除装配过程中产生的变形等误差，以达到最后的相对几何位置加工精度和光洁度。

（6）辅助工艺装备

为了使工人操作方便，设置的一些工作梯、工作台以及专用的起重运输、吊挂装置等工艺装备。辅助工艺装备对于提高劳动生产率起着相当大的作用。

2. 标准工艺装备

标准工艺装备（或称标准工装）是以 1:1 的真实尺寸体现产品某些部位几何形状和尺寸的刚性实体，作为制造、检验和协调生产用工艺装备的模拟量标准，是保证生产用工装之间和产品部、组件之间尺寸和形状协调与互换的重要依据。标准工艺装备作为标准尺度，用于制造、协调、检验、复制其他方法不能达到协调准确度要求的有关工艺装备，确定有关工艺装备之间重要接头、外形、孔系定位件的相对位置，以达到机体部件、组合件、零件和附件的协调、互换性要求。

按照相互联系制造原则进行协调时，标准工艺装备是保证生产工艺装备之间相互协调的重要手段。因此，重要协调部位的标准工艺装备应具有较高的制造精度。

根据飞机制造中保证互换与协调的内容，标准工艺装备可分为标准样件、标准量规、标准平板等。前者又可分为安装标准样件、表面标准样件和反标准样件。在采用产品数字化定义和数控加工技术协调体系后，上述标准工艺装备的种类和数量显著减少。

（1）标准量规

对于部件、段件间的叉耳式的交点连接，常采用成对的正反量规来保证工艺装备交点的协调，并用以安装对应的标准样件上的交点。图 5-40 所示是具有叉耳式对接接头的外翼和中翼安装时用于协调对接接头的一组标准量规，由于接头之间必须保证非常高的协调准确度，因此它们是成对制造的。量规具有使用简便、精度高等优点，所以即使采用产品数字建模和数控加工技术，量规仍被采用。原始量规通常利用型架装配机或光学仪器安装。

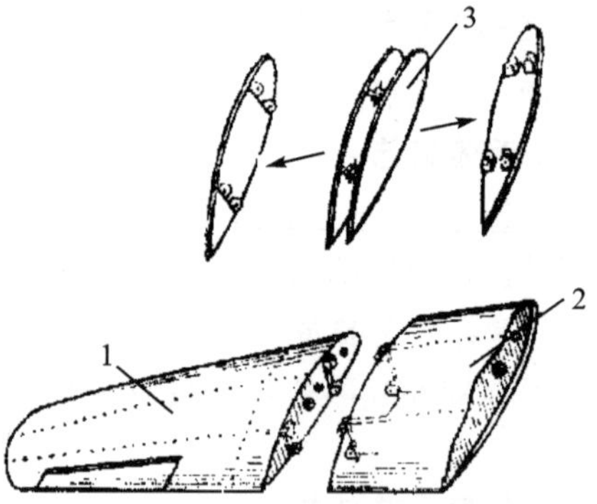

1—外翼；2—中翼；3—标准量规

图 5-40　外翼和中翼对接接头标准量规

（2）标准平板

标准平板是部件间框式凸缘多孔对接面的标准样件。在平板上有准确的对接孔，用来协调对接零件的钻孔夹具、组合件装配夹具、板件和部件装配型架上的型架平板以及部件精加工台的钻模等。如图 5-41 所示前、后机身分离面的对接,其连接形式是采用的多个螺栓连接的围框式,为了保证相应工艺装备对应螺栓孔和销钉孔的协调一致,须采用标准平板进行协调。标准平板一般采用厚度为 20~30 mm 的低碳钢板制成,其上面的孔在精密坐标镗床或数控机床上加工,以保证准确度。

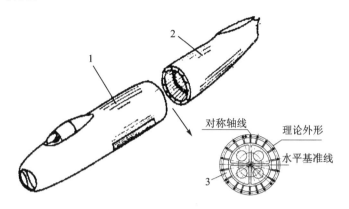

1—前机身;2—后机身;3—标准平板

图 5-41　前后机身分离面标准平板

(3) 外形标准样件

外形标准样件具有部、段件外形但不带交点接头的实体,用以协调蒙皮拉型模和与蒙皮连接的其他零件的相关模具,也可以以外形标准样件标准制作样板,或制成局部的表面样件,用以安装型架定位器。外形标准样件是保证飞机部件上外形比较复杂的部位的有关工艺装备曲面外形协调的标准工艺装备,作为制造带复杂曲面外形的各有关成形模的原始依据。图 5-42所示即为利用外形标准样件协调蒙皮与桁条制造的工艺装备。

随着 CAD/CAM 技术在飞机制造中的应用,复杂的曲面外形(零件或模具)可以直接用数控加工获得,而且还能大大提

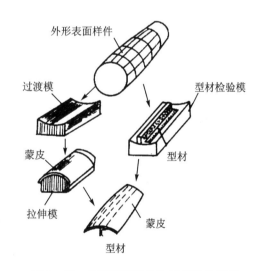

图 5-42　外形标准样件协调作用示意图

高加工准确度,保证较高的协调性,因此,外形标准样件也用得越来越少。

(4) 安装标准样件

安装标准样件用于安装装配型架。它带有组合件或部件的外形(一般只带局部外形)和接头,由于装配型架上只须控制主要切面处的外形,所以在安装标准样件上只在装配件的纵、横向骨架处才加工出实际外形。安装标准样件是模线-样板工作法中保证互换协调的重要工艺装备,除了用于安装装配型架外,还用以保证有关装配工艺装备之间的协调。

安装标准样件可分为整体标准样件和局部标准样件。

1) 整体标准样件

整体标准样件采用能相互对合协调的部件、段件、组件以至零件的全套标准样件,作为制造与协调各类生产用工艺装备的主要依据。其特点是协调互换性好,可提前发现不协调问题,制造协调与复制工艺装备方便。但成套标准样件制造周期长,成本高,大型样件使用不便。因此,它不适用于新机研制和小批量生产。图5-43所示为采用整体标准样件的全机标准样件分布图。

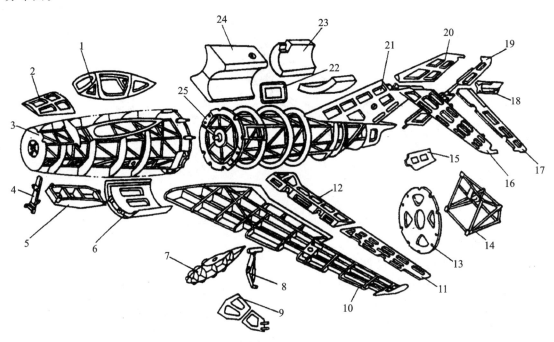

1—座舱盖样件;2—特设舱盖样件;3—前机身样件;4—前起落架样件;5—炮架样件;6—下舱口盖样件;
7—副油箱样件;8—主起落架样件;9—机轮护板样件;10—机翼样件;11—副翼样件;12—襟翼样件;13—前后机身标准平板;
14—发动机架样件;15—减速板样件;16—水平安定面样件;17—升降舵样件;18—尾锥整流罩样件;19—方向舵样件;
20—上垂直安定面样件;21—下垂直安定面样件;22—口盖样件;23—油箱样件;24—软油箱标准模胎;25—后机身样件

图5-43 全机标准样件分布图

为了保证部件及其各段件、板件和组合件装配型架之间的协调准确度,可将部件安装标准样件做成可分解的,即所谓组合式安装标准样件。如苏-27飞机部件标准样件大都采用组合式结构,即由若干分样件组合成整体样件,作为安装大型型架、精加工台的依据。这样把样件分解后,又可作为段件、组合件及零件工装的协调依据。它的全机标准样件分为五大部分,即前机身标准样件、进气道标准样件、后机身标准样件、中央翼标准样件和外翼标准样件。

2) 局部标准样件

在飞机部件结构和外形有比较复杂的协调要求的局部部位选取的样件,称为局部标准样件。局部标准样件须与量规、样板配合型架装配机和光学工具综合协调,与整体标准样件法相比,具有结构简单、标准工艺装备少等特点。因此,其生产准备周期较短,成本较低。但协调环节多,难于预先发现不协调问题。局部标准样件的协调方法,特别适用大、小各类机型的新机研制,小批量生产和大、中型飞机的批量生产。图5-44所示为采用局部标准样件和量规的全机标准工装分布图。

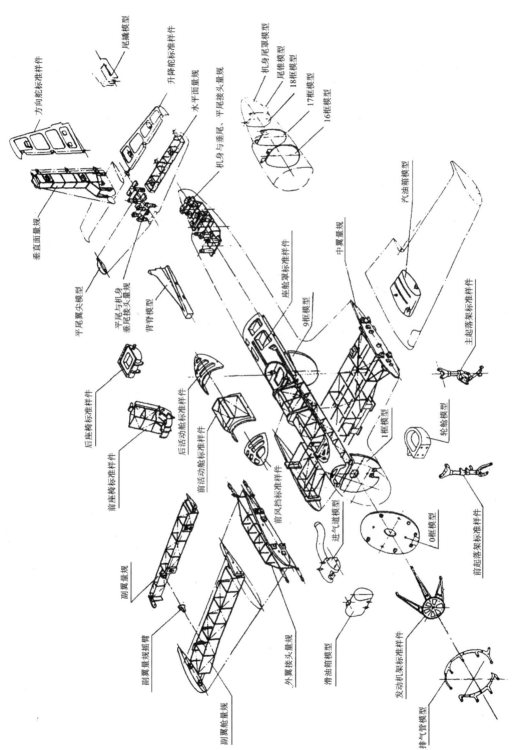

图 5—44 局部标准样件和量规的全机标准工艺装备分布图

(5) 反标准样件

反标准样件是保证零件样件或组合件样件与部件样件协调一致的依据。也是保证分解式样件组合后的准确度和稳定状态的依据。例如机身安装标准样件上的某些重要的隔框，其上有较多的接头，若将它分解出隔框样件，会因样件刚度不足而影响准确度。因此，需要单独制造一个有足够刚度的组合件标准样件来安装组合件标准型架。为了保证组合件样件和部件安装样件的协调，在生产中往往根据部件安装样件制造一个部件反标准样件，据此制造组合件标准样件。由于采用相互联系制造的原则，所以，部件安装标准样件与组合件安装标准样件之间具有较高的协调准确度。图 5-45(b) 即为机身隔框反标准样件，用于协调机身安装标准样件图 5-45(a) 和隔框组合件标准样件图 5-45(c)。

(a) 安装标准样件　　　　　　　　　　(b) 反标准样件　　　(c) 组合件标准样件

图 5-45　机身隔框反标准样件

对于大尺寸的飞机部件，要制造部件安装标准样件比较困难，不仅制造周期长，制造费用高，而且容易产生变形，无法保证样件的制造准确度，也不便于使用。当前，飞机制造发展的趋势是：不再采用大尺寸的部件安装标准样件和反标准样件。但对于那些结构和形状比较复杂的组合件（如舱罩、舱门和门框等）则采用组合件标准样件。

5.3.2　数字化标准工装

数字化标准工装 DMT(Digital Master Tooling，又称数字标工模型)是包含产品协调部位几何形状和尺寸的数学模型，它利用产品 3D 数字化模型和统一的坐标基准系统(包括坐标系统、各种基准、主几何模型、装配尺寸及公差等装配元素)作为设计、制造、检验和协调所有零件加工工装、部段内部装配工装、部段间装配工装和检验工装的数字量标准，是保证生产用工艺装备之间、生产工艺装备与产品之间、产品部件和组合件之间的尺寸和形状协调互换的重要依据。

如图 5-46 所示是数字化标准工装模型的构成关系，从图中可以看出，DMT 模型通过建立一套统一的基准系统和包含具有几何形状与尺寸协调关系的数字几何模型，在各要素之间依次传递，实现各要素间的准确协调。其中，飞机主尺寸表面(Master Dimension Surface, MDS)是对全机几何外形进行精确描述后给出的完整的飞机三维理论外形数学模型，是后续设计生产工作中传递飞机外形几何形状和结构尺寸的原始依据。实体几何模型是在相应飞机坐标系下，通过引用相关几何基准和主尺寸表面，以 1:1 虚拟的形状与尺寸反映具有协调关系的飞机产品零部件或制造工艺装备的数字量模型。它不仅精确描述了飞机产品零部件或制造工艺装备的外形轮廓和结构尺寸，而且还根据协调要求，在统一基准的基础上，对相互协调部位进行了合理的公差分配，在数字量上保证了空间关联元素之间的协调一致性。

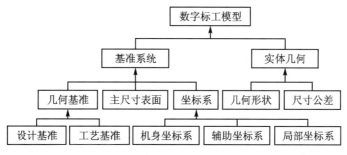

图 5 - 46　数字化标准工装的构成

5.3.3　数字化制造协调系统

从零件加工到部件装配经过了许多生产环节,每个环节都会产生制造误差。为了保证产品的制造准确度和协调准确度,必须保证所使用的大量工艺装备本身的制造准确度和相关的工艺装备之间的协调准确度。为此,在飞机制造中,工艺装备的制造应遵循一定的协调路线。

设计协调路线的基本要求是:保证飞机零件、组合件、段件和部件的互换性,以及保证它们主要的几何参数——外形、接头和分离面的互换性。同时,设计协调路线还应当满足:从模线、样板、工艺装备,直至零件的形状和尺寸传递环节的数量以及这些环节的误差量为最小,而其中公共环节的数量最大。

在飞机生产中,以模线—样板为基础,保证工件、工艺装备以及它们之间的几何形状与尺寸的协调系统可以归结为模线-样板标准样件和模线—样板局部标准样件两种典型的协调系统,它们是以模拟量进行尺寸传递的体系。随着计算机技术的发展,现代飞机制造开始广泛采用先进的以数字量为尺寸传递的体系,即以飞机外形数学模型为基础的计算机辅助设计与制造协调系统和数字化制造协调系统。

1. 模线-样板标准样件协调系统

模线—样板标准样件协调系统是适合于成批生产小型飞机的一种协调系统。它的原始依据是模线—样板,根据样板制造安装标准样件,通过安装标准样件制造装配型架,也可以直接用样板安装一些平面组合件的装配夹具。安装标准样件可以制造成组合式的,用于制造各有关工件的装配夹具;也可以单独制造组合件标准样件,但须经过部件反标准样件协调。

零件的生产工艺装备制造依据,随零件形状类型而异。平面弯曲零件或单曲度零件和板件的形状和尺寸是通过取自理论模线和结构模线的成套生产样板协调的,用这些样板制造与检验零件和工艺装备(如成形模或型胎)。对于双曲度零件,需要用空间立体的协调依据即通过切面样板制造的外形标准样件来协调,这类零件的成形模具(如制造蒙皮的拉伸模)是由经过外形标准样件制造的过渡模翻制而成的。由于引用了外形标准样件,解决了用平面样板无法解决的复杂的空间表面外形的协调问题,这不仅使零件工艺装备之间得到协调,也保证了零件工艺装备与装配工艺装备之间的协调。

图 5 - 47 所示为机翼部件制造安装时按模线-样板标准样件的协调系统示意图。

其特点是:复杂型面使用外形标准样件协调,提高了零件的协调性。生产中出现不协调问题时,检查方便、直观,但是,制造标准样件周期长,技术要求高、费用大。对于大、中型飞机,制造标准样件还存在种种问题,因此,这个协调路线目前已不适用。

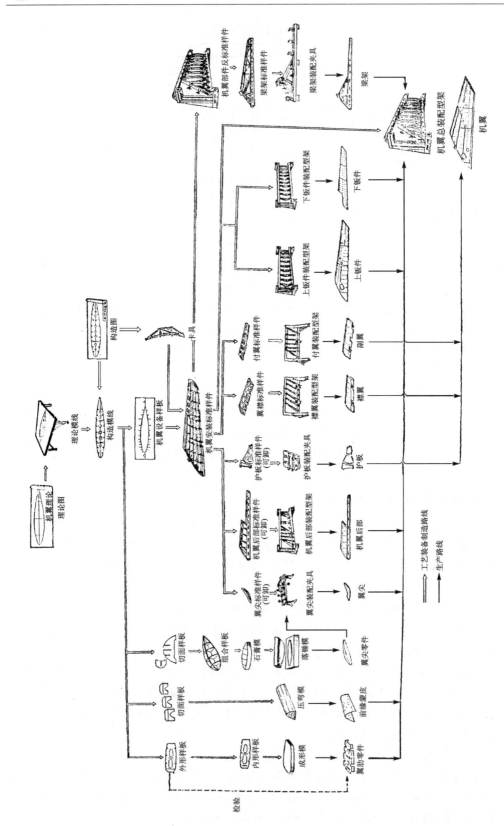

图 5-47 机翼部件按模线-样板-标准样件协调系统示意图

2．模线-样板局部标准样件协调系统

模线-样板局部标准样件协调系统是传统飞机制造中常用的一种协调系统。采用型架装配机、划线钻孔台和光学仪器等通用工具，并附加平面样板和局部标准样件作为协调全部工艺装备的依据。在装配型架安装时，由使用光学仪器，发展到使用激光准直仪，大大提高了装配型架安装的准确度。所以，这种协调系统虽然不用大尺寸安装标准样件，但装配工艺装备之间仍然可以获得较好的协调性。

图 5-48 所示为机身部件制造安装时按模线-样板局部标准样件的协调系统示意图。

这种协调系统的特点是：

省去了全机安装标准样件，只制造局部标准样件。为了保证复杂型面的协调，要制造局部外形标准样件。同时，这种协调系统使用通用的工具（如型架装配机、划线钻孔台和光学仪器）制造装配型架以及其他工艺装备，不仅提高了制造精度，还减少了安装型架的时间。用激光准直仪安装型架比用普通光学仪器可节约 $50\%\sim60\%$ 的调试时间，尤其在安装大尺寸装配型架的，其优越性更为突出。

由于这种协调系统克服了模线-样板标准样件协调系统的缺点，因而在国内飞机制造工厂中被广泛采用。

3．数字化制造协调系统

飞机制造中采用的模线-样板（局部）标准样件协调系统，都是采用的相互联系制造方法，通过实体的模拟量（模线、样板、标准样件）在制造过程中传递产品的形状和尺寸，以达到生产工艺装备之间的协调性，以及零件、装配件和部件的互换性。存在的主要问题是：

① 工艺装备的制造必须严格按协调路线规定的先后次序进行，并行作业受到很大限制。

② 模线、样板、标准样件和生产工艺装备制造中，手工劳动量占很大比重，生产准备周期很长，制造费用大。

③ 生产工艺装备和零件制造的尺寸传递过程环节多，路线长，每个环节的移形误差大。难以提高产品的制造准确度。

目前，传统的模线-样板（局部）标准样件的协调系统已产生了很大变化。归纳起来，主要有以下几个方面：

① 用计算机建立飞机外形及内部结构的几何模型，建立作为飞机制造过程中各个环节应用的统一的几何数据库，并通过数控绘图机绘制理论摸线、结构模线和飞机生产图纸，大大提高了模线和图纸的质量以及绘制效率。在计算机内存储的飞机外形及内部结构的精确的几何模型是飞机制造的原始依据。

② 在工艺装备制造方面，形状和关系复杂的组合标准样件，钣金零件制造用的大量成形模具、装配型架上的内形卡板和外形卡板等，均可采用数控加工和数控测量。工艺装备数控加工所需要的有关形状和尺寸的几何数据，可以直接从飞机的几何数据库中提取，不再需要经过模线和样板等尺寸传递过程。这样大大提高了工艺装备的制造准确度和协调准确度，且提高了加工效率，缩短了生产准备周期。

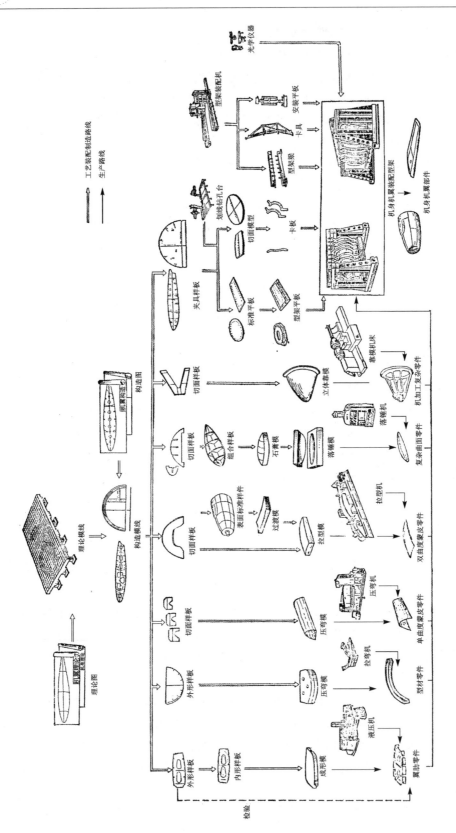

图 5-48 机身部件接模线-样板局部标准样件协调系统示意图

③ 在零件制造方面,由于现代飞机上采用了很多整体结构件(包括整体框、整体肋、整体梁和整体壁板等),也采用数控加工和数控测量,大大提高了零件加工的制造准确度和协调准确度,减少了尺寸传递的许多中间环节。

因此,在飞机制造中采用计算机辅助设计与制造技术以后,出现了采用计算机辅助设计与制造的数字化协调系统,这种协调过程又称数字标工协调法。

数字标工协调法是在统一基准下把产品协调部位的尺寸与形状信息通过数字量方式直接传递到产品或生产工艺装备的过程,保证了生产用工艺装备之间、生产工艺装备与产品之间、产品部件和组件之间的形状及尺寸的协调互换。

基于数字标工模型的数字化协调原理如图 5-49 所示。在飞机主几何模型等统一基准的基础上,通过飞机部件、段件结构空间分配,在虚拟环境中用三维数学模型精确描述各飞机零部件正确的空间位置和协调一致的几何形状和尺寸关系,形成工程数据集。在工艺设计过程中,工艺人员根据装配和加工工艺需要,在飞机零部件模型基础上增加定位用的结构特征与工艺基准,形成制造数据集。对于装配工装,还要在工装零件模型的恰当位置设计出光学测量、安装用的工具球孔特征,并在工装坐标系中给出正确的孔位数据,形成工装数据集。同时,检验人员根据产品检测原则形成零部件和工装的检验数据集。

飞机数字化协调系统,是一种先进的基于数字化标准工装定义的协调互换技术,能保证生产用工艺装备之间、生产工艺装备与产品之间、产品部件和组件之间的尺寸和形状的协调互换。数字化标准工装协调法需要通过数字化工装设计、数字化制造和测量系统来实现。利用数控加工、成型,制造出零件外形和所有的定位元素。在工装制造时,通过数字测量系统(如激光跟踪仪、电子经纬仪、数字照相测量和室内 GPS 等设备)实时监控、测量工装或产品上相关控制点(关键特征点)的位置,建立起产品零部件基准坐标系统,并在此坐标系统中将工装或产品上关键特征点的测量数据和 3D 模型定义数据直接进行比较,分析出空间测量数值与理论数据的偏差情况,作为检验产品是否合格及进一步调整的依据,最终获得满足互换协调要求的飞机产品。

数字化协调系统的特点如下:

① 通过建立全机外形数学模型,用来精确定义飞机的几何形状,可以省去制作一些表面标准样件,使工艺过程得到简化。

② 实现了数据的全过程数字量传递,使得制造环节大大减少,缩短了协调路线,降低了移形误差。

③ 可以用独立制造的方法,通过建立统一的、精确的飞机几何数据库,将飞机外形和内部结构的几何信息直接传递给数据设备,进行飞机零件和工艺装备的数控加工,因此可以省掉许多样板和标准工艺装备。

④ 通过采用数字化设备,提高了产品和工装的制造准确度和协调准确度,保证了工艺装备之间的协调,使产品的制造精度大幅度提高。

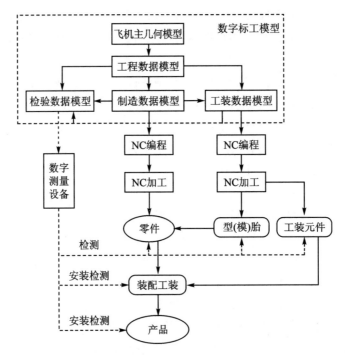

图 5-49　基于数字标工模型的飞机数字化协调原理

思考题

1. 什么是设计分离面与工艺分离面？设置工艺分离面有何意义？
2. 飞机的装配准确度包括哪几个方面？
3. 如何提高飞机装配准确度？
4. 试说明以骨架外形为基准和以蒙皮为基准的误差积累过程。
5. 飞机装配时有哪些定位方法？
6. 互换与协调的概念是什么？
7. 制造准确度与协调准确度的关系是什么？
8. 飞机制造过程中的三种基本协调原则和各自特点是什么？
9. 试说明模线—样板工作法的工作原理。
10. 什么是飞机理论模线和结构模线？
11. 样板的种类有哪些？各自的作用是什么？
12. 标准工艺装备有哪些类型？
13. 什么是数字化标准工装？
14. 飞机部件装配的典型的协调系统有哪些？各有何特点？

第6章 飞行器装配与总装

飞机是最典型的飞行器。下面以飞机为例来说明飞行器装配与总装过程。

6.1 装配连接技术

飞机装配包括部件装配和总装。飞机零部件定位后,需要用可靠的连接方式将它们连接到一起。飞机上最常用的连接技术主要有:机械连接技术、胶接技术和焊接技术等。飞机装配连接的质量直接影响到飞机结构的抗疲劳性能和可靠性,因此,装配连接过程是飞机制造过程中非常重要的环节。

6.1.1 机械连接技术

机械连接主要包括铆接和螺栓连接,是一种传统的连接方法,在飞机制造中大量使用。从数量来看,平均每吨机体质量约有 3 万~4 万个铆钉,其连接工作量约占全机工作量的 20%~30%。例如,每架 B747 客机有铆钉 200 万个;每架伊尔 86 客机有铆钉 148 万个,螺栓 12 万个;每架 A340 客机有铆钉 90 万个,螺栓 70 万个。随着整体结构的发展,特别是复合材料结构件的大量使用,机械连接件的数量将不断减少,但机械连接手段仍然是其他连接方法无法代替的。

1. 铆接技术

铆接的连接强度比较稳定可靠,铆接方法与工艺参数容易掌握和控制,铆接质量检验方便,故障比较容易排除,使用工具比较简单、价廉,适用于较复杂结构的连接。虽然铆接存在着一些缺点,如增大了结构质量,降低了结构强度,容易引起变形等,但到目前为止,铆接仍然是飞机装配中主要的连接方法。

铆接方法主要有普通铆接、干涉配合铆接、密封铆接和特种铆接 4 种类型。根据飞机机体各部位结构要求的不同,飞机装配中可采用各种不同的铆钉和铆接方法。例如,伊尔 86 飞机全机采用的 148 万个铆钉中,普通铆钉占 58.8%,冠头铆钉占 30.8%,无头铆钉占 0.5%,单面铆钉占 1.5%,环槽铆钉占 8.4%。图 6-1 所示为飞机中常采用的各种铆钉的连接形式。

(1) 普通铆接

普通铆接是指最常用的凸头或埋头铆钉铆接。其铆接过程是:确定钉孔位置——制铆钉孔及制埋头窝——放铆钉—铆接。图 6-2 所示为埋头铆钉铆接工序。

1) 钻孔及锪窝

对铆钉孔的要求 普通铆接的铆钉孔直径一般比铆钉杆直径大 0.1~0.3 mm,这样既便于放铆钉,铆接后又能使钉杆较好地填满铆钉孔。铆钉孔的质量直接影响铆接质量。除孔径的公差要求外,对于孔的椭圆度、垂直度、孔边毛刺、孔壁粗糙度,都有相应的要求。普通铆接中铆钉孔的公差要求如表 6-1 所列。

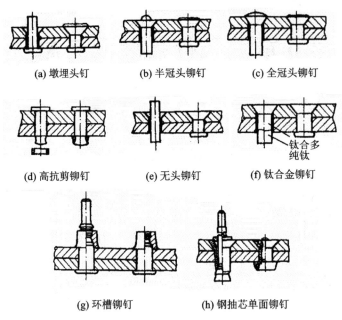

(a) 墩埋头钉　　　(b) 半冠头铆钉　　　(c) 全冠头铆钉

(d) 高抗剪铆钉　　　(e) 无头铆钉　　　(f) 钛合金铆钉

(g) 环槽铆钉　　　(h) 钢抽芯单面铆钉

图 6-1　各种铆钉连接形式

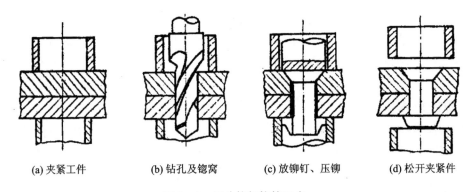

(a) 夹紧工件　　　(b) 钻孔及锪窝　　　(c) 放铆钉、压铆　　　(d) 松开夹紧件

图 6-2　埋头铆钉铆接工序

表 6-1　铆钉孔尺寸公差

mm

铆钉直径		2.0	2.5	3.0	3.5	4.0	5.0	6.0
铆钉孔	公称尺寸	2.1	2.6	3.1	3.6	4.1	5.2	6.2
	公差	0~0.12			0~0.16			0~0.2

确定铆钉孔的位置　铆钉孔的位置一般是指边距、排距(或称行距)、孔距,这些在图纸上均有规定,允差一般是±1.0 mm。确定钉孔位置的方法有:

① 按画线钻孔:这种方法准确度低、效率低,但简单、方便,适用于新机试制。

② 按导孔钻孔:即在相互连接的其中一个零件上,按铆钉位置,预先制出较小的孔,称为导孔。导孔通常制在孔的边距较小、材料较硬或较厚的零件上,在零件制造阶段就制出,装配定位后,铆钉孔按导孔钻出。图 6-3 所示的蒙皮和长桁的铆钉孔,是按长桁上的导孔钻出的。按导孔钻孔工作效率较高,常用于成批生产。

③ 按钻模钻孔：为了保证孔的位置准确，使带孔的零件或组合件能够互换，应采用这种方法。如某飞机油箱底板上的检查口盖，每个口盖上都由数十个托板螺帽连接，底板上有相应的螺钉孔，为了保证各口盖互换，底板和口盖上的孔均按钻模钻出，如图 6-4 所示。按钻模钻孔不仅能保证孔的位置准确，而且钻模上的导套有导向作用，还能保证孔的垂直度。

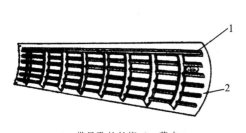

1—带导孔的长桁；2—蒙皮

图 6-3　按导孔钻孔

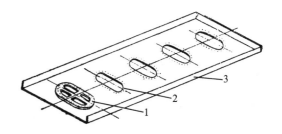

1—钻模；2—螺钉孔；3—油箱底板

图 6-4　按钻模钻孔

锪窝　高速飞机上蒙皮与骨架之间的连接，主要用埋头铆钉。铆接埋头铆钉时，钻孔后要制埋头窝。制埋头窝一般用锪窝，当蒙皮厚度小于 0.8 mm 时，应采用冲窝。图 6-5 所示为不同形状的锪孔过程，分别用于加工各种埋头铆钉的埋头窝、沉头螺钉的沉头孔或削平孔的外端面。

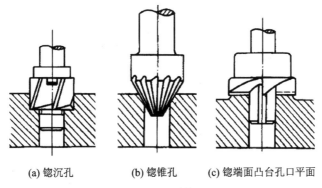

(a) 锪沉孔　　　　(b) 锪锥孔　　　　(c) 锪端面凸台孔口平面

图 6-5　不同形状的锪孔

埋头窝的深度应严加控制。为了保证连接强度，埋头窝的深度只能取负公差，铆接后只允许铆钉头高出蒙皮表面，公差为 +1.0 mm，如图 6-6(a) 所示。如果埋头窝过深，则蒙皮受力后，会使铆钉松动，降低连接强度，如图 6-6(b) 所示。此外，埋头窝的轴线应垂直于工件表面，以保证铆接后表面平整。

工具及设备

① 风钻：风钻制孔的优点是质量轻，尺寸小，可以手动控制，用调节进气量来调节转速，超载时会自行停转。常用风钻的钻孔直径为 2~6 mm。

② 锪窝钻：用手工操作时，为了保证埋头窝深度公差，应采用能限制窝深的锪窝钻套。

③ 自动钻锪设备：现代飞机上的铆钉孔和螺栓孔数量多，直径大，为了提高钻孔的质量和效率，可采用自动钻锪设备。图 6-7 所示为一种用计算机控制、并带识别装置的自动钻锪设备，可对在装配过程中的定位和装配误差较大，而不能采用普通的数控自动钻孔装置的零件进行智能钻孔，如翼梁、长桁、翼肋等骨架零件。这种自动钻锪设备的工作头可以实现 x、y、z、

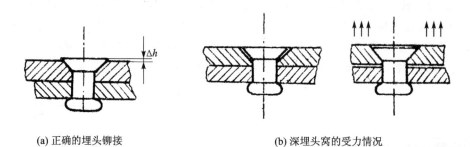

| (a) 正确的埋头铆接 | (b) 深埋头窝的受力情况 |

图 6 - 6　埋头窝的深度控制

α、β 五坐标控制,工作头上可安装数字摄像机和钻孔动力头。数字摄像机可根据光学原理检测结构的边缘位置,并根据实际的零件边缘位置对铆钉孔的位置进行修正。检测完成后,工作头回到零位,换上钻锪动力头,钻锪动力头按修正后的位置制出定位铆钉孔,定位铆接后再钻制所有铆钉孔。钻孔时钻头的垂直度由程序控制,可以在双曲度的工作表面进行钻孔、锪窝。自动钻锪设备与在型架内用手工钻孔相比较,钻孔劳动量可以减少 $50\%\sim60\%$,钻锪精度也大大提高。

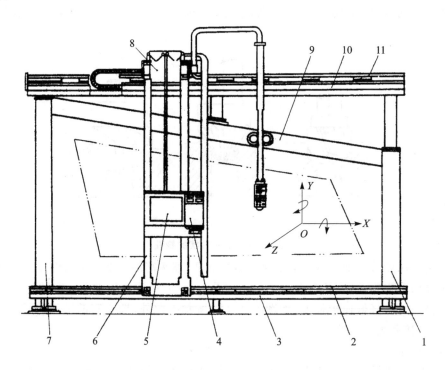

1—立柱;2—下梁导轨;3—下梁;4—垂直驱动系统;5—工作头;6—框架;

7—立柱;8—纵向驱动系统;9—斜梁;10—上梁;11—上梁导轨

图 6 - 7　计算机控制的自动钻锪设备

2) 铆　接

铆钉选择　铆钉材料有铝合金、碳素钢、合金钢、钛合金等,视装配结构的材料而定。铆钉长度的选择和连接后的尺寸按标准规定或有关计算公式确定,如表 6 - 2 所列。

表 6 - 2　铆钉长度选择和连接后的尺寸

mm

铆钉直径 d	铆钉长度 L	镦头直径 D	镦头高度 h	示　例
$2.0\sim3.0$	$1.4d+S$	$(1.5\pm0.1)\times d$		
$3.5\sim4.0$	$1.3d+S$		$0.4d$	
$5.0\sim6.0$	$1.2d+S$	$(1.45\pm0.1)\times d$		

双面埋头铆钉的铆钉长度 $L=S+(0.6\sim0.8)d$

近年来,连接件采用钛合金材料的越来越多,据国外资料分析,飞机采用钛合金紧固件加干涉配合,不仅能提高接头的强度,大大改善结构的抗疲劳性能和密封性,而且可使结构质量减轻 4% 左右。如 F - 15 全机凸头铆钉 73% 为钛合金,而低合金钢只占 10% 左右。钛合金紧固件在美国应用最广,已形成标准化系列。

铆接方法　铆接方法按镦粗钉杆时产生压力方式的不同分为锤铆和压铆;按结构的可达性要求,可分为双面铆接和单面铆接。

锤铆是利用铆枪的活塞撞击铆卡,铆卡撞击铆钉,在铆钉的另一端由顶铁顶住,使钉杆镦粗,形成镦头。锤铆时按锤击铆钉的部位不同,又分为正铆和反铆。

正铆是用顶铁顶住铆钉头,铆枪的锤击力直接打在钉杆上形成镦头,如图 6 - 8(a)所示;反铆是铆枪锤击铆钉头,用顶铁顶住钉杆,形成镦头,如图 6 - 8(b)所示。在铆接埋头铆钉时,用正铆表面质量好,因为铆枪直接打在钉杆上,蒙皮不受锤击,但需要用较重的顶铁才能顶住铆钉,铆接劳动强度大,另外,铆枪在工件内部工作,使用范围受到限制,所以正铆一般用于铆接蒙皮表面。反铆所用顶铁质量小,一般仅为正铆时的四分之一,而且在反铆过程中,部分锤击力直接打在钉头周围的零件表面上,能使工件贴紧,常用于铆接骨架结构。

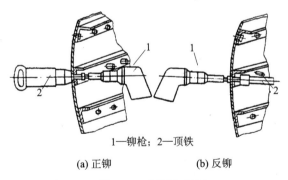

1—铆枪;2—顶铁

(a) 正铆　　　　　　(b) 反铆

图 6 - 8　正铆和反铆

铆枪体积小、质量轻、使用机动灵活,但噪声大,长期使用易使工人患职业病。为此,设计了打击频率低,冲击能量大的铆枪。此外,锤铆还存在以下一些问题:由于锤铆的铆接质量在很大程度上取决于工人的技术水平,因而铆接质量不稳定,容易产生孔径超差、钉孔错位、埋头窝过深、钉头未贴紧零件、镦头偏斜、夹层间隙等缺陷,这些缺陷都将降低铆接强度。锤铆时,铆钉杆镦粗不均匀,靠近镦头部分镦粗较大,而靠近钉头部分则镦粗较小,铆接后钉杆呈圆锥形,会使工件翘曲变形。锤铆的劳动强度大,噪声大和振动大,劳动条件差,再加之劳动生产率低,因此逐渐被压铆方法取代。

压铆是用静压力镦粗铆钉杆,形成镦头的过程。对于不同材料、不同直径的铆钉,所需压铆力不同,可用公式估算,也可由实验确定。

压铆所用设备为压铆机,分固定式(单个压铆机和成组压铆机)和手提式两种类型。单个压铆机一次只压一个铆钉;成组压铆机一次可以压多个铆钉,一次能够压铆的铆钉数量受铆模结构的限制。

与锤铆相比,压铆的铆接质量稳定,表面质量好,工件变形较小,工人的劳动环境好,劳动生产率高,因此,应尽量用压铆代替锤铆。

图6-9所示为KⅡ-602成组压铆机结构示意图,KⅡ-602压铆机是一种大型半自动化压铆机,当板件的骨架与蒙皮定位铆接后,钻孔并锪窝,然后移至KⅡ-602成组压铆机的托架上,放上所有铆钉,最后进行成组压铆。

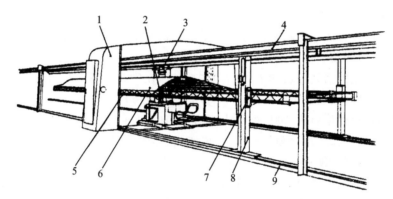

1—床身;2—下动力头;3—上动力头;4—梁架;5—框架;6—板件;7—滑车架;8—立柱;9—地轨

图6-9　KⅡ-602成组压铆机结构示意图

图6-10所示为KⅡ-602成组压铆机工作过程。图6-10(a)所示为板件尚未调平,压铆机托架带着板件向上移动,并接触上动力头上的调平触头,开始调平板件;图6-10(b)所示为板件已经调平,准备进行成组压铆;图6-10(c)所示为上铆模下降,下铆模和夹紧件上升,并一起夹紧工件进行铆接工件;图6-10(d)所示为铆接完成,松开上、下铆模,并准备继续压铆下一组铆钉。

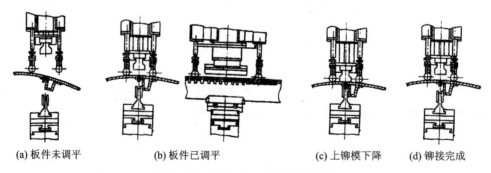

(a) 板件未调平　　　(b) 板件已调平　　　(c) 上铆模下降　　　(d) 铆接完成

图6-10　KⅡ-602成组压铆机过程

（2）干涉配合铆接

现代飞机对结构疲劳强度和结构密封性的要求很高，近似松孔配合的普通铆接，往往由于钉孔边缘应力集中严重，孔缘上可能存在的毛刺和细微裂纹，在交变载荷作用下逐渐扩展而引起疲劳破坏，铆缝疲劳强度低，不能适应飞机高寿命的要求。采用干涉配合铆接可以解决这一问题。

干涉配合技术可保证接头的密封性，使机械连接接头的疲劳强度成倍提高。根据波音公司数据统计，B767 飞机采用干涉配合连接后，不但提高了薄板结构的抗疲劳性能，还使 B767 飞机减重 113 kg。因此，目前国外民用飞机上的受力结构均采用干涉配合连接。

干涉配合铆接是在铆接过程中，用控制各工艺参数（钉孔直径、埋头窝尺寸、钉杆外伸量、铆模形状、镦头直径、高度和形状等）的办法，使铆接后的铆钉杆和钉孔获得预定的干涉量，从而达到提高构件疲劳寿命和密封性的目的。传统的普通铆接方法，不管是压铆、锤铆，都只能在局部位置获得干涉量。一般在镦头附近，干涉量可达 3% 左右，但在夹层中间和埋头窝附近，干涉量很小，或存在间隙。图 6-11 所示为普通铆接的干涉量与间隙。无头铆钉、带凸台的埋头铆钉和平锥头铆钉等铆接后都能产生较好的干涉配合。

1）无头铆钉干涉配合铆接

无头铆钉是两端均无钉头的销钉，铆钉在压铆过程中镦粗，两端同时形成镦头，干涉量分布均匀，能保证铆钉密封。无头铆钉干涉配合铆接主要用于密封舱中间部分的蒙皮与长桁、肋板、框板的连接。

无头铆钉与钉孔的配合公差要求比普通铆

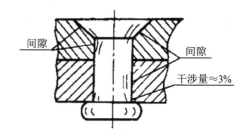

图 6-11 普通铆接的干涉量与间隙

接严格，钉杆与孔的间隙仅为 0.03 ～ 0.15 mm，当间隙超过 0.25 mm 时，就难以形成较好的干涉配合。钉孔表面粗糙度应比普通铆接好，在接近零件表面处不允许有划伤，这些划伤虽然不影响干涉量，但裂纹会降低疲劳寿命和气密性能。

图 6-12(a) 所示为无头铆钉铆成凸头的过程，对于埋头铆钉，还需要将凸出外表面的部分铣平，如图 6-12(b) 所示。

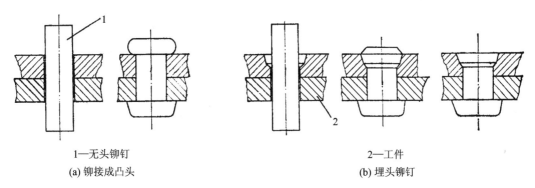

1—无头铆钉 2—工件
(a) 铆接成凸头 (b) 埋头铆钉

图 6-12 无头铆钉的铆接

铆接时，在保证铆钉易于插入钉孔的前提下，铆钉和钉孔的间隙应尽量小，以便铆接以后钉杆与孔之间形成干涉配合。铆接后，钉孔胀大，其膨胀量称为干涉量，可用相对干涉量

r 表示：

$$\gamma = \frac{D - D_0}{D_0} \times 100\%$$

式中：D——铆接后孔径，mm；

　　D_0——铆接前孔径，mm。

干涉量的大小，对疲劳寿命有很大影响，过大或过小都不利，最佳的干涉量应使由干涉量产生的预应力不引起结构变形，且干涉量应大于孔切削刀痕的深度。对于铝合金的无头铆钉铆接，其干涉量取 $1.5\% \sim 3.0\%$ 为宜。

无头铆钉铆接后沿钉杆全长可形成较均匀的干涉配合，对孔壁的挤压力在整个钉孔中比较均匀。适当的干涉量可以使应力的变化幅度减小，成倍地提高连接件的疲劳寿命。在图 6-13 所示的干涉配合连接中，假定外载荷加到 B 点的应力在 $0 \sim \sigma_0$ 之间，B 点因干涉配合存在最小拉应力 $\sigma_{t\min}$ 和最大拉应力为 $\sigma_{t\max}$。在外载荷作用下，由于干涉配合在孔边缘处产生的预应力，使该处切向拉应力变化幅度显著降低，外载荷 $0 \sim \sigma_0$ 在 B 点的实际应力范围为 $\sigma_{t\min} \sim \sigma_t$，其幅值在线段 CD 之间变化。从图中可以看出，干涉配合虽使最大拉应力有所增加，但应力幅值却大大减小。而且铆钉与钉孔接触面上产生较大的摩擦力，承担了一部分外载荷，钉孔对孔壁的支撑作用改善了钉孔的受力状态，再加上钉杆均匀镦粗对孔壁的挤压强化，因此推迟了初始裂纹的产生，降低了细微裂纹的扩展速度，从而显著提高了铆接件的疲劳寿命。与普通铆接相比，干涉配合铆接的疲劳寿命约可提高 5 倍。

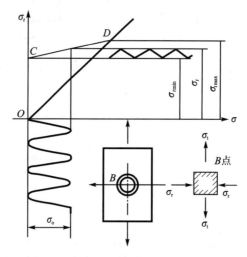

图 6-13　干涉配合的实际应力幅值变化

无头铆钉不但可以大大提高铆接件的疲劳寿命，还能够可靠地保证铆钉自身的密封性，而且在铆接机上输送铆钉非常方便，因此，无头铆钉干涉配合铆接得到了迅速发展和广泛应用，这是铆接技术的一项重大发展。

2）带凸台的埋头铆钉干涉配合铆接

带凸台的埋头铆钉是由埋头铆钉发展而来的，即在埋头铆钉的钉头上增加凸台，如图 6-14 所示。凸台在铆接后被打平，材料填入埋头窝，并产生一定干涉量，表面平整美观。带凸台的铆钉多用于飞机外表面，也适用于进气道。带凸台的钉头不易疲劳拉脱，密封性也较好。

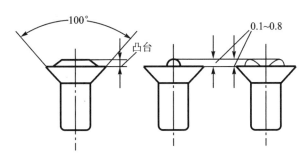

图 6-14　几种凸台铆钉

3）平锥头铆钉干涉配合铆接

平锥头铆钉（或半圆头铆钉）干涉配合铆接如图 6-15 所示，铆钉从蒙皮里面插入孔内，埋头窝形状为 30°/82°双锥度窝，铆卡形状为凹型模，铆接后铣去凸出蒙皮外的部分。采用凹型铆卡和 30°/82°双锥度窝型都是为了使材料便于向孔内流动，减小结构变形和使干涉量沿铆钉轴向分布较为均匀。试验发现，外伸量和镦头直径均对干涉配合有显著影响。外伸量太小，不能填满埋头窝；外伸量过大，干涉量反而不能增加。铆接后可以通过测量镦头尺寸，间接地得到该铆钉的干涉量。

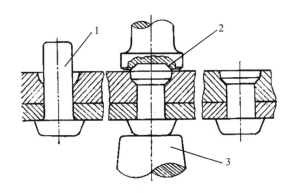

1—铆钉；2—凹铆卡；3—下铆模

图 6-15　平锥头铆钉干涉配合铆接

（3）密封铆接

现代飞机经常把机身和机翼的一部分结构作为整体油箱。对于整体油箱，要求在高温或低温以及各种载荷的情况下都保证不漏油，否则会污染机载设备和发生火灾，威胁飞行安全。

飞机在高空中飞行，气压随飞行高度增加而降低，为了使座舱内有一定的气压，保证乘座人员有舒适的乘坐环境，驾驶舱、旅客舱必须密封增压，因此驾驶舱、旅客舱的结构装配需要密封连接。虽然驾驶舱、旅客舱的密封性能要求相对整体油箱的密封性能要求低一些，但是也要保证舱内的空气只能缓慢地泄漏，而且必须满足技术规定的要求。

对密封铆接，除有强度要求外，还要保证密封结构在使用条件下的密封性。如密封结构能承受一定的内外压力差，气密座舱的内外压差可能达到 0.8 个大气压。另外，还要求能承受振动载荷，对于密封材料要求能承受 −70～+100 ℃（对高温密封达 +300 ℃）的温度变化，且密封材料在各种气体、燃油、氧气中保持稳定。

普通铆接是不能密封的，其泄漏途径既可沿铆钉（或螺钉）与钉孔之间的缝隙泄漏，也可沿零件之间的缝隙泄漏,如图 6 - 16 所示。密封铆接就是消除这些缝隙以堵住泄漏。

1)密封形式

现代飞机结构的密封形式有缝内密封、缝外密封、混合密封、密封条密封以及铆钉自密封。缝内密封是将密封材料放置在结构元件接缝之间。缝外密封则是在结构内表面敷设密封材料。密封条密封是在骨架上制出沟槽,在沟槽内放置密封条进行密封。铆钉自密封是使用密封铆钉(自密封铆钉、冠头铆钉、带胶圈或纯铝套的铆钉等)来取代某些部位的缝内密封。

缝内密封

缝内密封是在铆钉连接或螺栓连接之前,在零件之间的接合面上以及钉孔处涂刷、灌注或喷涂密封胶,或垫上密封胶膜、填塞密封腻子。结构机械连接后,经常温固化或加温固化,即可起密封作用,缝内密封的典型形式如图 6 - 17 所示。缝内密封既能消除通过铆钉孔的泄漏,又能消除零件间的泄漏,是一种可靠的密封方式,常用于密封性要求严格的地方。

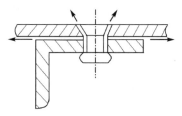

图 6 - 16　铆接泄漏途径

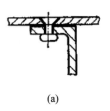

(a)

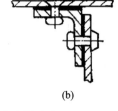

(b)

图 6 - 17　缝内密封形式

缝内密封工艺过程复杂,且由于密封胶有一定的活性期,超过一定时间,胶就失去黏性,影响密封性能,因此,涂胶以后必须在规定时间内完成铆接工作。

缝外密封

缝外密封是铆接以后,在结构对缝或搭接缝处及铆钉连接缝处涂密封胶,如图 6 - 18(a)所示。缝外密封时,密封胶要涂在密封舱内表面,因为密封舱内的压力大于舱外的压力,从密封舱内将密封胶压向缝隙,可以提高密封性能。缝外密封在结构装配和连接以后进行,所以工序比缝内密封少,但密封可靠性比缝内密封差。

缝内缝外混合密封

在结构接合面上涂有密封胶或垫有密封腻子布或密封胶膜,结构机械连接后,在缝隙处再灌注或涂刷密封胶,固化后起双重密封效果,以确保结构的密封性,如图 6 - 18(b)所示。这种密封形式用在要求非常严格的地方,如飞机整体油箱的密封。

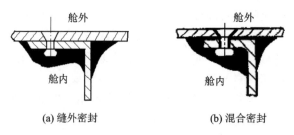

(a) 缝外密封　　　　　　　(b) 混合密封

图 6 - 18　缝外密封和混合密封

密封条密封

在需要密封的接合面上,沿全长开出浅方槽,在槽内放置实心橡胶条,当蒙皮与骨架连接后,实心橡胶条被挤压并充满浅方槽,起密封作用。沟槽通常开在骨架上而不是蒙皮上,如果蒙皮较厚,达到 6~7 mm,也可将沟槽开在蒙皮上。

密封条密封有时与缝内、缝外密封同时使用,以达到密封要求,如机翼整体油箱上可采用这种密封方法以保证整体油箱的密封性。密封条密封典型形式如图 6-19 所示。

采用密封条密封时,有的不采用橡胶条,而是在蒙皮与骨架装配连接后,用压注的方法将不干性密封胶压注、充满沟槽,来提高密封性。这种注腔工艺可使装配工作简化。

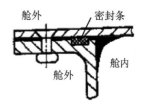

图 6-19　密封条密封

紧固件自密封

前面提到的干涉配合铆接就是紧固件自密封连接。干涉配合铆接时,连接件的钉杆与结构件的孔之间产生的干涉配合起到了密封作用,但各结构件之间的接合面仍是缝隙通道。因此,单独的干涉配合密封,不能用在密封舱结构的边缘处,此处密封舱内的气体会通过蒙皮与肋板的间隙流向密封舱外,如图 6-20(a)所示。铆钉自密封只能用在密封舱内部的蒙皮与长桁、肋板、框板的连接处,若肋板两侧都是密封舱内部,舱内气体在肋板两侧相互渗漏并不影响密封舱的密封。由于铆钉与蒙皮、肋板上的孔是干涉配合,起着密封作用,因此密封舱内的气体不会渗漏到蒙皮外面去,如图 6-20(b)所示。

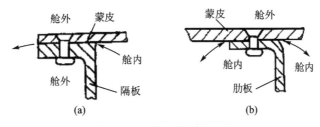

图 6-20　自密封泄漏途径

2）密封试验

装配完成后要求密封的结构部位或单独的装配单元必须经过密封试验。密封试验有气密试验和油密试验两种。

气密试验是向密封容器内充以压缩空气,观察在一定时间内的压力降。例如气密座舱,先增压至 0.0176 MPa,再关闭气源,压力从 0.0176 MPa 降至 0.007 MPa,不少于 10 min 为合格。

油密试验是在整体油箱内装 80% 的燃油,充以一定的压缩气体,在连接件与结构间的缝隙处涂上试剂,在各种状态下停放一段时间,观察有无燃油渗漏。上述试验合格后,油箱不充压,模拟各种状态,再停放 14~21 h,若不渗油,即为合格。

(4) 特种铆接

飞机装配过程中,由于某些部位结构比较封闭,空间不开敞,如在机、尾翼前缘蒙皮和进气道蒙皮等处(见图 6-21),需要采用单面铆接(又称盲铆),即从单面接近工件完成铆接。在有些结构上还采用了环槽铆钉的铆接,均称为特种铆接。特种铆接质量比较稳定,操作简便,可一人操作,铆接时无锤击噪声,而且结构上开口的数量可以减少,故单面铆钉和环槽铆钉应用的部位和数量在不断增加。如伊尔 86 飞机使用单面铆钉 2 万多个,环槽铆钉 12 万多个。

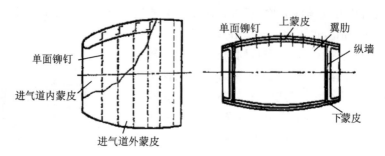

(a) 进气道内蒙皮单面铆接　　　　　(b) 上翼面单面铆接

图 6-21　单面铆接的部位

1）抽芯铆钉铆接

普通单面抽芯铆钉

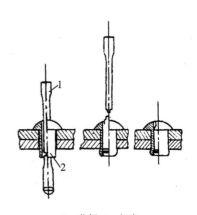

1—芯杆；2—钉套

图 6-22　普通单面抽芯铆钉

普通单面抽芯铆钉由芯杆、钉套组成（见图 6-22），可用普通的拉铆枪进行铆接。拉铆时用拉铆枪头顶住钉头，由抽拉作动筒将芯杆拉入钉套，并在下部形成镦头。当铆钉镦头形成以后再继续抽拉，直至钉杆被拉断，然后把露在钉头外面的多余部分去掉、修平，并在修平处涂上防腐剂。这种形式的抽芯铆钉，直到现在仍用于机身和机翼上的非主要受力部位的封闭处。其缺点是：①当结构承受振动载荷时，芯杆容易从钉套中脱落，从而削弱了结构的连接强度；②由于钉套和芯杆实际上并未形成整体，铆钉受拉时，只有钉套受拉力，芯杆不受力，所以抗拉强度很低，只适用于夹层厚度比较小的非主要受力部位。

拉丝型抽芯铆钉

为了克服普通单面抽芯铆钉的缺点，可采用拉丝型抽芯铆钉，使芯杆与孔能产生干涉配合。这种铆钉的结构和工艺过程如图 6-23 所示。芯杆端部是比孔略小的圆柱体，可以连同钉套、锁圈一起插入工件孔内，当芯杆拉入钉套时，逐步消除夹层间隙，直至工件夹层紧密贴合在一起，芯杆的端头继续把夹层内的钉套胀大，并挤压孔壁，钉和孔间产生干涉配合；同时芯杆直径开始收缩，当芯杆被拉到位时，形成容纳锁圈的空腔，然后压入锁圈，最后芯杆被拉断。这种拉丝型抽芯铆钉强度性能较好，它的拉断力和单面剪断力、拉脱力和夹紧力都比较高，适用于工件夹层较厚的部位。

图 6-24 所示为拉铆枪头工作原理。图中的卡爪 1 和活动部分 2 与活塞相连，3 为拉枪作动筒的外壳。拉铆时外壳前端压在锁圈上，通过锁圈将钉套压在蒙皮上，活动部分夹住芯杆。当作动筒通入高压油时，活塞带动活动部分将芯杆拉入钉套，直到拉断芯杆，这种铆枪称为单动铆枪。拉丝型抽芯铆钉的拉铆过程也可由双动拉枪完成，拉铆时拉枪头先顶在铆钉头上，钉杆被拉到要求位置后，待断槽与钉套平顶处齐平时，拉枪自动转位压环(二动)，将锁圈压入空腔内。此时拉枪继续拉，直至芯杆从断槽处拉断，铣去多余部分，即可完成拉铆。

2）单面螺钉连接

图 6-25 所示为单面螺钉的抽钉过程。单面螺钉强度高，操作方便，具体操作过程如下：

① 将单面螺钉插入孔中，用铆接工具的夹头夹住螺丝杆，同时把钉套压紧；

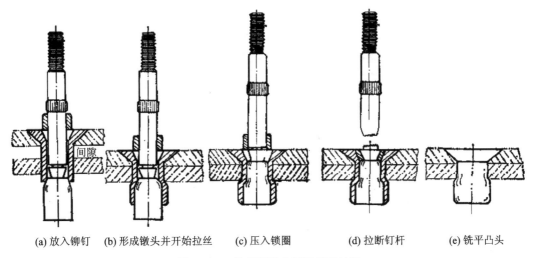

(a) 放入铆钉　　(b) 形成镦头并开始拉丝　　(c) 压入锁圈　　(d) 拉断钉杆　　(e) 铣平凸头

图 6 - 23　拉丝型抽芯铆钉铆接过程

② 铆接工具中的旋转夹头作逆时针转动,螺丝杆将向上运动,迫使变形环沿钉套尾锥面向上滑动并开始胀大;旋转头继续旋转,变形环将开始压紧工件表面,消除夹层间隙,夹紧工件;

③ 螺丝杆在预定的扭矩下被扭断,修平多余部分,并涂上防腐剂。

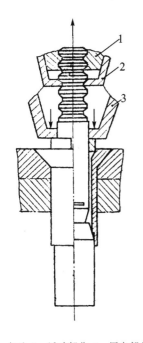

1—卡爪;2—活动部分;3—固定部分

图 6 - 24　拉铆枪头工作示意图

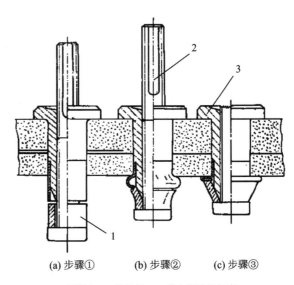

(a) 步骤①　　(b) 步骤②　　(c) 步骤③

1—变形环;2—螺丝杆;3—带内螺纹的钉套

图 6 - 25　单面螺钉连接

3）环槽铆钉铆接

环槽铆钉又称虎克(HUCK)钉,由带环槽的钉杆与钉套两部分组成。环槽铆钉分抗拉型和抗剪型两种。抗拉型环槽铆钉如图 6 - 26(a)所示,与钉套铆接的环槽部分较长,钉头较大,可以承受较大的拉力。抗剪型环槽铆钉如图 6 - 26(b)所示,其钉头扁平,环槽较短。图 6 - 27 所示为环槽铆钉的自动铆接过程。环槽铆钉铆接时,镦铆机将钉套的一部分材料挤到钉杆的环槽内,形成紧固件,起到螺母的作用。

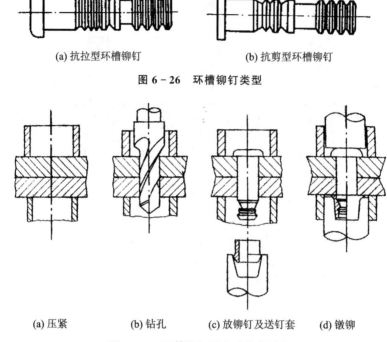

(a) 抗拉型环槽铆钉   (b) 抗剪型环槽铆钉

图 6 - 26 环槽铆钉类型

(a) 压紧   (b) 钻孔   (c) 放铆钉及送钉套   (d) 镦铆

图 6 - 27 环槽铆钉的自动铆接过程

环槽铆钉可以代替螺栓连接,由于环槽铆钉的环槽较螺栓螺纹的应力集中小,加上钉套和钉杆材料适当的匹配,夹层夹紧力大,铆接质量稳定,这对于抗疲劳是有利的。环槽铆钉与螺栓的剪切强度相同,而环槽铆钉的拉脱强度比螺栓高,安装工时和成本也比螺栓少 $1/3\sim1/2$。环槽铆钉的使用范围在不断扩大,由于它可以保证铆缝的密封要求,在飞机密封结构中也开始广泛应用,例如 DC - 8 飞机的机翼整体油箱上就采用了 25 万个环槽铆钉。在整体壁板、大梁、舱门边框、加强支撑等重要部位的对接缝处也可选用环槽铆钉。

(5) 先进的铆接技术

在飞机制造中,装配连接质量直接影响飞机结构抗疲劳性能与可靠性,要高性能连接结构,就必须采用先进的连接技术。目前国外在装配连接技术上使用了计算机辅助钻铆系统、柔性装配系统以及机器人化的装配单元,大大提高了飞机结构抗疲劳性能,减少了操作人员数量,延长了飞机的使用寿命。先进铆接技术的发展主要表现在 4 个方面。

1) 自动钻铆技术

随着高性能飞机对铆接质量和可靠性要求的不断提高,一般的手工钻孔、铆接已不能满足要求。采用自动钻铆技术不仅能提高装配效率,降低成本,改善劳动条件,而且能确保装配质量。自动钻铆技术与手工铆接相比效率,提高 6 倍左右,连接成本可降低 50%。自动钻铆系统能完成干涉配合铆接,适用于无头铆钉、冠头铆钉、钛合金铆钉、高锁螺栓和环槽铆钉等紧固件的安装工作,还可以消除成组压铆时铆钉松紧不均的现象。

图 6 - 28 所示为装配自动化水平与单机成本的关系,从图中可以看出,单架生产或少量生产会促使人们采用人工装配方法,而大批量生产的飞机装配实现低成本则需要尽量提高自动化水平。因此,自动钻铆系统是装配连接技术发展的必然趋势。

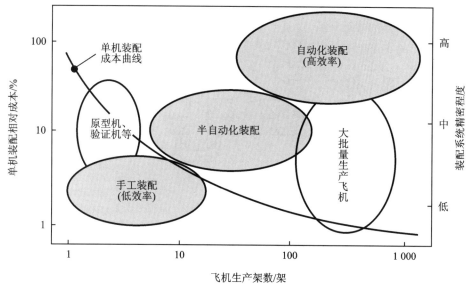

图 6-28 装配自动化水平与单机成本的关系

自动钻铆技术并不是一项新技术,从 20 世纪 70 年代起就普遍采用。目前国外飞机制造商仍有相当大的装配工作由带有半自动或全自动托架、以液压为动力或由电动滚柱丝杆线性动力头提供压力来完成铆接工作的常规自动钻铆机来实现。国外目前现役军、民用飞机的自动钻铆系数分别达到 17% 和 75% 以上。如波音民机的壁板机铆系数达 60%~75%,麦道军机达 17.5%,但是真正的全自动钻铆还需要解决工件定位和校平问题。近年来,铆接正向机器人和包含机器人视觉系统、大型龙门式机器人、专用柔性工艺装备、全自动钻铆机和坐标测量机组成的柔性自动化装配系统发展。如 B767、B777 采用了翼梁自动装配系统,效率提高了14 倍,费用降低了 90%,废品率降低了 50%。

目前自动钻铆系统不仅能铆接壁板,还可铆接各种组件,如肋、框、梁、翼面、前缘等,从而使自动钻铆系统的工作覆盖面大幅度增加,使整个飞机零部件的自动铆接率有了很大提高。

自动钻铆机在钻孔铆接过程中可一次完成夹紧、钻孔、锪窝、去毛刺、密封、送钉、插入和铆接等工序。以上各工序的加工参数都可以通过操作面板精确设置,设备带有高精度的钻孔动力头,能钻出高精度的孔,锪窝的调节深度可控。设备由程序逻辑控制系统控制运行程序,通过操作面板的设置开关可对铆钉的压铆力进行精确设置,从而能保证铆钉镦头外形、镦头直径大小和镦头高度一致,而且工作速度快,一个工作周期时间不超过 5 s。图 6-29 所示为无头铆钉的自动铆接过程。

此外,自动钻铆系统还配备有铆钉自动送给装置、激光辅助定位装置等。一些更先进的自动钻铆设备还可通过编程,根据装配件安装区域选择适当类型的紧固件,而以前使用的半自动化钻铆设备只能安装一种类型的紧固件。在自动钻铆机钻孔、铆接过程中,由于钻孔时结构件处在较高的夹紧力下,结构之间不会产生毛刺和铝屑进入,减轻了疲劳载荷下发生磨损和腐蚀损伤的程度,有利于提高产品的疲劳强度。与传统手动铆接方式相比,自动铆接不仅铆接质量很高,而且还可以大大缩短工作时间。

自动铆接机的主要技术性能包括 4 个方面:

① 自动铆接的铆钉种类、铆钉直径;

② 铆接机的工作效率,即每分钟可铆接的铆钉数;
③ 能铆最大工件的尺寸及形状,即工件的长度、宽度、夹层厚度以及曲面的曲率;
④ 配置何种形式的铆接托架。

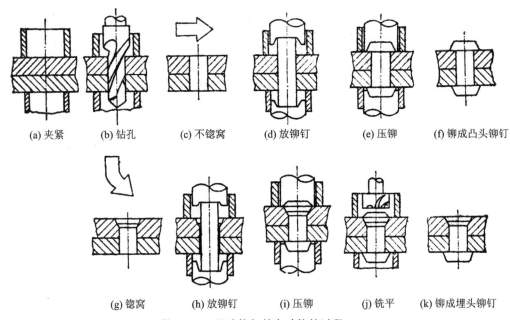

(a) 夹紧　　(b) 钻孔　　(c) 不锪窝　　(d) 放铆钉　　(e) 压铆　　(f) 铆成凸头铆钉

(g) 锪窝　　(h) 放铆钉　　(i) 压铆　　(j) 铣平　　(k) 铆成埋头铆钉

图 6 - 29　无头铆钉的自动铆接过程

图 6 - 30 所示为机身装配时的自动铆接系统。

表 6 - 3 所列和图 6 - 30 所示分别为机翼和表 6 - 3 所列为机身在装配过程中自动铆接的应用情况。

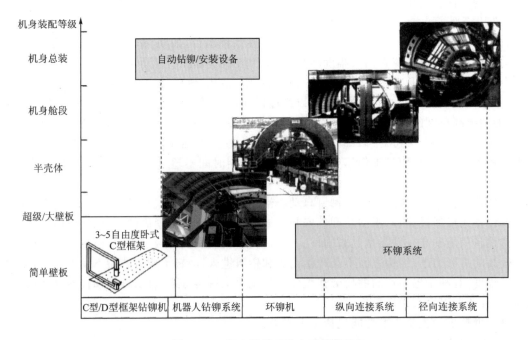

图 6 - 30　机身装配时的自动铆接系统

表 6 - 3 机翼在装配过程中自动铆接的应用情况

零件	第 1 级装配(组合件)	第 2 级装配 (梁/肋-骨架)	第 3 级装配(翼盒)	第 4 级装配(机翼)
壁板	3~5自由度卧式C型框架 3~5自由度立式C型框架 人工操作	/	人工操作	自动对接系统或人工操作
翼梁	3~5自由度卧式C型框架　5自由度立式C型框架 人工操作　6自由度双机器人系统	人工操作	6自由度机器人系统(钻孔、铆接/安装)	
翼肋	1自由度C型框架 人工操作			

图 6 - 31 所示为美国 GEMCOR 公司为生产 B747 的机翼板件研制的 G747 - 120 大型五坐标数控自动铆接机。由于板件长度和宽度都很大,铆接时移动和转动较困难,而且要占很大面积,因此需要把铆接机设计成在地面轨道上运动,而板件(即工件)可固定不动,铆接机的动力头除能上、下和横向移动外,还能绕纵轴和横轴转动。

铆接时,板件固定在托架上,铆接机沿板件的长桁逐个对铆钉进行自动铆接。B747 的机翼板件长 37 m,每个板件可用两台铆接机同时进行自动铆接,B747 是较早采用自动铆接技术的飞机之一,整机机铆率达 62%。

美国专门研制自动铆接机的 GEMCOR 公司研制的 8 坐标、9 坐标和大压铆力的全自动钻铆机,钻铆速度达到每分钟 12~14 个铆钉,压铆力达到 23 t。这两种压铆机已用于"空中客

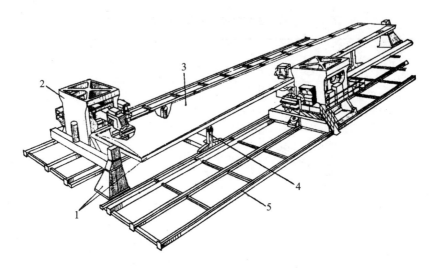

1—底座和框架；2—五坐标铆接机；3—板件；4—支撑件；5—导轨

图 6 - 31　两台五坐标数控自动铆接机工作情况

车"系列飞机和 B777 干线飞机的铆装。

自动钻铆机需与相应的托架系统配套，才能发挥自动钻铆技术的优势。托架系统主要用来进行装配件的定位和夹持，较大尺寸及复杂的结构，尤其是大型飞机机身和机翼壁板、双曲度壁板的自动钻铆，需要配备全自动托架系统以实现工件的自动定位和调平。外形较平直的中小尺寸的壁板、翼肋等结构大多配置手动、半自动托架系统。

自动定位和调平托架是自动铆接机的关键部件，自动板件托架应能使板件实现在空间 3 个坐标(x、y、z)的自动定位，以及两个转角(α、β)的自动调平，以确保连接的精度和自动化程度。图 6 - 32 所示是一台与大型数控铆接机相配套的数控自动定位调平托架，由 3 部分组成：两端的左、右架车，支撑在两个架车中间的矩形框架和控制电路，可以实现五坐标的自动定位调平。图 6 - 33 所示为带数控托架的自动化钻铆机，是现代飞机制造技术中实现数字化装配的必备设备。

2) 数字化钻铆装配中心

欧美主要的飞机制造公司，因飞机的产量大，为了提高飞机装配效率，对铆接工作量很大的飞机机身一类的壁板，常在厂房内建立自动化程度很高的数字化钻铆装配中心。图 6 - 34 所示为美国 Vought 公司对不同飞机(B747、B777 等)机身壁板的装配生产线，图中显示的主要部分就是数字化钻铆装配中心。这种机身舱段部件壁板的工作是以数字化钻铆装配中心为基础而建立的无专用型架定位装配工作站(或数字化自动铆接装配生产线)完成的，数字化钻铆装配是在综合运用数字化设计制造技术、整体结构件精确制造技术等基础上，采用激光跟踪测量定位系统与自动化伺服控制系统等先进技术，来完成大部件壁板的数字化钻铆装配工作，彻底改变了传统的飞机设计与制造理念。图 6 - 35 所示为机身壁板在自动化数字钻铆机中装配的情形。

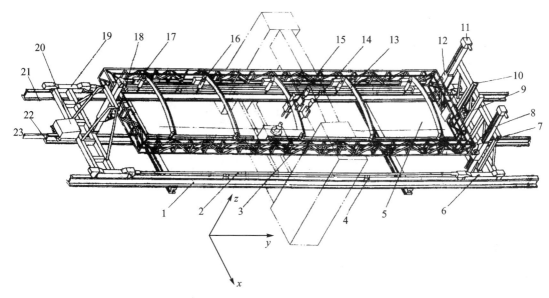

1—导轨框架;2—钢管;3—框架;4—轮子;5—板件;6—右架车;7—活动球座;8—立柱;9—导向球座;
10—导向立柱;11—电机;12—升降滑车;13—托板;14—触感式位置传感器;15—动力头主轴;16—升降汽缸;
17—直线电机;18—固定球座;19—左架车;20—拖动齿轮箱;21—导向轮;22—导向导轨;23—拖动齿条

图 6 - 32 数控自动定位调平托架

图 6 - 33 带数控托架的自动化钻铆机

图 6 - 34 机身壁板的自动化钻铆装配中心

图 6 - 35 壁板在自动化数字钻铆机中装配的情形

图 6-36 所示是波音公司专门为 B777 翼梁铆接装配研发的第二代大型自动化工装设备,它是工装设备一体化的柔性装备,即左右翼的前后梁都可以在此装备上进行铆接装配,这是波音公司为保证翼梁铆接装配质量的重要设备。图中显示工人已把翼梁定位到自动化铆接装配系统中,自动化钻铆机正沿着 30 m 长的翼梁进行自动钻孔、测量、插入 5 000 个以上铆钉并完成铆接工作。这个翼梁支持着整个主承力构件——翼盒,乃至整个机翼,因此足以说明保证翼梁铆接装配质量的重要性。

图 6-36   B777 机翼大梁数字化钻铆装配系统

3)电磁铆接技术

电磁铆接作为难成形材料铆钉铆接的一种特种工艺方法已在产品制造中发挥了重要作用。国外应用电磁铆接始于 20 世纪 70 年代初,但由于这些铆接设备采用高电压(4 kV～10 kV),致使设备体积庞大,成本高,安全可靠性差,放电频率高。高放电频率导致铆钉成形时间短,材料的应变率高,镦头容易产生微裂纹,加之人们对高电压的畏惧心理,所以限制了这一先进工艺方法的应用。20 世纪 80 年代末美国开始研究低电压电磁铆接技术,解决了高电压电磁铆接不能解决的许多问题,使电磁铆接技术很快得到广泛应用,并开始在 B747、A320、A380 等飞机上应用。

电磁铆接的原理如图 6-37 所示,这种方法在放电线圈和工件之间增加了一个线圈和应力波放大器,放电开关闭合的瞬间,初级线圈中通过快速变化的冲击电流,在线圈周围产生强磁场。与初级线圈耦合的次级线圈在强磁场作用下产生感应电流,进而产生涡流磁场,两磁场相互作用产生涡流斥力,并通过放大器传至铆钉,使铆钉成形。涡流力的频率极高,在放大器和铆钉中以应力波的形式传播,故电磁铆接也称应力波铆接。

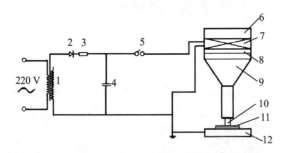

1—变压器;2—整流硅堆;3—限流电阻;4—电容器组;5—开关;6—缓冲元件;
7—初级线圈;8—次级线圈;9—放大器;10—铆钉;11—被铆件;12—顶铁

图 6-37   电磁铆接原理

电磁铆接技术加载速率高,铆钉可在几百微秒到一毫秒的瞬间完成镦头的成形。电磁铆接由于成形时间短,钉杆膨胀和镦头的成形几乎同步完成,因而在钉杆和钉孔间形成的干涉量比较均匀,当钉孔间隙较大或夹层厚度较大时,仍能实现干涉配合,而且接头疲劳寿命高。电磁铆接技术主要应用于钛合金、复合材料及厚夹层结构的铆接。

图 6-38 所示为不同铆接方法的铆钉干涉量分布,从图中可以看出,锤铆时由于冲击作用在墩头附近的干涉量最大;压铆的干涉量在墩头附近极小,但在钉头端有钉头的补偿使其干涉量又特别大,整个钉杆长度上干涉量分布极不均匀;电磁铆接由于应力脉冲的作用特点,能够获得更高的干涉量,而且干涉量分布带很窄,沿铆钉全长的干涉量远比压铆和锤铆方式的干涉量均匀,这对于提高结构的抗疲劳性能及密封耐久性有很大的好处。

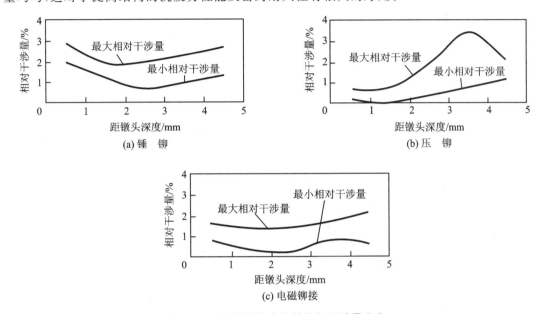

图 6-38　不同铆接方法的铆钉干涉量分布

美国 Electroimpact 公司生产的 E4000 电磁铆接/栓接机,采用了低压电磁铆接技术,它能在一个地方完成所有的机翼装配工作,并取消了全部的手工操作。该机床本身可沿五坐标方向移动,不需要移动组件,并能在组件上方运动并安装所有的铆钉和锁定螺栓。电磁铆接机上配有伺服驱动的检测探头和摄像系统,以确定机床及产品的位置和检测孔的质量,可对每根梁进行自动钻孔、紧固件定位、安装和铆接。在铆接过程中,不同材料的铆接需要不同的变形速率。电磁铆接可以通过调整电容、电感和电流脉冲持续时间等参数,满足不同材料的铆接需要,从而使电磁铆接设备的柔性大大增加。

由于钛合金与复合材料的相容性较好,钛合金、复合材料结构的广泛应用必将导致大量钛合金铆钉的应用。而电磁铆接对屈强比高、应变率敏感的高强度难成形材料的成形具有特殊的功能,能够解决钛合金等难成形材料铆钉及大直径铆钉的铆接难题,对复合材料的铆接不会产生初始安装损伤。飞机复合材料结构自动铆接在 B787 机身第 43 段(见图 6-39)的复合材料整体筒体与钛合金框件的自动化装配系统中得到了应用。该系统采用内外两套独立的装置,在装配时实现自动定位、夹紧、制孔、安装环槽钉并完成环圈自动镦铆,其铆接驱动就是依靠电磁铆接动力头实现的。因此,随着钛合金、

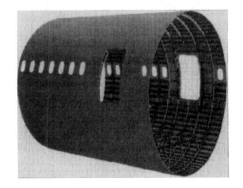

图 6-39　B787 整体机身的铆接

复合材料结构的广泛应用,电磁铆接技术在将来的复合材料部件连接中将发挥更大的作用。

4) 机器人数字化钻铆

飞机装配中使用机器人是机械连接自动化的重要组成部分。由于机器人可以实现优质、高效、低成本的自动钻孔和铆接,因而在欧美新型干线客机制造中得到迅速发展。美国 B737-300 发动机支架的支臂和蒙皮装配件的钻孔和铆接、美国 C-130"大力神"飞机的货舱地板梁腹板的铆接、A320 的机身腹部检查口盖壁板的钻孔和铆接,以及 A330/A340 的机翼和机身对接等都是用机器人完成的。试验证明,手工钻一个孔,需要 1 min,用计算机控制的自动钻孔装置钻一个孔需要 15 s,而用机器人钻一个孔,仅需要 8 s。与专用钻孔装置比较,机器人钻孔投资少,效率高。

例如,洛克希德·马丁公司的 F-35 飞机的碳纤维环氧复合材料机翼上壁板制孔用的大型龙门式钻孔系统就带有便携的、灵活、低成本且质量轻的机器人,它使用激光定位系统、电磁马达和"压脚"(pressure foot)进行精密钻孔,加快了装配过程,并形成紧配合连接,表面光滑,间隙小,满足了 F-35 飞机气动和耐久性的要求。

目前,用于钻铆的机器人有 3 种类型,工业机械臂、自主爬行机器人和柔性轨道机器人,其中最为常见的是工业机械臂。常见的工业机械臂上安装一个末端执行器和视觉定位系统,就可以在空间进行打孔。自主爬行机器人是指能够在一些大型工件上自主爬行或者可以在飞机表面爬行到一定位置吸附,经过视觉定位系统定位后,操纵末端执行器进行打孔等工作。柔性轨道机器人由机器人、视觉系统和执行末端组成,具体工作过程如下:在大型工件表面铺设一条或两条轨道,采用吸盘方式吸附到工件表面上,然后机器人可以沿着此轨道进行移动,每移动一步,进行一次打孔或铆接。

机器人铆接打孔的视觉系统(图像处理系统)直接关系到铆接的质量,一方面要求视觉系统可视范围大,另一方面又要求其识别、定位精度高,以满足飞机零件尺寸大,零件安装精度高的要求。为了解决飞行器设计中的结构设计限制,目前,经过特殊设计的带颚式工作头的智能机器人可以进行如长桁和隔框之间等狭窄区域的连接以及剪切带的安装工作,可以达到很高的效率和自动识别精度。

图 6-40 和图 6-41 所示为工业机器人进行数字化钻孔铆接蒙皮壁板类构件的实例。机器人在计算机控制下能自动有序地完成自动钻孔、铰孔、锪窝,并安装连接件使蒙皮和隔框进行装配的所有功能。

图 6-40 板件的机器人钻孔系统图

图 6-41 壁板的机器人钻铆系统图

为了提高铆接结构的自动钻铆率,扩大自动钻铆在飞机结构连接中的应用,尤其是对大型复杂结构件和不开敞难加工部位的装配,发达国家的飞机连接装配已由单台数控自动钻铆机的配置向由多台数控自动钻铆机、托架系统配置或由自动钻铆设备和带视觉系统的机器人、大型龙门机器人、专用柔性工艺装备及坐标测量机等多种设备、不同配置组成的柔性自动装配系统发展。有关飞机柔性装配技术的内容将在 6.3.2 小节讲述。

2. 螺栓连接

螺栓连接是飞机结构中一种重要的机械连接方法,在所有设计分离面及重要承力结构处主要是用螺栓连接。螺栓的受力形式有拉、剪、拉剪三种,应根据受力形式来选用不同型式的螺栓。由于现代飞机整体结构的应用不断增加,飞机连接件中铆钉数量逐渐减少,螺栓数量不断增加。在飞机的螺栓连接中,除标准螺栓外,还使用高锁螺栓和锥形螺栓,它们的设计与标准螺栓有很大区别,其具有质量轻、体积小、耐振动、夹紧力大、疲劳性能高、密封性好、安装简单等特点,但结构复杂、成本高。

(1) 普通承力螺栓

飞机上的螺栓接头可分为两种类型。一种是受力接头,它承受或传递空气动力、操纵力、冲击力或加速度引起的比较大的载荷以及连接比较厚的工件,主要承受剪力或拉力。例如机身、机翼、尾翼等部件之间各种接头的连接,段件之间的连接,蒙皮与部件骨架的连接以及骨架重要受力部位的连接等,都采用螺栓连接。另一种是非受力接头,有时只受很小的力,主要起连接固定作用,如各种仪表、设备、电缆、导管和它们的支持件之间的连接,以及各种大小口盖、整流包皮和蒙皮之间的连接等,也大多采用螺栓连接。

(2) 高锁螺栓连接

高锁螺栓是一种快速安装的螺栓,它质量轻(与普通螺栓相比,可以减轻 39%)、强度高、安装方便、夹紧力大。高锁螺栓安装时的预紧力可达到钉杆抗拉强度的 60% 左右,且预紧力可控。由于夹紧力大,可使结构间产生较大的摩擦力并传递部分载荷,从而降低了螺栓孔的应力水平,提高了疲劳寿命。高锁螺栓通常用在抗疲劳要求高的结构部位,如机身、机翼连接、隔框之间的连接处。

图 6-42 所示为 3 种高锁螺栓,其中图 6-42(a)为普通高锁螺栓;图 6-42(b)为密封高锁螺栓,带有密封环,保证密封性;图 6-42(c)为带挤压头的高锁螺栓,其中的钉杆有微量凸起部分,使孔表面压光强化,以产生预应力。

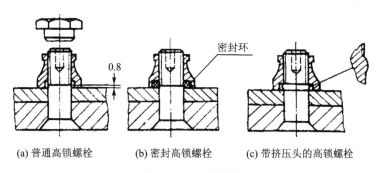

(a) 普通高锁螺栓　　(b) 密封高锁螺栓　　(c) 带挤压头的高锁螺栓

图 6-42　高锁螺栓

高锁螺栓杆的尾端有一个内六角槽,螺母由圆螺母和六角头组合,中间有一细颈断槽,放入螺栓后,套上螺母,用风板机或自动钻铆机上的六角套筒扳手卡在螺母的六角头上,芯杆插入螺杆尾端的内六角槽,扳手自动拧紧螺母,直到螺母上的细颈槽被拧断,此时正好达到设计规定的预紧力,因此安装十分快捷。

（3）锥形螺栓连接

锥形螺栓由螺栓、螺母、垫圈 3 部分组成,如图 6 - 43 所示。螺栓头有埋头和凸头两种,螺栓的锥度为 1/48。按规定,孔和钉杆有 0.08 mm 的过盈量,与其他干涉配合的连接件相比,锥形螺栓沿钉杆全长所形成的干涉量最均匀,疲劳强度高,但成本也较高。锥形螺栓的安装方式与高锁螺栓相似,且主要用于受力比较大的疲劳区域。

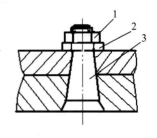

1—螺母；2—垫片；3—螺栓

图 6 - 43 锥形螺栓

（4）提高螺栓连接疲劳寿命的方法

飞机结构设计思想由 20 世纪 50 年代的"静强度设计",到 60 年代的"安全寿命设计",发展到现在的"损伤容限及耐久性设计",现代飞机的抗疲劳性能已大幅度提高,飞机寿命由原来几千小时上升到几万小时。

螺栓连接接头在外载荷作用下,会产生较大的应力集中,因此螺栓连接一直是飞机疲劳破坏的薄弱环节。结构的疲劳破坏多数由于表面(包括孔壁)产生疲劳裂纹,使整个结构破坏。据统计,飞机使用过程中发现的疲劳裂纹 60% 以上都出现在紧固件孔处。因此,必须采取相应的工艺措施,推迟孔壁初始裂纹的出现和延缓裂纹扩展的速度,这些措施被称为抗疲劳强化工艺技术。

提高螺栓连接的疲劳寿命,除了提高螺栓和孔的精度和光洁度外,还可以采用渗碳、渗氮、喷丸强化、干涉配合、孔冷挤压强化、压合衬套等工艺。渗碳和渗氮属于零件制造表面处理技术;喷丸强化是使表面形成一个残余压应力层;干涉配合技术是使孔壁形成一个塑性硬化层;孔冷挤压强化是用干涉芯棒对孔进行胀形,在孔壁产生一个残余压应力层;压合衬套是用压入法或冷冻法在孔内安装干涉材套,使孔壁产生一个塑性硬化层。

孔的挤压强化加工

用锥芯棒或其他工具挤压强化孔壁(其作用与喷丸强化相似),其挤压加工过程如图 6 - 44 所示。

连接孔经喷丸强化或冷挤压强化后,孔附近的残余应力分布如图 6 - 45 所示。图 6 - 46(a)所示为强化前的应力大小;强化后,虽然外载荷的应力幅值 A_0 未变,但由于存在残余压应力,孔壁处实际最大拉应力 σ_{max} 远远小于 σ_0,因此改善了结构受力状态,使疲劳寿命增加(见图 6 - 46(b))。挤压加工使孔壁形成一层塑性硬化层和较大的预应力,因此推迟了孔壁初始裂纹的出现,延缓了裂纹扩展的速度。冷挤压强化的干涉量以达到 1.5% ～ 2.0% 为宜。

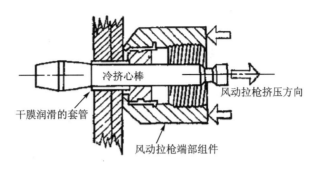

图 6-44　孔的冷挤压加工

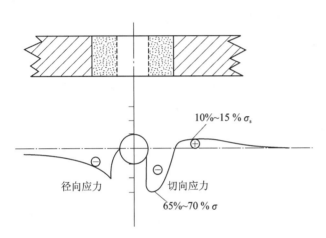

图 6-45　挤压后孔的应力分布

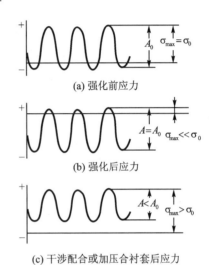

图 6-46　强化前后孔壁应力变化

干涉配合螺栓

经过精加工的螺栓孔和螺栓,用压配合形成干涉配合,虽然成本高,但疲劳性能好,在飞机结构中仍得到了广泛的应用。例如 F-111 飞机中采用了 8 500 个干涉配合螺栓,最大直径为 12.7 mm,协和号飞机中采用了约十万个干涉配合螺栓。图 6-46(c)所示为经干涉配合或加压合衬套后的应力变化,虽然最大应力稍有增大,但应力幅值明显减小,因此,可以提高疲劳强度。

表 6-4 所列为螺栓孔挤压及采用干涉配合后疲劳寿命提高情况,表中假设不作强化处理的松配合的疲劳寿命基数为 1。从表中可以看出,螺栓孔经过强化加工后,和螺栓之间即使是松配合,也能明显提高疲劳寿命,如果再用干涉配合,效果更为显著。

表 6-4　螺栓孔挤压及采用干涉配合后疲劳寿命提高情况

连接方式	疲劳寿命	连接方式	疲劳寿命
松配合	1.00	挤压后松配合	5.45
干涉配合	5.45	挤压后干涉配合	6.34

6.1.2 结构胶接技术

胶接是通过胶黏剂将零件连接成装配件的一种方法。与普通的铆接、螺栓连接相比,胶接有以下显著的特点:

① 胶接不削弱基体材料,所形成的连接缝是连续的,受力时应力分布比较均匀,可以连接薄板,并能同时改善板材的支持情况,提高临界应力。因此,胶接可以减轻结构质量,提高结构的疲劳强度和破损安全性。

② 胶接结构表面平滑,有良好的气动力性能。

③ 胶缝本身有良好的密封性,适用于气密舱和整体油箱等要求密封的结构。

④ 劳动量显著低于铆接,成批生产时成本也低于铆接。

⑤ 胶层对金属有防腐保护作用,可以绝缘,防止电化学腐蚀。

⑥ 适用的材料范围广,不但可用于金属材料之间或非金属材料之间的连接,也可用于金属与非金属材料之间的连接。

胶接主要缺点是:胶接接头强度的影响因素多,对材料、工艺条件和环境应力极为敏感。剥离强度低,而且不易检查,无损检测方法尚不够满意。胶黏剂以高分子材料为主体,使用温度范围受限制,工作温度一般为 $-50\sim150$ ℃(耐高温胶黏剂可达 250 ℃),存在"老化"问题。接头性能的重复性差,使用寿命有限。以上这些缺陷,在一定程度上限制了胶接的应用范围。

胶接技术早在 20 世纪初期就已用于飞机的木质机翼缘条的连接,经过多年的发展,其应用已从飞机的次承力构件扩大到主承力构件。近几十年来,国内外胶接技术已取得长足的进展。目前所有先进的飞机无一不采用胶接结构。机械连接(铆接、螺接)、焊接及胶接已经并列成为现代飞机制造的三大连接技术。

胶接结构比较典型的形式有:蒙皮—桁条壁板;蒙皮与波纹板或其他形式的加强板组成的板件,多层板或多层结构;面板与夹芯材料组成的夹层壁板或夹层结构(广泛应用的是蜂窝夹层结构)。图 6-47 所示为蒙皮—桁条壁板的胶接结构,图 46-48 所示为直升飞机旋翼根部多层胶接结构。

1. 胶接原理

胶接是通过胶黏剂的作用把被黏物连接在一起,形成胶接接头。胶黏剂与被黏物表面之间产生的"黏附力"——交界面上不同分子间的作用力,和胶黏剂固化后本身产生的足够的"内聚力"——胶黏剂分子间相互束缚在一起的作用力,共同构成被黏物之间的胶接强度。

胶接接头受力破坏时,可能由于黏附力小于内聚力,使破坏发生在胶层与被黏物之间的界面上,称为"黏附破坏";也可能由于内聚力小于黏附力,而使胶层或被黏物本身破坏,称为"内聚破坏";还可能两种情况都存在。图 6-49 所示即为一个简单的胶接接头剖开后的界面情况。

黏附力的形成,曾有各种理论解释,例如物理吸附、化学结合、扩散作用、静电作用、机械结合作用等。但到目前为止,一般认为黏附力是被黏物与黏附剂分子或原子之间作用力的宏观表现。

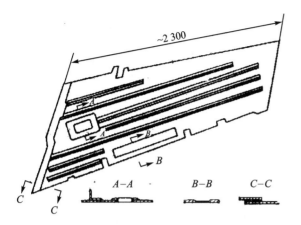

图 6-47　蒙皮-桁条壁板胶接结构

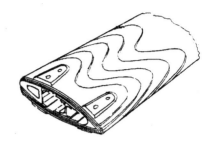

图 6-48　直升飞机旋翼根部多层胶接

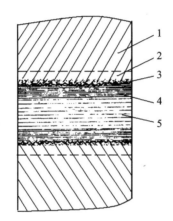

1—被黏物　2—被黏物表面渗透层；3—被黏物与胶黏剂作用的界面层；

4—受界面影响的胶黏剂层；5—胶黏剂

图 6-49　胶接接头剖面

胶接的基本要求是要保证黏接材料表面的清洁和使黏接表面尽可能大，因此，胶接体表面要进行有效的预处理，比如用机械方法使表面粗糙以增加胶接的表面面积，或者用溶剂清洗，或按操作要求进行化学反应处理。胶接表面被胶液充分浸润是使胶黏剂与被黏物紧密黏附，并具有足够高强度的首要条件。而这种表面润湿情况与胶黏剂的性质、被黏物的表面状况以及胶接过程的工艺条件等因素有关。

2. 胶接接头设计

航空结构胶接技术发展的主要问题是胶接接头在使用中受应力—环境的作用发生脱胶腐蚀，因此胶接接头设计尤为重要。

胶接接头有 4 种受力形式，即拉伸、剪切、剥离和劈裂，如图 6-50 所示。

拉伸的特征是外力作用线垂直于胶缝。当被黏零件较厚或刚度较大时，受载时不产生挠曲变形，拉应力分布比较均匀。当被黏零件较薄或集中力偏心时，拉应力不均匀，易造成胶缝破坏。

剪切的特征是外力作用线平行于胶缝或力矩矢量垂直于胶缝平面。剪切是胶接接头的最

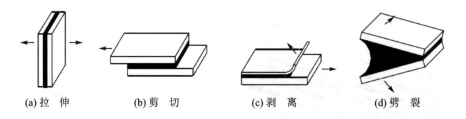

(a)拉 伸　　　(b)剪 切　　　(c)剥 离　　　(d)劈 裂

图 6-50　胶接接头典型受力形式

好受力形式,胶接强度最高。

剥离的特征是外张力作用在接头边缘,力的作用线与胶缝夹角大于零。受力发生在厚壁零件与薄壁零件黏接或两个薄壁零件黏接,且外张力方向偏斜时。承载能力随力的作用线与胶缝夹角增加而降低,力的作用线与胶缝夹角等于 90°时承载能力最小,受力设计时应尽量避免。

劈裂的特征是两个被黏零件较厚,刚度较大且外力作用在接头的边缘时,形成劈裂力。劈裂受力形式较复杂,受载端胶缝表现为拉应力,通常有较大的应力集中。

在胶接结构中,尽可能使胶缝承受剪切载荷,其次是承受拉伸载荷,尽量避免剥离和劈裂。无法避免时,则应加大胶接面积和边缘零件刚度,也可以采取补铆少数铆钉的方法或点焊的方法加强。表 6-5 所列为飞机上胶接接头的常见形式。

表 6-5　飞机上胶接接头的常见形式

接头类型	图示方式	应用对象
板-桁条胶接		壁板
板-板搭界接		壁板及接头
板-板对接 (有盖板)		框与蒙皮连接
板-板多层胶接		蒙皮、肋及框腹板

续表 6-5

接头类型	图示方式	应用对象
波骨板胶接	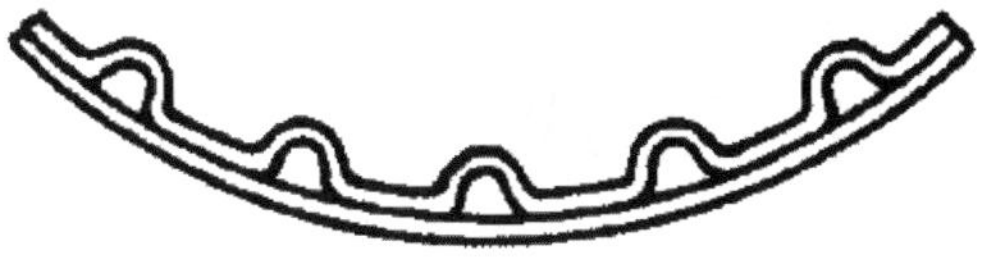	机翼和中央翼吊挂、扩散器和其他具有气流或液体循环管道的组合件、刚性口盖
骨架-板胶接	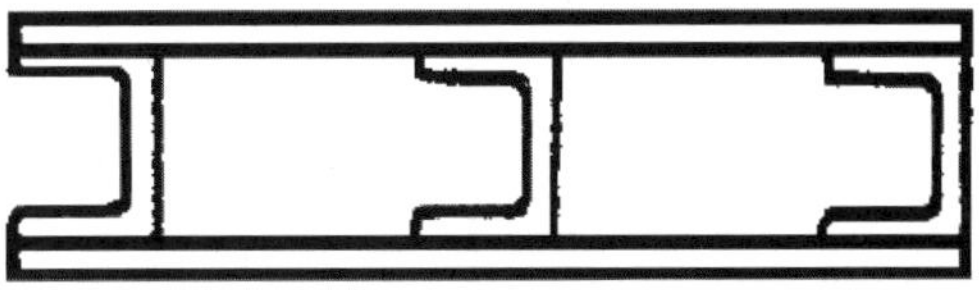	操纵面及夹层壁板
板-芯胶接	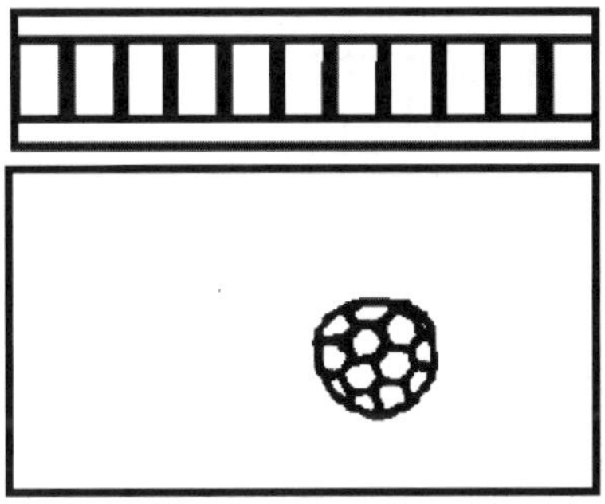	机尾翼操纵面、桨叶尾段、机身壁板及侧壁板
骨架-芯材胶接	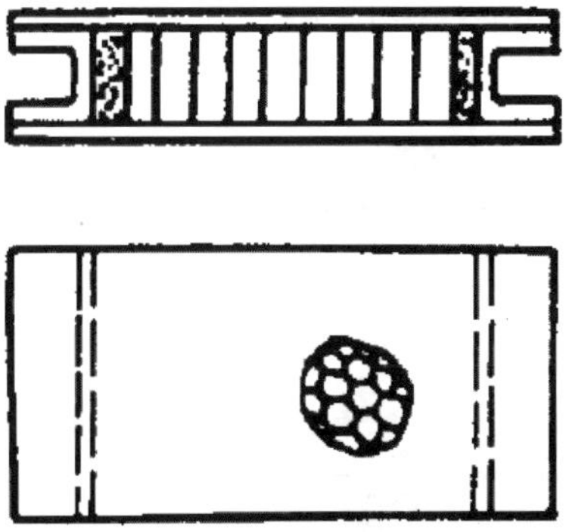	机尾翼操纵面、桨叶尾段、机身壁板及侧壁板
芯材拼接	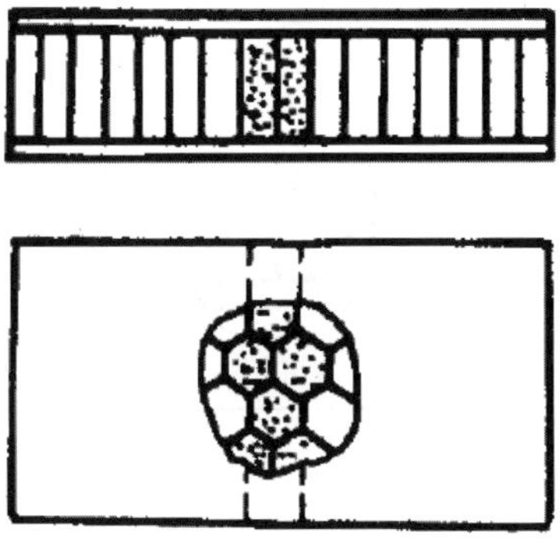	大尺寸蜂窝芯材零件

接头类型	图示方式	应用对象
灌注料封边		地板、舱门、口盖
嵌入件胶接 (局部填充增强)		地板、舱门、壁板
板-桁条胶铆 (或胶螺连接)		壁板、框-蒙皮连接
板-板胶铆 (或胶螺连接)		机身蒙皮对接
板-桁条胶焊 (胶接-点焊)		机尾翼壁板

3. 胶黏剂的选择

飞行器胶接结构常在很宽的温度范围内、复杂的应力状态下、不利的大气环境及某些介质的影响或作用下工作。因此。所用胶黏剂要具有良好的综合性能,即在规定的使用温度范围内,剪切、抗拉、抗剥、疲劳、蠕变、持久强度及断裂韧性等都要达到一定的要求,并有良好的耐介质、耐盐雾、耐冷热交变、耐热老化、耐湿热老化、耐大气老化等性能,能满足结构性能和使用寿命的要求,且具有良好的工艺性和经济性。

胶接接头设计时,胶黏剂的正确选用十分重要,在一定程度上决定了接头设计的成败。胶黏剂品种繁多、性能各异,一般情况,首先根据被黏材料的可黏性确定胶黏剂的类型;其次按接头功能选取可满足指标要求的胶黏剂;最后根据实施工艺可能性,最终确定选用的胶黏剂。

胶黏剂固化过程的温度、压力和时间是影响胶接强度及其他性能的三个主要因素。每一种胶黏剂都有最佳的固化条件。在实际生产中,某些有特殊限制的应用场合,可能会影响固化工艺的实施,必须选择适宜的胶黏剂或适当改变固化工艺。

4. 胶接工艺过程

典型的胶接工艺过程包括预装配、胶接表面制备、涂胶和晾置(或烘干)、装配、固化、胶缝清理和密封、试验和检验这些主要工序。

(1) 预装配

预装配目的是为了检查胶接组合件的零件间的协调关系和胶接面的贴合程度,并进行必要的修配,以达到装配准确度的要求。

胶层的厚度严重影响胶缝强度。胶层太厚会使胶层产生蠕变、内应力、热应力、气泡和其他缺陷的可能性增大,从而胶接强度将显著下降。因此,胶层应当薄而均匀,厚度一般应在 $0.01\sim0.25$ mm 之间,最好在 0.1 mm 以下。由此可见胶接零件间的配合间隙也应小而均匀。如果零件配合不好,应进行修配。预装配时,要放置代替胶膜厚度的垫片。零件经修配和检查合格后,再拆开进行胶接表面处理。

(2) 胶接表面制备

零件表面清洁度和表面状态对胶接质量(强度、耐久性)有决定性的影响。胶接前表面处理的目的是:除去表面污物,改变表面粗糙度、表层结构形态和表面物理化学性质,提高表面抗腐蚀能力。对于铝合金零件则要在表面生成一层均匀质密的氧化铝膜,与基体金属结合牢固,膜层内聚力强,有适当的孔隙度;处理后的表面有高的表面吸附性能,对胶黏剂的润湿性好,对外界环境条件稳定。为此,铝合金零件一般先经有机溶剂脱脂去污,再碱洗或酸洗,溶解掉表面自然氧化膜,然后再阳极化,在表面生成有利于胶接的新鲜氧化膜。铬酸阳极化法是国内外多年来广泛采用的方法之一,而磷酸阳极化法则是近年来正在推广应用的好方法。

(3) 涂胶和烘干

在新处理好的金属表面上应及时涂一层薄薄的底胶。其作用是:保护表面,延长处理好表面的存放时间;浸润表面,渗入表面膜层,提高胶接强度。底胶厚度属于分子层厚度(若干个微米),要严格控制底胶厚度,并要求光滑、均匀,喷涂后要经过烘干和固化。

零件涂底胶后,要在规定的时间内涂胶。涂胶的方法视胶黏剂的供应状态(液状、糊状、膜状、粉状)、胶缝特点和产量大小而定。胶液要求涂均匀,每涂一层后,都要经过晾干和烘干,除去溶剂和水份。一般通过控制单位面积上胶液用量及干燥后的胶层质量来控制胶层厚度。最好采用无溶剂胶膜,以得到挥发成分量少,厚度均匀的胶层,可大大提高胶接质量。胶膜可以热贴在零件上,贴放时要防止卷入空气,卷入空气成气泡时,应穿透胶膜将空气排出。

(4) 装　配

在胶接夹具或模具中组装全部零件,定位并夹紧。在代表胶缝最高和最低温度处(在模具、夹具鉴定时已确定)安放热电偶,以监测固化温度。在工件与模具、夹具之间放置防粘的隔离薄膜。可在曲面模具表面上涂脱模剂并固化,在工件的上面及四周放分压、透气、吸胶的垫物。最后盖上真空袋薄膜,四周用密封胶或密封胶带密封,构成真空袋,将工件封装在内。

(5)固 化

由于结构胶黏剂的主要成分是热固性树脂,一般都需要加温加压固化。温度、压力和时间参数对胶缝强度有决定性的影响。温度过高,促使胶热老化、发脆;温度过低,不仅反应慢,还会因固化反应不充分而达不到应有的强度。通过加压使零件贴合,控制胶层厚度,防止胶层出现疏松或气泡。加压还可以促进流态时的胶对金属表面的润湿和对金属表面氧化层微孔的渗透。固化压力取决于胶黏剂种类和工件的尺寸、形式。对于钣金胶接件,压力范围一般为0.2~1.0 MPa,对于夹层壁板,则视夹芯密度而定。

(6)清理和密封防护

固化后,取出胶接件,清理胶缝,对外露的胶缝及不同金属材料胶接的毗邻部分,用耐介质、耐老化,且抗剥离强度好的密封胶密封保护,然后在室温硫化或加温硫化。

5.胶接工艺方案

图 6-51 所示为常见的胶接工艺方案。

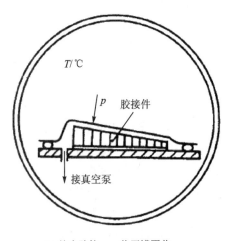

(a) 蜂窝胶接——热压罐固化

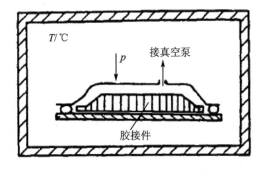

(b) 蜂窝胶接——加热炉加热、抽真空加压

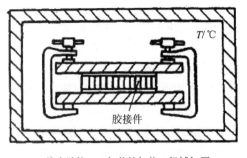

(c) 蜂窝胶接——加热炉加热、机械加压

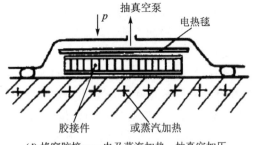

(d) 蜂窝胶接——电及蒸汽加热、抽真空加压

图 6-51 常见的胶接工艺方案

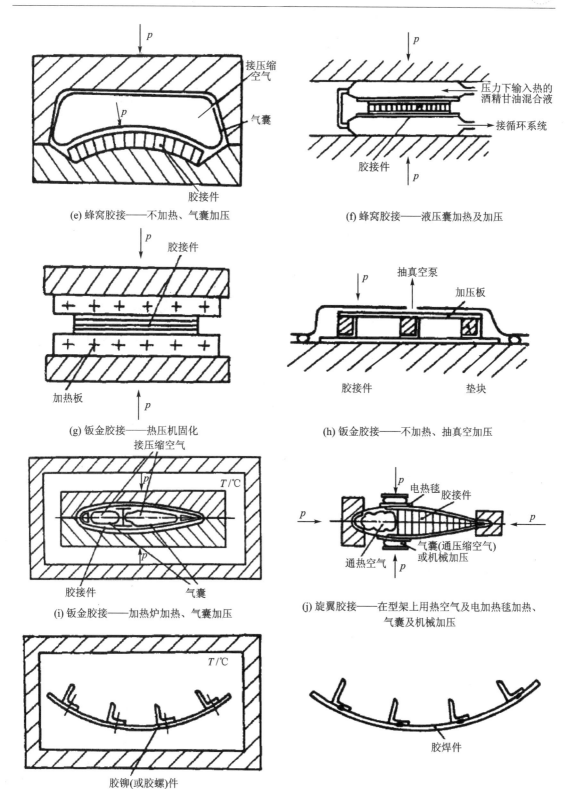

(e) 蜂窝胶接——不加热、气囊加压

(f) 蜂窝胶接——液压囊加热及加压

(g) 钣金胶接——热压机固化

(h) 钣金胶接——不加热、抽真空加压

(i) 钣金胶接——加热炉加热、气囊加压

(j) 旋翼胶接——在型架上用热空气及电加热毯加热、气囊及机械加压

(k) 胶铆或胶螺连接——加热炉加热、不加压

(l) 胶焊连接——不加热、不加压

图 6-51　常见的胶接工艺方案(续)

6. 蜂窝夹层结构的制造

胶接蜂窝夹层结构是一种特殊的结构用复合材料。它是把蜂窝形状的夹芯材料夹在两块面板之间，并把它们用胶黏剂互相黏接在一起，如图6-52所示。由于蜂窝夹芯结构具有良好的比强度和比刚度，且隔音、隔热、减振效果好，因此被广泛应用于飞行器结构中。例如，飞机的机翼、进气道、雷达罩；火箭的安定面、导弹的核装置座；卫星、飞船、航天飞机的舱盖、整流罩等都大量地应用蜂窝夹层结构。

为了避免夹芯中残留胶黏剂固化时产生的挥发物，防止蜂窝夹层结构内外压差过大而造成的面板剥离破坏，一般在航天飞行器结构中采用在蜂格壁上刺有通气孔的有孔蜂窝，如图6-53所示。对于飞机结构，有孔蜂窝在使用过程中有可能进气进水，一旦积水则很难排除，并将引起结构腐蚀，加速胶层老化，降低胶接强度，甚至脱胶，因此飞机上大多使用无孔蜂窝。

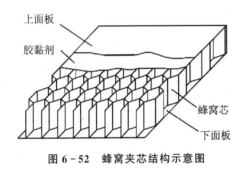

图6-52　蜂窝夹芯结构示意图

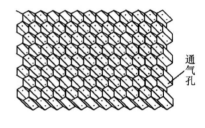

图6-53　有孔蜂窝

（1）蜂窝夹芯的制造

铝蜂窝夹层结构的制造过程包括：蜂窝夹芯的制造、夹芯外形的加工、蒙皮和蜂窝夹芯胶接前的清洗、涂胶和装配、固化、装配件的检验和试验。

铝蜂窝夹芯一般由0.02～0.1 mm厚的铝箔制成。最常用的厚度是0.03 mm、0.04 mm和0.05 mm。常用的铝箔有纯铝箔、防锈铝箔、硬铝箔。硬铝箔可以热处理强化，但需要进行防腐蚀的表面处理；纯铝和防锈铝箔只能冷作硬化，但比较耐腐蚀，一般可以不另做防腐处理。

制造蜂窝夹芯有两种方法。一种是"成形法"，先将箔条成形成波纹条，然后将波纹条涂胶叠合，胶接成蜂窝芯块。这种方法只用于厚度大或刚性大的合金箔，或非正六边形的特殊形状蜂窝夹芯。另一种是"拉伸法"，先在铝箔上涂上或印上胶条，然后将铝箔叠合。叠合时，要准确定位，保证相邻两张箔条上的胶条相错半个间距，然后在热压机或热压罐中加温加压固化，制成叠块，最后拉伸成蜂窝芯块。一般正六边形或方形蜂窝的夹芯都采用这种方法制造。图6-54即为这两种方法的示意图。国外大量应用蜂窝结构，蜂窝夹芯由专业化的工厂用高效率的设备来制造，以蜂窝叠层或拉伸好的蜂窝芯块的形式，作为一种夹芯材料供给飞机制造工厂使用。

蜂窝芯块的最后成形和外形加工有两种方案，即"先拉伸后加工外形"和"先加工外形后拉伸"。"先拉伸后加工外形"是先将固化好的叠层拉伸成蜂窝块，再用各种专用的蜂窝加工机床加工出蜂窝零件外形。翼面类直母线外形可以在靠模铣床上加工，铣刀架和刀具按切面靠模板控制的轨迹运动，图6-55所示为一种靠模铣床。双曲度复杂外形则需要用立体仿形铣床或多坐标数控铣床加工。

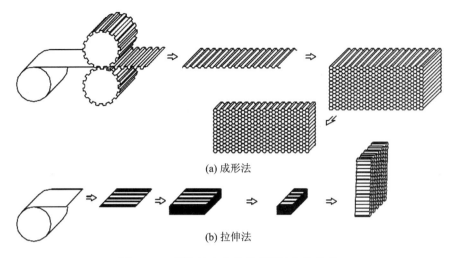

(a) 成形法

(b) 拉伸法

图 6-54　制造蜂窝夹芯的成形法和拉伸法

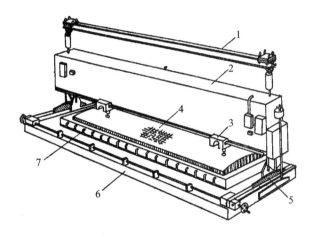

1—吊梁；2—纵梁；3—刀架；4—蜂窝芯块；5—靠模；6—底座；7—夹具

图 6-55　加工蜂窝外形的一种靠模铣床

"先加工外形后拉伸"是先将叠层(压缩状态下的毛坯)加工成一定的形状，再拉伸成具有所要求外形的蜂窝芯块，即拉伸时不但要伸展形成蜂格，又要同时达到所要求的外形和轮廓尺寸。这种方法适用于加工等剖面或直母线外形的蜂窝芯块，图 6-56 即为某机翼全高度蜂窝夹芯结构的加工示意图。其优点是不需要大型专用机床和模具，便于切削加工，不易损伤蜂格箔边。但对夹芯格形和节点胶接质量要求较高，而且当两端剖面尺寸相差较大时，不易拉匀。

（2）蜂窝夹层结构的装配

蜂窝夹芯和零件经过预装配和修配，在胶接之前，铝蜂窝夹芯要除油、用去离子水冲洗和烘干。蒙皮和其他金属零件经表面处理后，涂底胶并贴上胶膜。在胶接夹具中装配时，在夹芯拼接对缝处、夹芯与边缘零件间、蒙皮后缘角落等处填放可以发泡膨胀充填间隙的泡沫胶。装配好后，封装在真空袋中，检查密封性，然后送入热压罐中，加温加压固化。

固化后的蜂窝夹层结构，用密封胶密封全部可能进水、进气的通路和外露的胶缝，待密封胶固化后，进行渗漏试验、加热试验、充压试验，试验后的工件再进行无损检测。

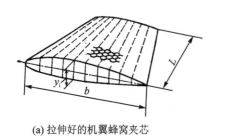

(a) 拉伸好的机翼蜂窝夹芯

(b) 压缩状态的毛坯

图 6-56　某机翼全高度蜂窝夹芯

7. 胶接质量的控制与检测

胶接质量包含黏附质量和内聚质量两方面,但它们单从胶缝外观很难判断,因此,对结构胶接件的检验,除一般的外观目视检查(有无缺胶现象、挤出的胶瘤是否均匀、胶层颜色是否正常等)之外,必须用无损检测方法严格检查胶缝质量。不但应检查脱黏和其他胶接缺陷,还有必要预测胶接强度。目前胶接无损检测方法大多只能判断脱胶,而胶接强度的检测结果还不够满意。

能够检验胶接质量的方法,从原理上讲有声学法(声振、超声波)、X 射线法、光学全息摄影法、热学和红外线法(示温涂层,液晶显示、红外照相)等多种。以下列举国内较常用的几种方法。

(1) 声振检测仪

声振检测仪基本工作原理是用换能器激发被测工件振动,胶接质量不同时振动特性也不同,因而换能器的负载也不同,使换能器输出的电信号(谐振频率、幅度、相位等)随之产生相应的变化,这种变化与标准试件相比较,即可评定结构胶接质量状况。常用的仪器有声阻仪、胶接强度检验仪、涡流声检验仪等。

(2) 超声检测

超声脉冲回波法利用脉冲超声波入射至被测工件,测量从界面反射的回波来辨别缺陷。这种方法对多层胶接的脱黏检验比较有效。超声穿透法利用超声波穿过不同胶接质量的工件时,利用其穿透率不同来检测胶接质量,适用于多层板胶接结构和金属蜂窝结构的检验。这两种方法都可以利用聚焦探头、水浸或喷水技术和自动扫描技术来实现大面积胶接工件的自动化检验。

(3) X 射线检验

X 射线检验主要用于检验蜂窝结构胶接质量和检验结构内部缺陷,提供缺陷平面分布的详尽信息和永久性记录。它可以检验出夹芯变形、密集、空腔、压塌和节点脱胶,蜂格壁纵向或横向断裂,夹芯拼接不良,泡沫胶填充不良,结构内零件错位,紧固件安装不当等缺陷。还可以发现结构内是否进水和有无异物。先进的大型 X 射线检验设备能连续照射,并配备有自动冲洗、干燥设备。

胶接质量容易受各种外界因素影响。为保证胶接质量稳定可靠,必须采用全面质量管理的方法,对胶接生产的各个环节进行严格的质量控制。内容包括胶接生产环境条件、人员技术水平、设备质量、胶黏剂质量、胶接零件的准确度及表面制备、胶接工艺参数和胶接产品质量检验等各个方面。

6.1.3 焊接技术

焊接技术也是飞行器结构常用的连接技术之一,一些用不锈钢、防锈铝合金和钛合金等焊接性能较好的材料制成的结构,宜于采用焊接,尤其是点焊。熔化焊虽然易于制造形状复杂的零件和组合件,但因焊接变形很大且不稳定,很难保证复杂形状配合面之间的协调准确度,故对配合面形状复杂的结构,在成批生产中不宜采用熔化焊。

1. 点 焊

点焊是接触焊中的一种,其特点是:接头形式为搭接,只在有限的接触面积上,即"点"上进行焊接,接头区金属熔化而形成焊点。

薄壁钣金件用点焊连接,与用铆接及胶接相比较,具有生产率高、成本低的显著优点,且比铆接结构质量轻、表面光滑,改善了劳动条件。但其疲劳强度却比铆接低约 20%。对铝合金材料来说,焊前焊后都不能进行阳极化处理。因为焊前阳极化会使表面接触电阻过大,焊后阳极化,钣材间隙中必然残留电解液,会造成腐蚀。硬铝合金可焊性较差,质量检验方法较复杂。不同材料不能点焊,零件厚度相差太大或三层以上的结构都不能进行点焊。因此,纯点焊结构比较适用于一些受力不大的组合件,焊后在表面涂漆进行保护。

(1) 点焊原理

点焊时,将所须连接的薄板零件,夹紧在两个铜电极之间,在一定压力下,通以强电流,由于零件内部电阻和接触电阻在通电时产生的热量,使零件间接触处局部被加热熔化,冷却后形成焊点,如图 6-57 所示。

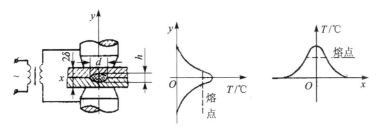

图 6-57 点焊及零件上温度分布示意图

点焊时,形成接头的必要及充分条件是形成尺寸合乎规定的交互熔化的金属区或焊核。焊点形成可以分为相互联系的三个阶段,如图 6-58 所示。

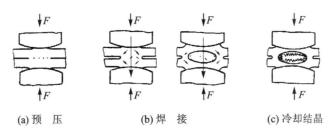

(a) 预 压   (b) 焊 接   (c) 冷却结晶

图 6-58 点焊接头形成的 3 个阶段

① 预压阶段:焊机电极对焊件加预压力,使其焊接处紧密接触,以保持一定的接触电阻。预压时,若采用锥形电极,则应选择合适的锥角,使接合面边缘的应力比较大,而中心部分小而均匀,这对接合面周边的压紧、使加热时易于形成塑性环、防止飞溅均有好处。若预压力不足,

由于接触电阻过大,瞬间析出大量热量,有可能导致烧穿焊件或将电极的工件表面烧坏。预压力的大小及预压时间应根据板料性质、厚度、表面状态等条件进行选择。一般预压力可与焊接压力相等。当工件刚度大,表面氧化膜厚时,可适当提高预压力或在预压阶段通以预热电流。

② 焊接阶段:焊接阶段是焊接过程中最关键的阶段,也是通电加热、熔核形成的阶段。通电加热时,两个电极接触表面之间的金属柱内的电流密度最大,加热最为剧烈,周围的金属依靠密度较小的电流通过及热传导而较缓慢地加热。由于水冷电极散热快,与电极接触的焊件表面温度上升很慢。只有两焊件接触面处由于接触电阻热而使电阻率增大,析热强烈,散热又最困难,因此首先开始熔化,形成椭圆形熔化核心。与此同时,其周围金属达到塑性温度区,在电极压力作用下形成将液态金属核心紧紧包围的塑性环,防止了液态金属在加热及压力作用下向板缝中心飞溅,并避免了外界空气对高温液态金属的侵袭。在加热与散热这一对矛盾不断作用下,焊接区温度场不断向外扩展,直至核心形状和尺寸达到要求为止。

③ 冷却结晶阶段:在得到符合要求的熔化核心与塑性环后,便切断焊接电流,熔核开始冷却结晶。此时电极继续加压(称为锻压力),锻压力的大小应能克服焊件的刚度,使焊件的变形能抵消熔核液体金属的冷凝收缩,这样,从熔核周围成长起来的树枝状结晶,就能在熔核中心彼此接触,并长在一起,形成牢固的焊点。

(2) 点焊质量的控制与检验

点焊接头的质量取决于焊点的质量。一个好的焊点,从外观上看,要求表面压坑浅,平滑并均匀过渡;无明显的凸肩或局部挤压的表面鼓起,外表无环状或径向裂纹,表面不得有熔化的或黏附的铜合金。从内部看,焊点形状规则、均匀,尺寸符合结构和强度的要求;无焊透率不足或过大,焊核内部无贯穿性或超过规定的裂纹及缩孔;焊核周围无严重的过热组织及其他缺陷。

点焊常见的缺陷主要有:未焊透、飞溅、压坑过深、裂纹、缩孔、烧穿等。

飞溅是焊接阶段较易产生的不利现象。如果加热过急,而周围塑性环还未形成时,被急剧加热的接触点由于温度上升极快,使内部金属气化,形成前期飞溅(即熔化核心尚未形成以前的飞溅,如图6-59(a)所示)。形成最小尺寸熔核后,继续加热,熔核和塑性环不断向外扩展,当熔核沿径向的扩展速度大于塑性环扩展速度时,则产生后期飞溅。如果熔化核心轴向增长过高,在电极压力作用下也可能冲破塑性环向表面喷射而形成外部飞溅,如图6-59(b)所示。

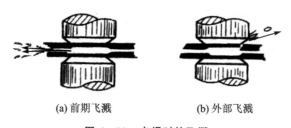

(a) 前期飞溅   (b) 外部飞溅

图6-59 点焊时的飞溅

飞溅不但影响空间气氛,有碍环境保护与安全,而且使核心液态金属量减少。表面形成深度压坑,影响美观,更降低了机械性能。所以应控制电极压力和加热速度,尽量避免产生飞溅现象。

如果在冷却结晶阶段的锻压力太小或者焊接件刚度很大,则在熔核的中心可能产生缩孔和裂坟。为了防止焊点产生这些收缩缺陷,有时采用比焊接压力还大的锻压力,但必须加力及时。加压过早,可能把熔核内的液体金属压出,产生喷射飞溅,使焊接表面出现过深的凹陷,影响表面美观;加压过迟,熔核已经结晶,则锻压力无效。另外,锻压时间也必须适当,时间太短,则锻压作用效果不大;加压时间太长,则会因与焊件接触的电极有强烈的水冷装置,使焊点的冷却加快,增加了焊点的硬度和脆性,影响焊接质量。锻压时间长短一般与金属种类和焊件厚度有关,焊件越厚,锻压时间越长。点焊钢件时,当厚度为 $1\sim8$ mm 时,锻压时间可控制在 $0.1\sim2.5$ s 内。

点焊质量的检验方法可以通过工艺试件和产品抽样的破坏性试验加以评定,试验时工艺试件的材料、厚度的搭配,焊点间距等要与真实焊件相同。由于此方法简便,直观性好,是生产中广泛应用的一种检验方法。

此外,还可以进行低倍放大镜的外观检验,设计载荷下的非破坏性强度试验,以及 X 光透视等无损检验,其他发展中的无损探伤法、超声法、涡流声法等,在生产中使用尚不普遍。

为了提高焊接质量,需要直接测试与焊接过程有关的主要物理参数,或在焊接过程中对这些参数进行控制和调整,以形成合格的焊点。前者称为监控,后者为自控。

在实现自控时,常选用的控制参数有电源电压、焊接电流、焊接功率(或能量)、焊接电压降或动态电阻、热膨胀、对超声波反射能力、核心周围温度或红外线辐射能力、声发射特点等。

国外已经采用了微处理机自动控制与调整点焊循环的装置。利用这种装置在预生产中焊了一万多个焊点,没有一个焊点有裂纹或产生飞溅,全部达到了标准规定的要求,可靠性很高,甚至没有必要再用 X 光来检查焊点质量。

2. 搅拌摩擦焊

搅拌摩擦焊作为一种固相连接手段,克服了以往熔焊的诸如气孔、裂纹、变形等缺点,使得以往通过传统熔焊手段无法实现焊接的材料可以实现焊接。搅拌摩擦焊尤其适合焊接铝合金,现已在航空航天工业中广泛应用。

搅拌摩擦焊主要由搅拌头的摩擦热和机械挤压的联合作用形成接头,图 6-60 所示为搅拌摩擦焊的焊接原理,施焊工具主要是搅拌头。焊接时,欲搭接或者对接的工件相对放置在垫板上,为了防止在施焊时工件被搅拌头推开,应加以约束。焊接时旋转的搅拌头缓缓进入焊缝,搅拌头和被焊接材料之间的摩擦剪切阻力产生了摩擦热,使搅拌头邻近区域的材料热塑化(焊接温度一般不会达到和超过被焊接材料的熔点),当搅拌头旋转着向前移动时,

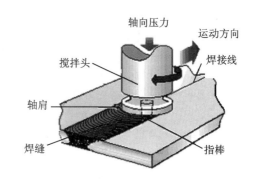

图 6-60 搅拌摩擦焊的焊接示意图

热塑化的金属材料从搅拌头的前沿向后沿转移,并且在搅拌头轴肩与工件表层摩擦热和锻压力共同作用下,形成致密固相连接接头。焊缝的深度由指棒的插入深度决定。在焊接过程中主要的产热体是指棒和轴肩。在焊接薄板时,轴肩和工件的摩擦是主要的热量来源。

作为一种固相连接手段,搅拌摩擦焊除了可以焊接用普通熔焊方法难以焊接的材料外,搅拌摩擦焊还具有以下优点:

① 温度低,变形小(即使是长焊缝也是如此)。

② 接头机械性能好(包括疲劳、拉伸、弯曲),不产生类似熔焊接头的铸造组织缺陷,并且其组织由于塑性流动而细化。

③ 与其他焊接方法相比,焊接变形小,调整、返修频率低,可使成本降低60%。

④ 焊前及焊后处理简单,焊接过程中的摩擦和搅拌可以有效去除焊件表面氧化膜及附着杂质,而且焊接过程中不需要保护气体、焊条及焊料。

⑤ 能够进行全位置的焊接,适应性好,效率高,操作简单。

⑥ 焊接过程中无烟尘、辐射、飞溅、噪声和弧光等有害物质产生,是一种环保型工艺方法。

在飞行器制造业,搅拌摩擦焊已经成功代替熔焊实现了大型空间运载工具(如运载火箭、航天飞机等)的大型高强铝合金燃料贮箱的制造。目前,搅拌摩擦焊技术已在飞机蒙皮和桁梁、筋条、加强件之间的连接,框架之间的连接,飞机预成形件的安装,飞机壁板和地板的焊接,飞机结构件和蒙皮的在役修理等方面逐步得到了应用。

例如,欧洲 Fokker 宇航公司将搅拌摩擦焊技术用于 Ariane 5 发动机主承力框的制造(见图 6 - 61),承力框的主体结构由 12 块整体加工的带翼状加强的平板连接而成,结构制造中用搅拌摩擦焊代替了螺栓连接,为零件之间的连接和装配提供了较大的裕度,减轻了结构质量,提高了生产效率。

美国 Eclipse 公司用搅拌摩擦焊技术制造的第一架搅拌摩擦焊商用喷气客机 Eclipse 500 于 2002 年 8 月在美国进行了首飞测试。其机身蒙皮、翼肋、飞机地板以及结构件的装配等铆接工序均由搅拌摩擦焊替代,图 6 - 62 所示为 Eclipse 500 型喷气客机用搅拌摩擦焊焊接的机身构件。

图 6 - 61 用搅拌摩擦焊制造的发动机主承力框

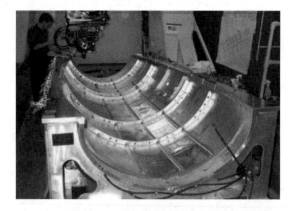

图 6 - 62 Eclipse 500 型喷气客机的搅拌摩擦焊焊接构件

6.1.4 胶焊连接工艺

目前,点焊技术和胶接技术已广泛应用于许多结构件的连接。点焊结构具有质量轻,强度高,性能稳定的优点,但点焊接头受载时在焊点处存在较大的应力集中,点焊搭接接头中存在附加力矩,搭接区内表面上还存在腐蚀问题,这些不利因素导致点焊结构疲劳性能很差,限制了点焊技术在航空、航天等工业领域的应用。与此相反,胶接接头具有优良的疲劳性能,但其静强度特别是剥离强度差,耐热性不好,胶层的老化和脆化还会使接头性能进一步下降。由此可见,点焊和胶接结构在力学性能上具有互补性。为了改善点焊结构的疲劳性能,提高胶接接头性能的可靠性,出现了将点焊和胶接复合起来的新工艺——胶焊工艺。

胶焊接头不仅具有点焊接头质量轻、静强度高、可靠性好的优点,又具有胶接接头良好的疲劳特性和密封性(可使铝件进行阳极氧化处理而不腐蚀焊点),力学性能十分优良。同铆接相比,胶焊结构质量轻,接头外形光滑,能提高飞行器外形的平滑性和气密性,改善气动力性能,这一优点对于航空、航天工业尤为重要。

胶焊方法的研究始于 20 世纪 50 年代初期,是前苏联首先提出来的。在设计上,由焊点承受 100%的载荷,胶层只起密封、防腐和补强的作用。工艺上焊后涂胶,这就是"先焊后胶"法,又称为苏式胶焊法。其具体的工艺过程是:预装配—表面清理—装配和定位—点焊—检验—注胶—晾置—固化—检验—阳极化处理,如图 6 - 63(a)所示。

1962 年美国开始研究胶焊法,经过 15 年的研究,解决了三大关键技术问题,即发展了低电压磷酸重铬酸钠阳极化表面制备方法;研制了适于点焊的糊状胶黏剂;成功地研制带有焊核膨胀量闭环测量反馈系统的微处理机控制装置,最后于 1980 年开始用于批量生产飞机。

这种美式胶焊法,在设计上主要由胶层承受载荷,焊点起胶层固化时的定位、加压作用,工艺上焊前涂胶,又称"先胶后焊"法,如图 6 - 63(b)所示。其具体工艺过程是:预装配—表面清理—涂胶—装配及定位—点焊—固化—检验—阳极化处理。先胶后焊工艺适合于大宽度多排焊点的焊缝及波纹板等结构形式。对工作环境要求较严,工艺复杂,胶液在活性期末尾使用时不易形成优质焊点,挤出的余胶易沾污工件及电极。因此,必须具有自动控制装置和相应的措施才能采用。

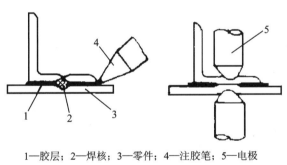

1—胶层;2—焊核;3—零件;4—注胶笔;5—电极

(a) 焊后涂胶   (b) 焊前涂胶

图 6 - 63 胶焊连接方法

胶焊用的胶黏剂,除了和一般结构胶接所用胶黏剂有共同要求外,还有一些特殊要求,即:胶液应具有良好的润湿性和流动性,应具有足够长的活性期,以保证在凝固之前完成涂胶或点焊过程;固化温度以不改变金属性能为准,一般低于 120 ℃,固化后的胶层弹性及密封性要好,在阳极化处理时,应具有足够的化学稳定性,不污染电极,不妨碍焊接等。

胶焊结构已在国内外多种类型的飞机上得到了应用。如美国的每架 A - 10 飞机都安装了 5 块胶焊机身壁板以代替原来的胶接壁板,每块胶焊壁板的费用仅为纯胶接壁板的 10%～20%。我国的运-7 飞机上有近 50 000 个焊点的机身板件采用的胶焊连接。胶焊结构主要用于框、肋、口盖及蒙皮桁条式壁板。胶焊比纯胶接或单纯点焊增多了工序,工艺过程也较为复杂,成本约比纯点焊高三倍。所以,对受力较大并要求阳极化处理的装配件,采用胶焊结构比较合适。

6.2　飞机部件对接与测量

6.2.1　飞机部件的对接及水平测量

1. 飞机各部件的对接

飞机各部件装配完成后,送到总装配车间进行对接,如机身各段的对接、机身和机翼的对接等。飞机总装配时部件对接工作量的大小,取决于飞机的构造形式和总装与部装车间的分工。部件对接要保证对接后部件相对位置准确、连接可靠。对于有设计补偿的对接接头,对接中要使用设计补偿以保证对接技术要求,对于没有设计补偿的接头,在成批生产条件下,一般要用部件对接接头精加工的方法来保证部件对接和互换性要求。

对于完全互换的段、部件对接,要调整对接的部件到正确位置,然后检查对接孔的同轴度要求,并检查配合面之间的间隙和连接孔孔径和表面质量,这一切都符合图纸和技术条件要求后,就可以安装螺栓、垫圈,并按规定的拧紧力矩要求拧紧螺母,最后用全机水平测量方法检查各部件相对位置的准确性。对接部件一般要放在可移动和调整的托架上进行调整并对接。

对于不互换的段、部件,对接时要用水平测量方法调整和确定它们的相互位置,将对接接头孔一起扩孔并铰孔。这种方法劳动量大,周期长,对操作工人的技术水平要求高。如果在专门的对接台中进行对接,可以大大缩短调整定位的时间。

发动机是互换部件,其在飞机上的安装和测量一般在车架上进行,并用水平测量方法检查安装位置的误差。

2. 飞机各部件的水平测量

部件对接后的技术要求一般用水平测量方法进行检查。水平测量的基本过程是:部件装配时,在部件表面规定的位置上,按型架上专用指示器作出测量点的记号(即涂红色漆的冲坑,凸头或空心铆钉),这些记号称为水平测量点。实际上是将飞机理论轴线转移到部件表面的测量依据。因此,在测量过程中,只要检查这些点的相对位置数值,就可以确定部件间相对位置是否符合技术要求。

图 6-64 为水平测量原理图。图中机体表面上各测量点都在部件装配时标出,测量时以机身 2 段为基准,用水平仪将 1、2 和 1′调在同一个水平面内,再用经纬仪将 7、8 调在同一个垂直面内,随后用水平仪和经纬仪分别测 3、4、9 和 10,就可检查机身的同轴度。

机翼的安装角、上反角(下反角)和舵面转角也可用同样方法测量,如图 6-65 所示。首先把飞机调平,然后分别通过测量点的差值 a、b 来检查机翼安装角和下反角。

图 6-66 为歼击机水平测量点分布图。水平测量时用水平仪按 1、2 两测量点调整纵向水平,按 3、4 两测量点调整横向水平,在飞机已调平情况下,测量与检查各测量点间差值。

为提高水平测量的效率,可设计专用的水平测量台。其结构原理是把测量点指示器固定在可靠的基座上,将飞机用千斤顶固定于测量台上应有的位置后,按测量点指示器读出的数据,可检查各部件间相对位置是否符合技术要求。

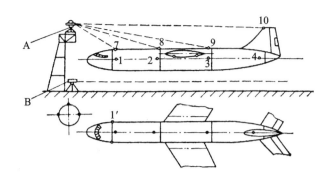

A—经纬仪；B—水平仪

图 6-64 水平测量原理示意图

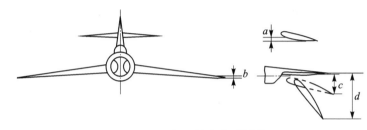

图 6-65 机翼的安装测量图

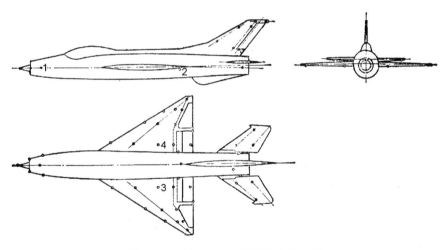

图 6-66 某歼击机水平测量点分布图

6.2.2 数字化测量与定位技术

现代先进的数字化测量技术不仅应用于产品的最后检验中，更重要的是应用到工艺装备和产品的生产过程中，在很大程度上改变了飞机零件的制造和装配方法。在飞机制造中常应用的数字化测量系统有以下几种：

① 数控坐标测量机(N/C Coordinate Measuring Machine)；

② 电子经纬仪测量系统(Multi Theodolite System)；

③ 光学准则仪系统(Alignment of optical systems)；

④ 激光自动跟踪仪系统(Laser Tracker System);

⑤ 激光雷达扫描仪(Laser Scanners);

⑥ 数字照相测量系统(Digital Camera Systems);

⑦ 室内 GPS 系统(Indoor GPS Systems)。

这些数字化测量系统在飞机装配线中主要用来测量和定位各种工艺装备,或直接用来定位飞机的被装配构件,它们是飞机数字化装配系统的重要组成部分,也是飞机数字化装配的关键技术之一。

下面是几种典型的数字测量系统的工作应用情况。

1. 电子经纬仪测量系统

计算机辅助电子经纬仪 CAT(Computer Aided Theodolite)系统是 20 世纪 80 年代国外发展起来的一种先进的测量系统,它集光学、电子和计算机技术为一体,广泛用于工业的精密测量,特别是在飞机部件装配型架的安装工作中十分有效。在我国与美国合作生产的 MD-90 和 B737-700 飞机部件中都采用了这一先进的 CAT 系统,效果良好。

CAT 系统由电子经纬仪、计算机、标尺、观测目标、脚架、目标适配器等组成。CAT 系统是利用电子经纬仪的光学视线在空间的前方进行交汇形成测量角来完成测量的,现以两台经纬仪为例来说明光学视线在空间的交汇原理。

如图 6-67 所示,两台经纬仪分别设站于 A、B 两处,它们的高度不同,其高度差为 h,若 A、B 两点间水平距离为 b(或称基线 b),其坐标系统以 A 点为原点,AB 连线在水平方向的投影为 x 轴,过 A 点沿铅垂方向为 z 轴,以右手法则确定 y 轴,由此构成测量坐标系统。通过 A、B 两处的经纬仪互瞄及分别观测目标 P,得到的观测值(角度值)通过三角运算,就可以计算出被观测点 P 的坐标值。

在运算过程中,基线 b 的长度是作为已知参数使用的,而在此之前,基线 b 的长度是通过图 6-67(b)的绝对定向过程确定的。图中 A、B 为两台经纬仪,标尺长 L 为已知值,经过相对定向,即 A、B 两台经纬仪互瞄,以及 A、B 两经纬仪分别对标尺的两端点 P_1 和 P_2 进行观测,测得角度值,这样通过三角运算即可得到基线的长度 b。

由此可知,目标的三维坐标测量值与经纬仪的观测值(角度)和基线 b 的尺寸有关系,而 b 的尺寸又与标尺 L 相关。因此,为了保证其测量的准确度,在建立 CAT 系统过程中要确保仪器设站、标尺摆放、观察角度等合理可靠;同时应做好仪器的保管、定期检查以及参数设定等工作。

2. 激光跟踪定位测量系统

激光跟踪定位测量系统的测量原理如图 6-68 所示。激光跟踪定位仪测量装夹后的装配部件的基准点,获得的测量数据经过处理单元处理后,直接反馈到装配系统的控制系统。控制系统通过对实际装配位置与精确数学模型的装配位置进行比较后,获得部件装配位置的修正值,自主地对定位元件的空间位置进行快速调整,实现飞机零部件、装配工装和钻铆系统定位的闭环控制,逐步对定位进行补偿,将精确数学模型的装配位置与实际装配位置统一起来,从而完成快速准确定位及安装与调整。图 6-69 所示为机身部件柔性装配系统对接工作过程示意图,系统工作时,由柔性定位工装来支撑和夹持飞机部件,多个柔性定位工装组成定位工作站。

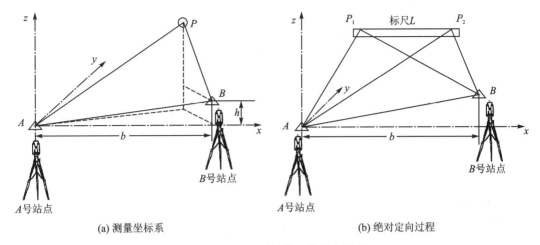

(a) 测量坐标系 (b) 绝对定向过程

图 6-67 CAT 系统的工作基本原理

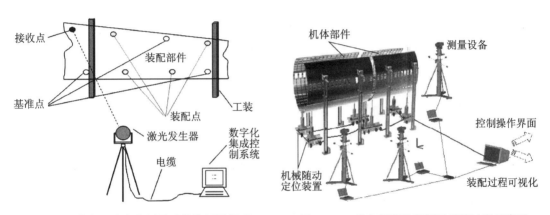

图 6-68 激光跟踪定位测量系统的测量原理 **图 6-69 机身部件激光测量对接过程示意图**

机身各部件按图 6-68 所示的原理实现精确对接定位后,最后再进行装配连接。图 6-70 所示为空中客车公司利用激光跟踪仪直接定位飞机的部件并进行装配的过程。

飞机产品部件外形检测、铆接边距检测和机械随动定位机构的调整控制都离不开光学测量仪系统。在数字化装配过程中,光学测量与补偿技术不仅能够准确地获取装配零件的尺寸参数和位置信息,而且还可将数据传送到控制系统,进行零件空间坐标的反馈,以保证精确数学模型的装配位置和实际装配位置具有共同的加工基准点。激光测量与补偿定位系统的工作原理如图 6-71 所示。

3. 室内 GPS(IGPS)测量系统

美国波音公司从 1998 年开始研究室内 GPS(IGPS)测量技术,该系统已应用于从 B747 到 F/A18 飞机整机的装配线中,以解决对大尺寸构件的测量问题。IGPS 测量系统特别适合于大尺寸工件的装配、检查和准直方面的应用。

在这种测量系统中,4 个发射器安装在光学座上,或者固定在测量区域的各个角上,发射器的有效范围为 49 m,接收器是用光电检测器构成的直径为 38 mm 的球体。IGPS 测量系统的发射器包含两个转动的激光器,每个接收器可计算出相对发射器的垂直和水平角,并根据这些数据来确定它们的位置,通过几个不同发射器的组合,就可以计算测量点的 x、y、z 坐标点。

测量一个点所需要的最少发射器数量是 2 个,发射器越多,测量越精确。为了提高测量精度,建议一个测量点至少能接收到 4 个发射器的信号。

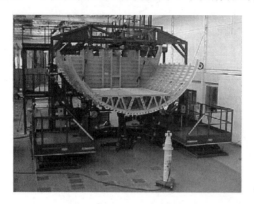

图 6-70　用激光跟踪仪对飞机的部件进行装配定位

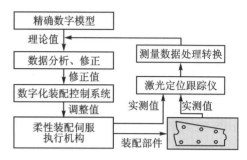

图 6-71　激光测量与补偿系统的工作原理

对传统的经纬仪和激光跟踪仪而言,用户在某一时刻只能测量一个目标,而 IGPS 测量系统能够同时测量 25 个目标。操作人员可以根据测得的数据对工件的位置进行调整,并得到工件实际位置和目标位置的距离。这种模式不需要复杂的工装,而且还可以减少人为的干预,因此可减少测量误差,从而极大地改善装配质量。图 6-72 为其工作示意图。

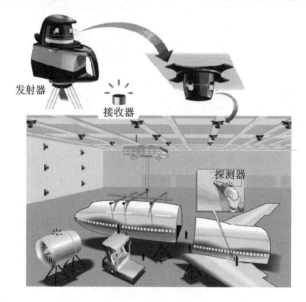

图 6-72　利用室内 GPS 测量技术进行定位

总之,飞机的数字化装配是飞行器数字化研制技术从产品设计到零部件制造,进一步向部件装配和飞机总装配的延伸和发展,它使数字化研制技术真正完全地集成起来,使数字化产品的数据能从研制工作的上游畅通地向下游传递,充分发挥了数字化研制技术的优点,这样将大幅度地减少飞机装配所需的标准工装和生产工装。据统计,B737 新一代飞机标准工装减少了 80%,F-35 的研制过程中标准工装减少了 90%,法国达索公司最新研制的小型公务机 Falcon 传统的工装减到零,可见飞机数字化装配系统对飞机研制的重要意义。

6.3　飞机数字化装配

6.3.1　飞机数字化装配技术

　　数字化装配系统（Digital Assembly System，DAS）以数字化装配技术为支撑，体现了数字化装配工艺技术、数字化柔性装配工装技术、光学检测与补偿系统、数字化钻铆技术及数字化集成控制技术等多种先进技术的综合应用。数字化装配技术在飞机装配过程中实现装配的数字化、柔性化、信息化、模块化和自动化，将传统的依靠手工或专用型架、夹具的装配方式转变为数字化的装配方式，将传统装配模式下的模拟量传递模式改为数字量传递模式，使装配质量和装配效率大幅度提高。

　　飞机数字化装配系统大致可分为部件（段）数字化装配系统和部件数字化对接总装配系统。飞机数字化装配系统针对现代军用、民用飞机机体结构特点，综合应用产品数字化定义，基于数字化标准工装的协调技术、数字化模拟仿真技术、数字化测量技术、软件技术、自动化控制和机械随动定位等先进技术，形成飞机无型架定位数字化装配集成系统，实现机体的主要结构的无型架定位数字化装配及部件数字化对接总装配工作，不再使用笨重而复杂的传统装配型架，实现装配过程中定位、调整、夹紧等工作的数字化控制。从而实现产品数字化定义、数字化测量和数字化装配的有效集成。

　　下面以机翼外翼与中央翼盒段数字化对接为例说明飞机数字化装配系统的工作原理。

　　外翼与中央翼盒段数字化对接时先把中央翼盒段定位固定到准确位置上，然后把外翼放置到定位器上，数字化测量装置测量外翼的基准点，测得的数据送到计算机中，经测量软件分析后，分析结果再输入到定位件控制器，然后再驱动定位器上调整外翼的位置，直到外翼调整到所需位置后，再进行钻孔连接装配，如图 6-73 所示。机身段数字化装配原理与上述原理相近，不同之处在于机身段是由蒙皮壁板组件装配而成的。机身段部件的调整是由几个机械随动定位器根据激光跟踪仪测得的数据，随时调整机身段在 x、y 和 z 方向上的位置而实现定位，如图 6-74 所示。

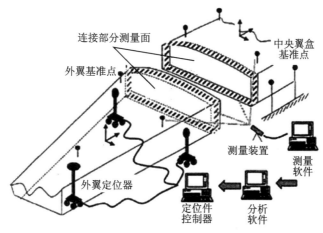

图 6-73　外翼与中央翼合段数字化对接原理图

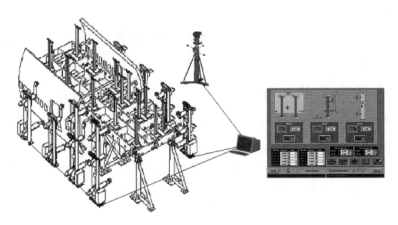

图 6-74　机身段数字化装配原理图

　　例如,B747 飞机机身部件的数字化对接总装配中共有 13 套自动化工装,用了 200 个以上的机械随动定位装置(数字化定位器),配有大约 700 个轴的伺服电机。图 6-75 所示为 B747 飞机机身数字化装配工作站。

图 6-75　B747 机身数字化装配工作站

6.3.2　飞机柔性装配技术

　　飞机柔性装配技术是考虑装配对象变化较快的航空产品本身特征,基于飞机产品数字化定义,通过对飞机柔性装配流程、数字化装配技术、装配工装设计、装配工艺优化、自动定位与控制技术、测量、精密钻孔、伺服控制、夹持等的综合,以实现飞机零部件快速精确的定位和装配,减少装配工装种类和数量的装配技术。飞机柔性装配技术是提高装配效率和装配准确度,提高快速响应能力,缩短飞机装配周期,并以高质量、高速度、低成本适应多品种产品生产要求的有效手段。图 6-76 所示为柔性装配技术的组成。

1. 柔性装配的工装

　　柔性装配的工装是针对某类结构相近的产品所使用的工装。这类工装的结构是针对产品结构在一定范围内的变化进行零、组件工装的调节或局部重组,以适应相近的不同机型的产品零件加工或装配工装的需要,使其变为具有一定的"柔性",以达到一套工装经过少量变化便可适应多种机型零件加工或装配的需要,大量缩短工装设计制造周期,降低工装研制成本,最终达到一套工装"多用途"的目的。

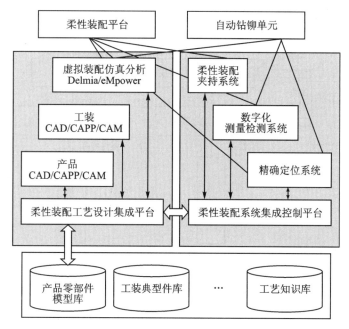

图 6 - 76 柔性装配技术的组成

柔性装配的作用主要表现在以下几个方面:

① 生产设备的零件、部件可根据所加工产品的需要变换;

② 可对加工产品的批量根据需要迅速调整;

③ 可对加工产品的性能参数进行迅速改变并及时投入生产;

④ 可对用户、贸易伙伴和供应商的需求变化及特殊要求做出迅速反应。

为了实现柔性装配,在数字化柔性装配工艺中,将工装按功能划分为静态框架和动态模块。静态框架是模块化框架,由标准零件和连接件组合而成。动态模块依据飞机产品的不同需要而设计,它具有多个自由度,通过可调转接器依附于静态框架上,根据不同的产品特征而配置不同的动态模块。数字化装配工装实现柔性的方式主要是调整动态模块或者更换动态模块,对于不同的壁板部件装配,按照具体部件装配的要求增加或减少柔性夹持模块,通过调整转接器自由度、调整卡板的形状或者更换卡板,使之适应具体特征的要求。以飞机壁板类零件为例,数字化柔性装配工装的功能模块分解如图 6 - 77 所示。

2. 数字化柔性装配工装的定位

在数字化环境下,柔性工装的定位不再依靠工装上的固定定位器,而采用独立的一套定位系统。控制系统把定位数据传递给装配定位执行机构,这样才能实现数据的数字量传递,该定位执行机构称为机械随动定位装置。机械随动定位装置是一个数字化自动控制的高精度装置,其结构根据产品装配过程中的定位要求而定。该装置中的伺服驱动机构带动自动化定位机构对装配件进行调整和支撑,实现装配件的定位。自动化定位机构依靠控制系统的控制来同时协调多个机械随动装置的运动,保证以确定方式、可预见地移动飞机零件,一级操作用户可以通过图形用户界面显示零件的位置坐标,然后设定控制参数,控制机械随动定位装置的运动。数字化柔性装配工装的控制策略如图 6 - 78 所示。

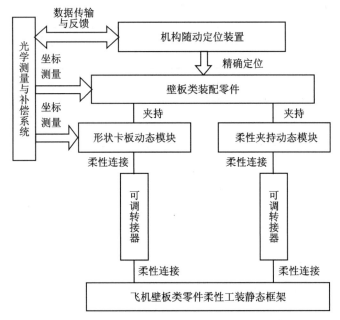

图 6 - 77   数字化柔性工装的功能模块

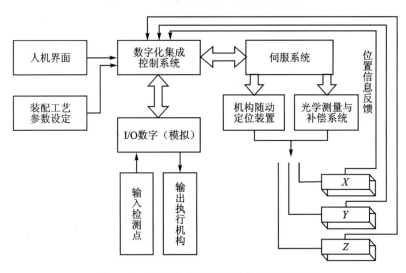

图 6 - 78   数字化柔性装配工装的控制策略

柔性装配技术与使用大量专用型架的传统装配技术相比,不仅能够适应不同的部件对象,还能大幅度提高装配精度。从产品设计到工装设计直至装配过程实施,需要一整套装配质量精确控制技术,以确保最终装配时的精确定位,提高装配精度。如 B747 机身舱段部件的装配,需要把大型并具有光滑圆弧外形的蒙皮壁板精确地定位到机身的相应位置上,为此波音公司采用了无专用型架定位的通用柔性方法。图 6 - 79 所示为装配工作站的定位机构的工作状态,此装配工作站除了其主体结构外,其余多数是机身蒙皮壁板组件的定位机构。图 6 - 80 所示为具有柔性夹具的壁板数控钻孔单元,也是大型壁板精确加工技术所需要的必要设备。

图 6-79 装配工作站的定位机构工作状态

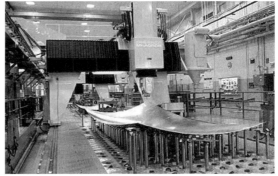

图 6-80 具有柔性夹具的壁板数控钻孔单元

模块化工装夹具技术和可重构工装夹具技术决定了适合不同部件对象的夹紧方式和夹紧结构,因此,直接关系到柔性装配技术的实现。洛克希德·马丁公司采用具有柔性装配特点的龙门钻削系统技术,使研制的 JSF 战机原型机 X-35 的装配制造周期缩短了三分之二,装配制造周期由单机 15 个月缩短至 5 个月,工艺装备则由 350 件减少到 19 件,同时采用激光定位、电磁驱动实现精密制孔,不仅降低了钻孔出错率,而且大大减少了工具和工装,使制造成本降低了一半。

柔性装配之所以能够适应不同的部件对象,数字化精确测量与定位技术不可或缺。该技术不仅能够实时准确地获取装配对象的尺寸等几何参数,为柔性装配设计提供必要的信息,而且能够准确地获取装配对象的位置信息,为实现柔性装配快速准确地控制与调整提供依据。

飞机柔性装配技术的应用是当前国内外飞机制造业数字化制造的大趋势,其能够克服飞机制造模线样板法在模拟量协调体系下需要大量实物工装,应用单一、制造周期长、费用高等缺点,通过与自动化制孔设备、数控钻铆或自动电磁铆接设备等自动化装备的集成,可组成自动化、数字化的柔性装配系统,缩短装配周期,提高和稳定装配质量。

采用柔性制造技术的企业,平时能满足品种多变而批量很小的生产需求,战时能迅速扩大生产能力,而且产品质优价廉。柔性制造设备可在无须大量追加投资的条件下提供连续采用新技术、新工艺的能力,且不需要专门的设施,就可生产出特殊的军用产品。因此,柔性制造技术是将来数字化设计与制造的必然发展趋势。

6.4 飞机总装

飞机总装配是部件装配过程的延续,是飞机装配工作的最后阶段。其任务是将飞机各部件对接成整架飞机,在飞机上安装各种设备、装置和系统,并进行调整、试验和检验。

机场车间工作的任务是将总装配车间送来的飞机进行最后的地面试验和空中试飞检验。

6.4.1 飞机总装的一般过程

1. 飞机总装配的内容

飞机总装配包括以下主要内容:

① 飞机机体各部件的对接及水平测量;

② 安装调整发动机、燃油和滑油系统,安装和调整发动机操纵系统;

③ 液压和冷气系统的设备、附件和导管的安装、敷设和试验;

④ 起落架及其收放机构、信号系统的安装、调整和试验;

⑤ 飞机操纵系统的安装与调整;

⑥ 电气、无线电、仪表设备与电缆的安装、敷设和试验;

⑦ 高空救生设备的安装和试验;

⑧ 特种设备的安装和试验等。

2. 飞机总装过程

飞机总装配工作量的大小,主要取决于飞机的型别和结构,同时也与生产规模和工厂技术水平有关。由于各种系统在结构上、技术要求上差别甚大,因此,在生产过程中,不仅所采用的工艺方法复杂多样,而且还必须配置不同专业的工人和技术人员。

由于飞机机体比较封闭,在有限的机体内要安装数量很多、空间位置又相互交错的各种设备、装置和系统,难以实现机械化,而且很多的调整、试验工作不允许在飞机上同时进行。因此,飞机总装配劳动量一般比较大,约占飞机制造总劳动量的 8%～15%,总装配周期所占百分比可达 25%～40%。因此,总装配工作中的重要问题是如何减少工作量,以及如何有节奏地进行装配工作。

在成批生产中,飞机总装配采用流水生产的组织形式。图 6-81 为总装配过程示意图。图中,基准部件(机身)沿着流水线移动,其他部件则在总装的不同阶段进入装配,各系统、设备和附件等也在各个不同阶段安装到飞机上去,并进行调整和试验,最后总装出整架飞机。

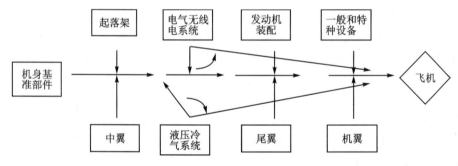

图 6-81 总装配过程示意图

所谓流水生产是将总装配全部工序分成若干个工作站,每个站工作量要均衡,飞机按节奏移动,工人固定在工作站上工作。由于工人固定了工作地点和工序,劳动效率得到提高。

在总装配工作中,凡必须在飞机上安装调试的工作,称装配站工作;不在飞机上的总装配工作(各种准备、组合及调试工作),称工作台工作。流水作业的基础就是安装、调试工作节奏化。因此组织流水生产即是将机体对接及安装、调试等工作划分为许多工序,然后根据飞机结构将必须在机上工作的若干工序组合成一项任务,完成该任务的时间应等于或几倍于流水线生产的节奏时间,这项任务即为某装配站上的工作内容。节奏是指流水线上连续生产两架飞机的时间间隔。

必须指出,由于飞机结构的特点,飞机上每一个系统往往不是在一个装配站上全部装上去的,而是分散在流水线上几个站陆续安装,可见组织飞机总装配的流水作业是极为复杂的技术工作。

为了减少飞机总装配工作量及缩短飞机总装配周期,应尽可能地把总装配工作内容安排在部件装配阶段完成。在编制总装配工作的流水作业时,还应尽可能地把总装配工作内容安排在工作台上完成。

　　图 6-82 为某机总装配厂房和停机坪的工作站布置示意图,图中工作站的功能如表 6-6 所列。

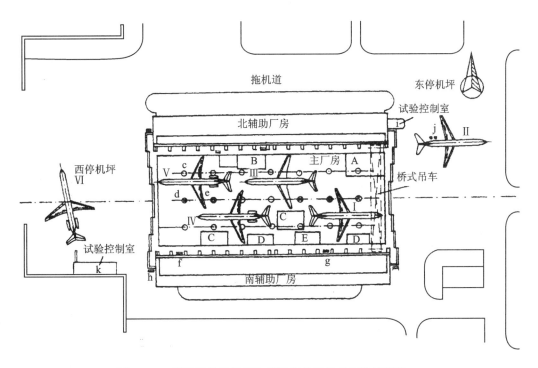

图 6-82　某客机总装厂房和停机坪的工作站布置示意图

表 6-6　工作站的功能

工作站	工作站功用
I	机身、机翼的对接;尾翼、起落架、活动面对接;机身封铆,系统安装
II	机身压力试验;淋雨试验
III	系统件安装;隔音棉安装
IV	发动机安装,系统件安装;分系统调试
V	客舱安装;功能调试
VI	功能试验;防冰功能试验

3. 各系统、设备的安装、调整和检验

　　飞机总装配时还要往飞机上安装部件装配阶段没有装上的各种系统和设备,主要有发动机及其操纵系统、起落架及其操纵系统、飞机操纵系统、燃油系统、滑油系统、液压和冷气系统、通信和导航系统、供暖和座舱通风系统、防冰系统、灭火系统、救生系统、武器系统和根据飞机用途设置的特种装置。飞机系统装配是一个庞大的复杂工程,这里仅对部分系统的安装过程加以说明。

(1) 导管、线路的安装与测试

由于飞机上的导管零件品种多、数量大，形状复杂、制造准确度要求高，而设计安装图纸又很难表达这种空间的复杂关系，因此，需要用"样机"作为安装的补充依据("样机"是 1:1 的飞机实体模型)，并在"样机"上根据实际结构完成各系统的安装，这个补充依据对安装工作的顺利进行十分有利。

对于管路中的弯管零件，可以通过"样机"取得正确的形状和尺寸，作为以后生产弯管零件的依据和协调弯管零件的工艺装备。目前国内外已广泛采用数控弯管技术，并实现了计算机辅助导管设计与制造系统。

图 6-83 为液压系统的部分附件和导管安装图。为减少装配站工作，可将上述附件和导管在工作台上预先组合，固定在固定板上，并进行局部的调整和试验工作。对电气及无线电系统，应尽量将电缆、仪器及装置预先组合在有引出接头的固定板上，并按规定进行尽可能多的参数功能试验。各个系统的电缆，可根据长度和走向预先在样板工作台上组合、通电，装上飞机时只要把电缆固定在飞机上的卡箍内，连好插线座即可。对于发动机装置，可在装配站外预先在发动机上安装上液压泵、压气机、进气管、滑油及燃油导管和电缆等，进行局部的系统试验，甚至可预装发动机罩等。这样，既可大大改善安装工作条件，又可缩短飞机总装配周期。

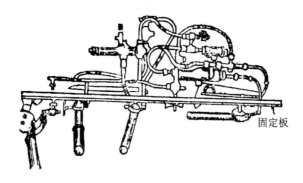

固定板

图 6-83 液压系统的部分附件和导管安装图

导管在飞机上安装好之后，要根据各系统的特点按要求进行试验，一般要进行密封性试验和清洁度检验。系统导管的密封性试验，可以在单个部件上进行或在总装配车间已装配好的完整的飞机上进行。一般将密封性试验安排在系统工作性能检查之后。

对于电气系统，可从图纸、"样机"取得导线正确长度，制出相应位置的布线样板作为依据。对电缆要进行百分之百的短路、断路、混线、搭铁及绝缘电阻的质量检验。

(2) 操纵系统的安装调整和试验

操纵系统的很多元件是在部件装配时安装、调整和检查的。如在机身或机翼内安装操纵飞机和发动机的拉杆和钢索，安装滑轮、摇臂、支架和导向件，在驾驶舱内安装驾驶杆、脚蹬和拉杆。

操纵系统安装要保证运动件和结构之间有足够间隙，在导向件中拉杆不应紧涩；在极限位置时，摇臂和拉杆之间应当有允许的间隙。操纵系统的调整可以用拉杆端头装的带螺纹的端接头调整长度，其调整范围不应超出极限尺寸，也可以用力臂调节器来调节摇臂长度。

对于装有液压助力器的操纵系统，驾驶杆力是由载荷机构产生的，因此，操纵系统的调整检查要测量驾驶杆力与行程的关系曲线，并从杆力曲线图上得出杆力变化的梯度和系统的摩擦力大小。

现代高速飞机多采用多余度电传操纵系统(或称飞行控制系统),此系统除了舵机与舵面之间有拉杆和摇臂外,从驾驶杆、脚蹬到舵机之间均用导线传递信号。飞行控制系统采用飞行控制计算机,并与航空电子系统、液压系统、电气系统综合控制。因此,为保证飞行控制系统在飞机上工作安全可靠,必须将飞行控制系统、液压系统、电子系统等在地面试验台上进行 1:1 的联机工作试验,即在"铁鸟"台上进行试验。通过"铁鸟"台试验的飞行控制系统、电气系统、液压系统才能往飞机上安装。

(3) 武器系统的安装和检查

航空射击武器有机炮、空空导弹和空空火箭,对地攻击武器有各种炸弹。飞机总装配要保证机炮位置安装正确,导弹、火箭挂架位置安装正确。这些武器与瞄准具所构成的飞机武器系统对飞机基准轴线的位置要正确。因此,武器系统安装后在总装配车间进行的主要试验项目就是军械系统的冷校靶试验。

冷校靶试验是通过在飞机机头正前方 25 m 处,放置一块靶板,在靶板上标有飞机对称轴线、水平基准线以及机炮、导弹、火箭、瞄准具等的理论位置标线。将飞机调水平,并使对称轴线、水平基准线与靶板上的基准线重合。如以瞄准具为基准校靶,则应调整瞄准具中的光环对准靶板十字标线,然后用光学校靶镜插在炮口内或火箭发射筒内,观察机炮轴线与靶板位置的偏差,利用设计补偿调整机炮,使之与靶板上的位置一致,并使误差在允许范围内。

其次,对轰炸武器还要进行炸弹投放试验及冷气充弹试验,检查弹道的畅通,另外,还要进行炮弹拉通运动试验等工作。

6.4.2　飞机总装工作的特点

飞机制造中,特别是在成批生产中,不能待机体各部件完全装配、对接以后,才开始安装工作,也不能一个系统、一个系统顺序地安装,因为这样做会使安装工作周期加长,而且还会因工作条件差,或无法安装,或不易保证安装质量。有时先安装的系统会妨碍后面的安装工作,后面进行的安装工作,又可能会损坏先前安装好的系统,因此,要根据飞机结构,妥善安排安装工作的先后顺序。

飞机总装配是飞机装配的最后阶段,工作特点是内容复杂、专业性强、工作面窄、杂物难以排除。所以在机上工作时应尽量减少或避免切削工作(应采用带自动吸屑的风钻)、要提防工具或标准件遗落在机体内。安装试验工作完毕后,要检查、清除机内多余物。

归纳起来,飞机总装配工作有下述特点。

(1) 工作开敞性差,手工工作量大

飞机上各部位如驾驶舱、客舱、发动机舱、设备舱、尾舱等能容纳的人数有限,而需要安装的设备又很多很复杂。有些部位只允许一人工作,工作姿态很不自由,这些都将影响安装质量,增加装配周期,因此应尽量扩大地面装配工作,并将安装工作分散进行。如将仪表板、配电盘、操纵台、继电器盒等先在地面组合装配和试验,以简化在飞机上的安装工作。不要把飞机生产截然分为机体的装配和安装两大阶段,应把安装工作尽量提前到壁板装配、段件装配阶段进行。对于成批生产的飞机,采用分散安装对缩短总装配周期是比较有利的。因此要根据飞机结构特点和系统的技术要求,把分散安装和集中安装合理地结合起来。

目前手工操作仍是飞机总装配作业的基本方法。国外已有一些工厂采用机器人进行机翼和机身对接工作,并朝着自动化、智能化的方向发展。

（2）工序的顺序性强

为避免安装工作的互相干扰,一般按照从里向外的顺序层层安排。对系统试验也有顺序安排问题,如首先要进行电气系统通电试验,保证机上供电,然后才能进行其他系统试验。另外还要在液压系统试验后,保证机上液压系统工作,才能做操纵系统调整试验。

（3）具有高科技、多专业属性

总装配涉及的工种多,专业性强,而且专业间接口多,交叉多,综合程度高,技术复杂,要有不同专业的人共同完成系统的安装、调试、检测和联试工作。

（4）装配协调关系复杂

协调关系复杂是飞机总装配的技术难点。因为飞机上的导管、电缆都是空间弯曲布置的,仅依靠图纸和技术条件还不够,通常要用"样机"作为安装的补充依据。因此,减少技术协调问题的出路,在于下决心制造金属的工程样机和功能样机或者采用三维的计算机辅助设计来解决多种部件和各系统间的空间协调问题。

（5）系统检查、测试工作量大

飞机上安装的系统很多,各有各的检查、试验要求。为避免互相干扰、影响工作,一般不能同时安排几个系统同时工作。如军械系统校靶、操纵系统调整、飞机水平测量等工作都要单独进行。

功能调试是总装配工作的重点。系统功能调试是对系统装配工作质量的总检验,调试的某些差错或疏忽会造成重大的恶性事故。

（6）高完整性要求

高完整性要求是飞机总装配的基本任务。不能漏装或错装任何一个装配元件,不能漏测、漏检、错检任何一个性能参数,否则就有可能危及系统的使用功能,甚至危及人身安全。

6.4.3　飞机验收与试飞

机场车间的工作是飞机生产的最后阶段。这一阶段的工作完成后,就将飞机移交给使用单位。其工作内容包括:从总装配车间验收飞机;进行飞机地面检验及试飞;飞行前准备;飞行试验;排除故障;最后移交给订货方。

1. 验收飞机

飞机总装配结束后,由机场车间与总装配车间共同检查飞机的总装配质量。飞机验收按规定的提纲进行,其主要内容为检查飞机的外表情况、仪表和设备的成套性,进行车间分工的某些试验工作。

2. 地面试验

地面试验包括发动机试车前的试验和发动机试车情况下的试验工作。

① 各系统的检验和试验:如全机的电气、无线电和仪表系统的试验;液压、冷气和操纵系统的试验;发动机操纵和燃油、滑油系统的试验等。其中有些试验工作,为了保证飞机质量,在总装配以后再重复做一遍。

② 罗盘校正:检查罗盘指示是否正确,并修正其误差。为使罗盘校正不受周围磁性物质的影响,罗盘校正场应远离建筑物百米以上。

③ 热校靶及投弹试验：热校靶的目的是检查机炮、照相枪和瞄准具是否安装准确，控制操纵机构和系统的工作是否正常。投弹试验是检查飞机的投弹系统，试验用模型在专设的投弹场内进行。

上述工作完毕后，加注燃油、滑油、准备发动机试车。试车时除检查发动机装置本身外，还要在发动机工作情况下，检查飞机各系统的工作情况。

3. 飞行前准备

对飞机各部分及各系统进行外表检查，为保证质量，飞机的外表检查应按一定顺序进行。

4. 飞行试验

新机试飞应按试飞大纲要求进行。但在开始定型试飞前应由研制单位负责，进行飞机调整试飞，以排除新飞机的一些初始性的重大事故。调整试飞大致要飞到原设计包线的 80% 左右，再开始正式的国家鉴定试飞，以检查新飞机能否达到设计要求。鉴定试飞可按不同分工完成各自的试飞任务，各负其责，并完成定型试飞大纲规定的所有任务。定型试飞通常需要上千个起落，试飞科目全部完成后，由试飞鉴定部门和飞行员写出正式报告，上报国家鉴定委员会批准。

经过设计定型后，新机可能还会有一定更改，特别是工艺性改进，改进后的飞机进入小批量生产，首批生产的飞机也应进行鉴定试飞，主要是检查工艺质量，通过后即可进行成批生产，并交付使用。

思 考 题

1. 铆接技术有何优缺点？
2. 铆接方法包括哪些类型？各自应用在什么场合？
3. 什么是正铆和反铆？各有何特点？
4. 特种铆接包括哪些类型？各有何特点？
5. 试说明电磁铆接的工作原理和特点。
6. 提高螺栓连接疲劳寿命的方法有哪些？
7. 胶接技术有何优缺点？
8. 胶接接头设计的受力形式和破坏形式有哪些？
9. 试说明胶接制造工艺的过程。
10. 点焊技术有何优缺点？点焊连接的原理是什么？
11. 苏式胶焊和美式胶焊有何区别？
12. 什么是飞机部件的水平测量？其作用是什么？
13. 飞机数字化测量系统包括哪些方法？
14. 飞机数字化装配系统涉及哪些技术？
15. 试说明飞机柔性装配技术的含义及其优点？
16. 试说明柔性工装的特点。
17. 飞机总装配过程包括哪些内容？
18. 飞机总装工作有哪些特点？

参考文献

[1] 范玉青. 现代飞机制造技术[M]. 北京:北京航空航天大学出版社,2001.

[2] 徐冰清,刘玉芳. 飞机制造工艺学. 北京航空航天大学讲义,1997.

[3] 唐荣锡. 飞机钣金工艺[M]. 北京:国防工业出版社,1983.

[4] 王云渤. 飞机装配工艺学[M]. 北京:国防工业出版社,1990.

[5] 黄良. 飞机制造工艺学[M].北京:航空工业出版社,1993.

[6] 姚任远,蔡青. 飞机装配技术[M]. 北京:国防工业出版社,1993.

[7] 胡世光,陈鹤峥. 板料冷压成形原理[M]. 北京:国防工业出版社,1989.

[8] 曹祥瑞,周燕飞,张兴华. 现代航空制造技术基础[M]. 西安:西北工业大学出版社,2004.

[9] 张德欣. 飞行器制造技术[M]. 哈尔滨:哈尔滨工程大学出版社,2006.

[10] 航空航大工业部科学技术研究院. 复合材料设计手册[M]. 北京:航空工业出版社,1990.

[11] 飞机装配工艺学. 北京:北京航空航天大学七〇三教研室,1995.

[12] 范玉青. 航空宇航制造工程:飞行器制造技术[M].重庆:重庆出版社,2001.

[13] 航空制造工程手册总编委会. 航空制造工程手册[M]. 北京:航空工业出版社,1995.

[14] 李寿萱. 钣金成形原理与工艺[M]. 西安:西北工业大学出版社,1985.

[15] 程宝蕖等. 飞机构造工艺性[M]. 北京:国防工业出版社,1990.

[16] 程宝蕖,崔赞斌. 飞机制造互换协调技术[M]. 北京:国防工业出版社,1990.

[17] 杨平. 数字化设计制造技术概论[M].北京:国防工业出版社,2005.

[18] 范玉青. 大型飞机研制技术文集[G]. 北京:北京航空航天大学,2008.

[19] 薛振海. 飞机工艺装备设计与制造[M]. 北京:国防工业出版社,1992.

[20] A. JI. 阿比波夫等. 飞机制造工艺学[M]. 西安:西北工业大学出版社,1986.

[21] 曾元松,黄遐. 大型整体壁板的成型技术[J].航空学报,2008,29(3).

[22] 曾元松,徐春林,王俊彪,等. ARJ21飞机大型超临界机翼整体壁板喷丸成形技术[J].航空制造技术,2007(3).

[23] 赵长喜,李继霞. 航天器整体壁板结构制造技术[J]. 航天制造技术,2006(4).

[24] 李涛,郎利辉,周贤宾. 先进板材液压成形技术及其进展[J]. 塑性工程学报,2006(3).

[25] 曾元松. 喷丸成形技术在民用飞机整体壁板研制中的应用[J]. 航空制造技术,2008(1).

[26] 赵长喜,李继霞. 航天器整体壁板结构制造技术[J].航天制造技术,2006(4).

[27] 曾元松,黄遐,李志强. 先进喷丸成形技术及其应用与发展[J].塑性工程学报,2006,13(3).

[28] 林胜. HSM在航空制造业中的应用[J].航空制造技术,2003(3).

[29] 王起. 国外民用客机连接技术发展概况[J].航空工艺技术,1997(3).

[30] 陈先有,崔晶. 先进的装配连接技术在航空制造领域的应用分析[J].机械制造,2007,45(519).

[31] 曹增强,刘洪. 电磁铆接技术[J].塑性工程学报,2007,14(1).

[32] 王巍,贺平,万良辉. 飞机柔性装配技术研究[J].机械设计与制造,2006(11).

[33] 栾国红,柴鹏. 搅拌摩擦焊技术应用现状和发展趋势[J].金属加工,2008(24).

[34] 常宝华,史耀武,董仕节. 胶焊技术及其应用[J]. 焊接技术,1998(1).

[35] 张海军,左洪福,许国康,等. 电磁铆接工艺在机翼整体油箱上的应用[J].兵工学报,2005,26(6).

[36] 李少波,陈翔鹏. 自动钻铆技术的应用和无头铆钉安装[J]. 航空制造技术,2007(9).

[37] 肖庆东,王仲奇,马强,等. 大型飞机数字化装配技术研究[J].中国制造业信息化,2007,36(3).

[38] 许国康. 大型飞机自动化装配技术[J].航空学报,2008,29(3).

[39] 范玉青. 飞机数字化装配技术综述[J].航空制造技术,2006(10).

[40] 梅中义,范玉青. 基于激光跟踪定位的部件对接柔性装配技术[J].北京航空航天大学学报,2009,35(1).

[41] 武洪臣,白瑞金. 浅谈并行工程原理及其在项目研制中的应用[J].生产组织与管理,1999(3).

[42] 邹灵浩,吴伏家. 现代设计制造中的并行工程技术[J]. 机械管理开发,2004(5).

[43] 金以元. 火箭贮箱壁板化学铣切装备的设计[J]. 导弹与航天运载技术,2009(2).

[44] 吴明友. 数控加工自动编程[M]. 北京:清华大学出版社,2008.

[45] 任同. 数控加工工艺学[M].西安:西安电子科技大学出版社,2008.

[46] Gutowski,T.G·先进复合材料制造技术[M].北京:化学工业出版社,2004.

[47] C. D. Rudd,Andrew Long. 复合材料液体模塑成型技术[M].北京:化学工业出版社,2004.

[48] William T H 著. 化学铣切[M].王鋆、朱永昌译. 北京:国防工业出版社,1983.

[49] Watcham K. AIRBUS A380 TAKES CREEP – FORMING TO NEW LEVELS[J].Airbus UK,January,2004.

[50] 欧国容. 复合材料工艺与设备[M].上海:华东化工学院出版社,1991.

[51] 中国航空研究院. 复合材料结构设计手册[M]. 北京:航空工业出版社,2001.

[52] 杨乃宾,章怡宁. 复合材料飞机结构设计[M]. 北京:航空工业出版社,2002.

[53] 赵渠森,相国章. 复合材料飞机构件制造技术[M]. 北京:国防工业出版,1999.

[54] 郑党党,张志国,刘俊堂. 飞机设计中的数字样机技术[J]. 航空制造技术,2016(5).

[55] 袁立. 飞机数字化制造技术及应用[M]. 北京:航空工业出版社,2018.

[56] 《航空制造工程手册》总编委会.航空制造工程手册(第2版)[M]. 北京:航空工业出版社,2016.

[57] 徐竹. 复合材料成型工艺及应用[M]. 北京:国防工业出版社,2017.

[58] 尹洪峰,任耘,罗发. 复合材料及其应用[M]. 西安:陕西科学技术出版社,2003.

[59] 张玉龙. 高技术复合材料制备手册[M]. 北京:国防工业出版社,2003.

[60] 周秋忠,范玉青. 基于数字标工模型的飞机数字化协调方法[J]. 计算机集成制造系统,2008,14(4).